全国高等院校应用型创新规划教材·计算机系列

Visual FoxPro 程序设计与应用开发

赵军富　李海荣　主编

黄迎久　庞润芳　王　猛　徐　扬　副主编

清华大学出版社

北　京

内容简介

本书以 Visual FoxPro 6.0 软件为应用背景，全面介绍了 Visual FoxPro 的基础理论、数据库相关知识和系统开发技术。全书共分为 11 章，主要内容包括 Visual FoxPro 系统概述、Visual FoxPro 语言基础、数据库基础、表与数据库、结构化查询语言 SQL、查询和视图、程序设计基本概述、常用控件、报表设计、菜单设计、项目设计实例——图书管理系统。

本书内容丰富、结构合理、语言简练流畅、示例翔实，可以作为普通高校计算机公共课的教材，也适用于高职高专以及非计算机专业本科学生学习，还可以作为 Visual FoxPro 程序设计爱好者的自学用书。

本书的电子教案、习题答案和项目开发实例源代码可以到 http://www.tupwk.com.cn/downpage 网站下载。

图书在版编目(CIP)数据

Visual FoxPro 程序设计与应用开发/赵军富，李海荣主编. --北京：清华大学出版社，2015
(全国高等院校应用型创新规划教材·计算机系列)
ISBN 978-7-302-39514-0

Ⅰ. ①V… Ⅱ. ①赵… ②李… Ⅲ. ①关系数据库系统—程序设计—高等学校—教材 Ⅳ. ①TP311.138

中国版本图书馆 CIP 数据核字(2015)第 036955 号

责任编辑：秦　甲　杨作梅
封面设计：杨玉兰
责任校对：周剑云
责任印制：宋　林

出版发行：清华大学出版社
网　址：http://www.tup.com.cn，http://www.wqbook.com
地　址：北京清华大学学研大厦 A 座　　邮　编：100084
社 总 机：010-62770175　　邮　购：010-62786544
投稿与读者服务：010-62776969，c-service@tup.tsinghua.edu.cn
质 量 反 馈：010-62772015，zhiliang@tup.tsinghua.edu.cn
课 件 下 载：http://www.tup.com.cn，010-62791865

印 装 者：三河市少明印务有限公司
经　销：全国新华书店
开　本：185mm×260mm　　**印　张**：19.5　　**字　数**：469 千字
版　次：2015 年 4 月第 1 版　　**印　次**：2015 年 4 月第 1 次印刷
印　数：1～3000
定　价：38.00 元

产品编号：063171-01

前　言

信息技术的飞速发展大大推动了社会的进步，已经逐渐改变了人们的生活、工作、学习等方式。数据是信息的载体，数据库是相互关联的数据集合。而数据库技术则是当今计算机处理数据的主要技术手段。

Visual FoxPro(简称 VFP)是微软公司推出的运行于 Windows 98/2000/XP 和 Windows NT 操作系统平台的数据库应用与软件开发系统，其具有友好的用户界面、完备而丰富的工具、强大的功能和良好的兼容性，使得对大量数据的存储、组织、应用和维护等工作变得简单易行。VFP 提供了一个集成化的开发环境，支持面向对象和可视化的程序设计技术，包含功能强大的可视化设计工具。

本书根据高等学校非计算机专业计算机基础教学的最新大纲要求进行编写，全书共分 11 章：第 1 章为 Visual FoxPro 系统概述，第 2 章为 Visual FoxPro 语言基础，第 3 章为数据库基础，第 4 章为表与数据库，第 5 章为结构化查询语言 SQL，第 6 章为查询和视图，第 7 章为程序设计概述，第 8 章为常用控件，第 9 章为报表设计，第 10 章为菜单设计，第 11 章为项目设计实例——图书管理系统。

本书内容丰富、结构合理、思路清晰、语言简练流畅，并以“图书管理系统”案例贯穿全书，可以使读者循序渐进地学习，从而能够比较容易地掌握数据库管理系统的主要功能。部分章节末尾都安排了有针对性的习题，有助于读者增强对基本概念的理解和提高实际应用能力。

本书可作为普通高校计算机公共课的参考教材，适用于非计算机专业本科生、高职高专生学习使用，也可以作为 Visual FoxPro 程序设计爱好者的自学参考书。

本书获内蒙古科技大学教材建设项目资助，由内蒙古科技大学计算机基础教研室编写完成。参与本书编写的教师，是多年来一直从事大学计算机基础教学的一线教师，积累了丰富的教学经验。其中，第 1 章和第 11 章由黄迎久老师编写；第 2 章、第 3 章和附录由李海荣老师编写；第 4 章由庞润芳老师编写；第 5 章和第 6 章由赵军富老师编写；第 7 章和第 10 章由王猛老师编写；第 8 章和第 9 章由徐扬老师编写。全书由赵军富老师负责统稿。

由于作者水平有限，书中的疏漏和瑕疵在所难免，敬请广大读者批评指正。如果您对本书有什么好的建议和意见，可发邮件至：junfu_zhao@aliyun.com。

编　者

目录

第 1 章

Visual FoxPro 系统概述

本章重点

- Visual FoxPro(简称 VFP)系统的发展及特点。
- Visual FoxPro 系统中的“项目管理器”的特点和使用方法，以及 Visual FoxPro 系统环境的配置方法。
- 利用 Visual FoxPro 开发的实例项目——图书管理系统的功能及结构。

学习目标

- 了解 Visual FoxPro 系统的特点。
- 掌握 Visual FoxPro 系统中“项目管理器”的应用方法。
- 掌握 Visual FoxPro 系统环境的配置方法。

1.1 Visual FoxPro 简介

1.1.1 Visual FoxPro 的发展

Visual FoxPro 是美国 Fox Software 公司于 1990 年推出的关系型数据库管理系统。1992 年微软公司收购了 Fox Software 公司，随后推出了 FoxPro 2.5、FoxPro 2.6，并于 1997 年推出了 Visual FoxPro 5.0。1998 年，微软公司在推出 Windows 98 操作系统的同时，推出了 Visual FoxPro 6.0 版本，使得 Visual FoxPro 在 Internet 上的应用得到全面支持，实现了 Web 方式操作数据库的方法，同时与其他应用程序的联系也进一步增强。

Visual FoxPro 6.0 是运行于 Windows 环境下的 32 位数据库管理系统，其核心是可视化程序设计。Visual FoxPro 使用了向导、设计器、生成器等界面工具，将传统的命令方式扩展为以界面操作为主、以命令方式为辅的交互执行方式，将单一的面向过程的结构化程序设计扩展为既有结构化又有面向对象程序设计的可视化程序设计。

1.1.2 Visual FoxPro 的特点

Visual FoxPro 在数据库操作与管理、可视化开发环境、面向对象程序设计等方面具有较强的功能，主要特点如下。

1. 采用面向对象的程序设计技术

面向对象程序设计(Object Oriented Programming，OOP)是当今计算机程序设计的主流方法，在 Visual FoxPro 6.0 程序设计中，把人机对话的窗口称为表单，表单中的控件(如命令按钮、文本框、标签等)是可以操作的对象，需要处理的数据和处理数据的程序代码封装在对象中，围绕对象的属性、事件、方法来展开设计。与传统面向过程的程序设计相比，面向对象的程序设计方法更加直观、可重用性强，提高了程序开发的工作效率。

2. 可视化的程序设计方法

Visual FoxPro 中的 Visual 就是“可视化”的意思。该技术可以使在 Windows 环境下设计的应用程序达到“所见即所得”的效果。

3. 友好的程序设计界面

Visual FoxPro 提供了各种向导、设计器、生成器等辅助工具来进行各类文件的设计，辅助工具的引入使用户操作更加简便，同时使 Visual FoxPro 设计发挥了更强大的功能。Visual FoxPro 既可以使用命令窗口，也可以使用菜单方式执行各种数据操作命令。

4. 采用了 OLE 技术

OLE(Object Linking and Embedding)即对象的链接和嵌入。Visual FoxPro 可以使用该技术来共享其他 Windows 应用程序的数据，这些数据可以是文本、声音和图像，如在 Visual FoxPro 表文件的通用型字段中，就可以使用 OLE 技术存放图像。

5. 客户机/服务器功能

在计算机网络技术广泛应用的今天，利用 Visual FoxPro 开发的数据库系统也可以运行在计算机网络中，使众多的用户可以共享数据资源。Visual FoxPro 数据系统在网络中的运行模式一般为客户机/服务器(Client/Server，C/S)模式。

1.1.3　Visual FoxPro 的环境

1. Visual FoxPro 的安装

在 Visual FoxPro 的安装文件夹下找到 setup.exe 文件并双击，进入 Visual FoxPro 6.0 安装界面。在 Visual FoxPro 安装向导的引导下，选中安装的组件后，进入安装过程。

2. Visual FoxPro 的启动

方法 1：单击“开始”按钮，选择程序中的 Microsoft Visual FoxPro 6.0 命令。

方法 2：双击桌面上的 Visual FoxPro 快捷方式图标。

1.1.4　Visual FoxPro 的主界面

启动 Visual FoxPro 6.0 后，出现 Visual FoxPro 6.0 系统的主界面，其组成部分如图 1-1 所示。

1. 菜单栏

菜单栏也称作“系统菜单”，它提供了 Visual FoxPro 的各种操作命令，可以随着操作内容的不同而有所变化。例如在对表文件进行浏览操作的时候，会在菜单栏中“窗口”菜单的左侧增加“表”菜单，而去除了“格式”菜单。

1)　“文件”菜单

“文件”菜单用于新建、打开、保存、打印数据文件以及退出 Visual FoxPro 系统等操作。

2)　“编辑”菜单

“编辑”菜单提供了很多编辑功能。在编辑窗口中编辑 Visual FoxPro 程序文件时，选取某个菜单项就可以完成某项操作，如“剪切”、“复制”、“粘贴”、“查找”和“替换”等。

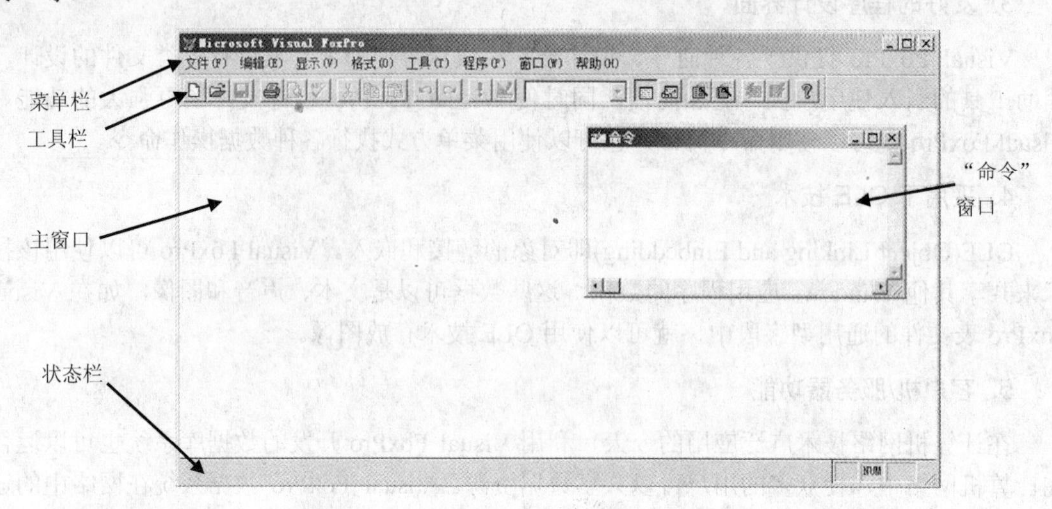

图 1-1 Visual FoxPro 系统的主界面

使用“编辑”菜单还可以插入在非 Visual FoxPro 应用程序中创建的对象，如“文档”、“图形”和“电子表格”等，使用 Microsoft 的对象链接与嵌入(OLE)技术，可以在通用型字段中嵌入一个对象或者将该对象与创建它的应用程序链接起来。

3) “显示”菜单

“显示”菜单主要用来显示 Visual FoxPro 的各种控件和设计器，如“表单控件”、“表单设计器”、“查询设计器”、“视图设计器”、“报表控件”和“数据库设计器”等。

4) “格式”菜单

“格式”菜单提供了一些排版方面的功能，允许用户在编辑时选择字体和行间距、检查编辑窗口中的拼写错误、确定缩进和不缩进段落等。

5) “工具”菜单

“工具”菜单提供了表、查询、表单、报表、标签等项目的向导模块，并提供了 Visual FoxPro 系统环境的设置。

6) “程序”菜单

“程序”菜单用于程序运行控制、程序调试等。

7) “窗口”菜单

“窗口”菜单用于 Visual FoxPro 窗口的控制，选择“窗口”|“命令窗口”命令，可以打开“命令”窗口，进入命令编辑方式。

8) “帮助”菜单

“帮助”菜单用于为用户提供帮助信息。

2. 工具栏

工具栏位于菜单栏的下方，用于显示常用的工具图标，如“新建”、“打开”、“打印”等。除常用的工具栏外，Visual FoxPro 还提供了许多其他工具栏，如“报表控件”、“表单控件”等。用户可以根据需要定制工具栏，如图 1-2 所示。

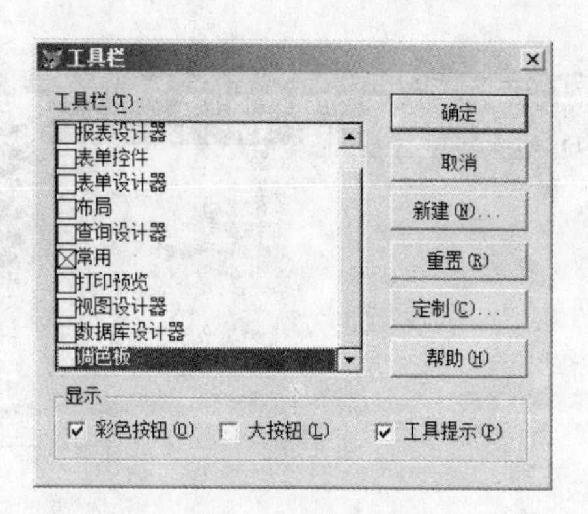

图 1-2　定制工具栏

3. “命令”窗口

“命令”窗口是用交互方式来执行 Visual FoxPro 命令的窗口。用户在命令窗口中输入 Visual FoxPro 命令后，按 Enter 键，就会在主窗口内显示相应的结果。

“命令”窗口的位置和大小可以调整。

“命令”窗口具有命令记忆功能，用户可以通过按键盘上的“↑”和“↓”键或者拖动“命令”窗口右侧的滚动条来寻找以前执行过的命令。

在“命令”窗口内也可以使用“复制”(Ctrl+C)和“粘贴”(Ctrl+V)功能来进行复制和粘贴操作。

4. 主窗口

主窗口也叫信息窗口，用来显示 Visual FoxPro 的各种操作信息，如在“命令”窗口内输入命令并按 Enter 键后，该命令的执行结果就会显示在主窗口内。若主窗口内显示的信息过多，可以在“命令”窗口内输入命令 clear 后按 Enter 键，来清除主窗口内的所有信息。

5. 状态栏

Visual FoxPro 系统界面的最下方就是状态栏，可以显示当前的操作状态。如浏览表文件时，会显示当前表文件的路径、名称、总记录数、当前记录等信息。

1.2　Visual FoxPro 可视化设计工具

1.2.1　向导

向导(Wizard)是一种快速产生各种用户文件的工具，设计者只需按照向导的提示，进行一些简单的设置，就可以生成相应的用户文件。Visual FoxPro 提供了多种向导，如“表向导”、“表单向导”、“数据库向导”等。启动 Visual FoxPro 向导的方法如下。

方法 1：选择“文件”|“新建”命令，进入“新建”对话框，如图 1-3 所示，在对话框中选择文件类型后，单击“向导”按钮，即可进入文件向导设计界面。

方法 2：选择“工具”|“向导”命令，如图 1-4 所示，然后选择所需要的文件类型选项，就可以进入文件向导设计界面。

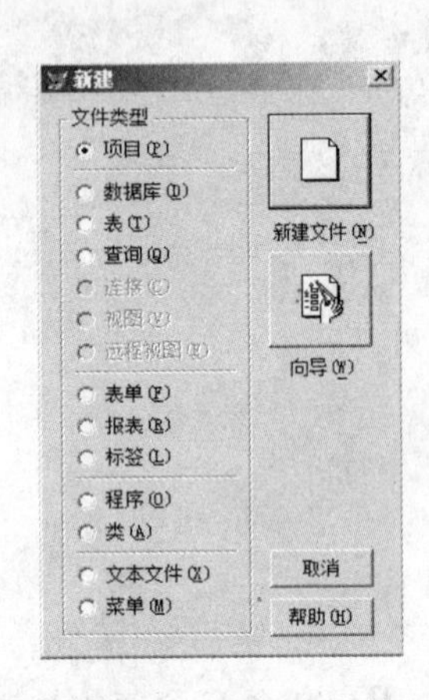

图 1-3 “新建”对话框

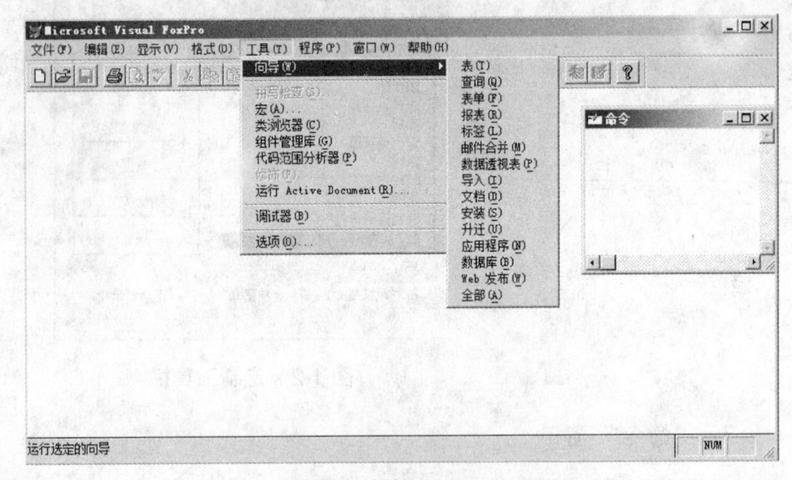

图 1-4 通过“工具”菜单创建文件向导

例如使用表单向导，用户在选择表单所要处理的数据源(表文件)和表单上输出的字段后，只需单击“下一步”按钮，即可设计出具有一定样式的表单，如图 1-5 所示。

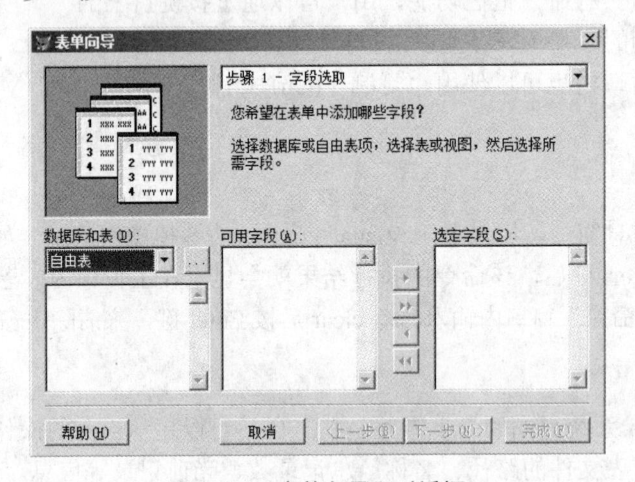

图 1-5 “表单向导”对话框

用户按照向导的提示步骤操作，虽然能够快速完成所需文件的设计，但是设计模式固定，设计出来的外观较为单一，设计者若需要更大的自由度，可以选择用 Visual FoxPro 提供的设计器来设计。

1.2.2 设计器

设计器是 Visual FoxPro 提供用来创建、编辑、修改各类文件的工具，如“表设计器”、“表单设计器”等。用户可以用设计器最大限度地发挥自己的设计才能，设计出内容丰富、样式美观的文件。

在图 1-3 所示的“新建”对话框中选择文件类型后，单击“新建文件”按钮，即可进入所选文件类型的设计器。用 Visual FoxPro 提供的设计器不仅可以创建用户文件，还可以编辑和修改文件。例如表单设计器，如图 1-6 所示，由设计器窗口、控件工具栏、窗口对象的属性等组成。

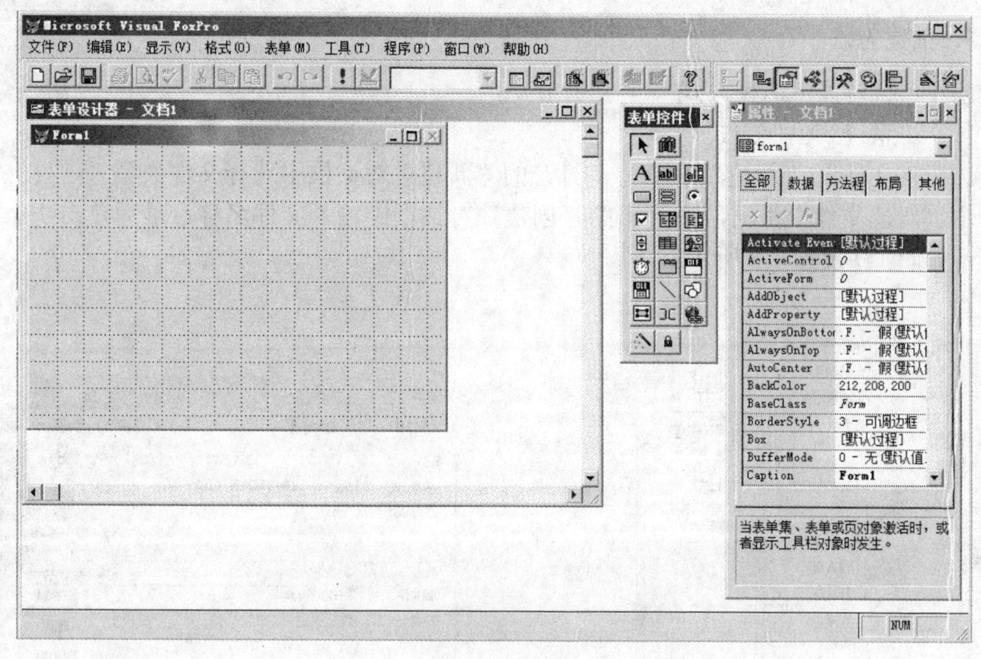

图 1-6　“表单设计器”界面

1.2.3　生成器

Visual FoxPro 提供了生成器作为辅助工具来帮助产生应用程序和创建某些对象，如应用程序的菜单系统，就利用了菜单生成器来生成菜单系统程序。选择“文件”|“新建”命令，在“新建”对话框中选中“菜单”单选按钮，再单击“新建文件”按钮，在弹出的“新建菜单”对话框中选择菜单类别后，即可打开“菜单生成器”。进入菜单设计器后，就可以创建一个扩展名为.MNX 的文件，该文件不能直接运行，需经过菜单生成器生成菜单程序文件(扩展名为.MPR)后才能使用。

1.3　项目管理器

在开发一个应用系统的过程中往往会产生大量的各种文件及相关文档，一般包括用户界面、主程序、子程序、菜单、表单、数据库、表、视图等一系列相关的文件，利用 Visual FoxPro 的项目管理器可以更好地对这些文件进行管理。

项目管理器是 Visual FoxPro 的管理控制中心，能有效管理应用系统中的各种文件。通常在设计一个应用系统前，首先是建立项目文件，通过项目文件管理系统的各个文件。项目被保存在以.pjx 和.pjt 为扩展名的文件中。

利用项目管理器，用户可以非常明确、清晰地进行项目开发与管理工作。

1.3.1 项目的创建

1. 创建方法

创建项目有以下两种方式

1) “系统菜单”方式

选择“文件”|“新建”命令，在打开的“新建”对话框中选择文件类型“项目”，然后单击“新建文件”按钮，在弹出的“创建”对话框中输入文件名称，最后单击“保存”按钮，如图1-7及图1-8所示。

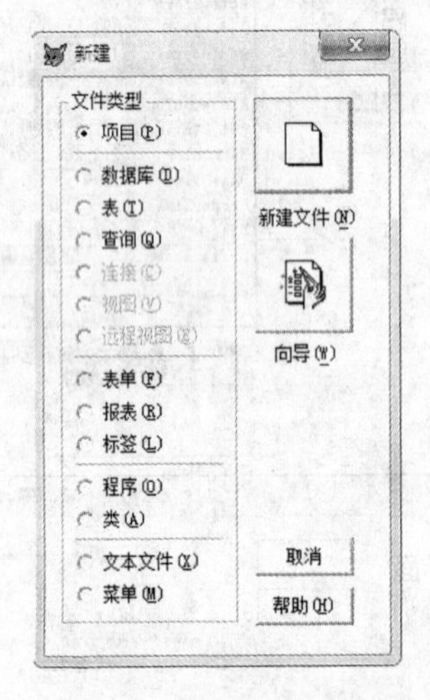

图1-7 “新建”对话框

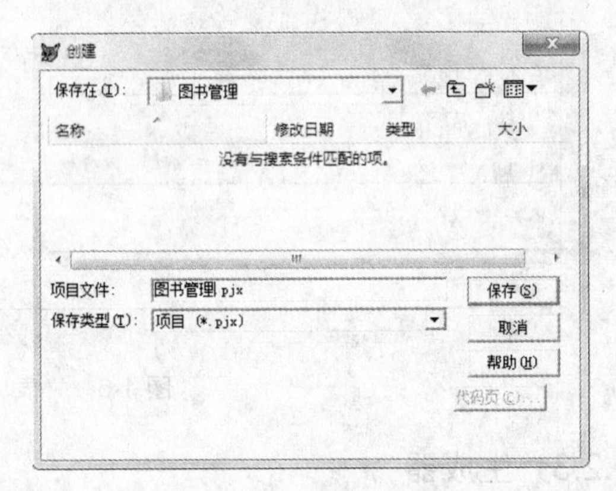

图1-8 “创建”对话框

2) 命令窗口方式

命令格式：

```
create project  <项目文件名称>
```

项目文件的扩展名为.pjx。创建项目时，Visual FoxPro系统的窗口内会出现项目管理器，如图1-9所示，同时在系统的菜单栏中出现“项目”菜单。

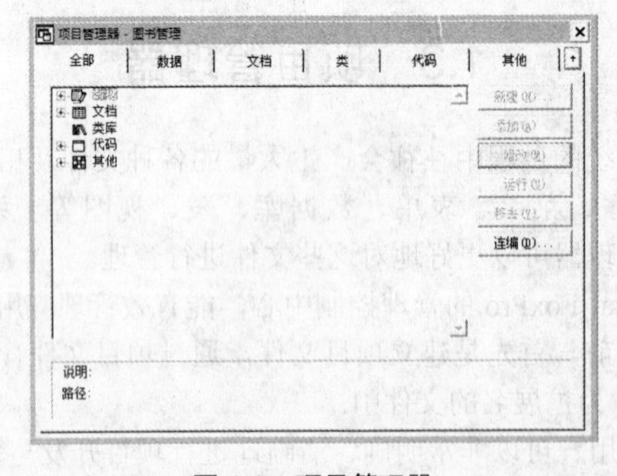

图1-9 项目管理器

2．项目管理器界面的组成

1)　项目管理器中的选项卡

项目管理器中共有 6 个选项卡，每个选项卡中都会显示所管理的相应文件类型。

- “全部”选项卡：显示和管理应用项目中使用的所有类型的文件，包含其他五个选项卡中的全部内容。
- “数据”选项卡：管理应用项目中各种类型的数据文件，包括数据库、自由表、视图、查询文件等。
- “文档”选项卡：显示和管理应用项目中的文档类文件，包括表单文件、报表文件、标签文件等。
- “类”选项卡：显示和管理项目中使用的类库文件，包括 Visual FoxPro 系统提供的类库和用户自己设计的类库。
- “代码”选项卡：管理项目使用的各种程序代码文件，包括程序文件(.prg)、API 库和应用项目管理器生成的应用程序(.app)。
- “其他”选项卡：显示和管理在以上选项卡中没有的项目文件，包括菜单文件、文本文件等。

2)　项目管理器中的命令按钮

- “新建”按钮：在项目中新建一个选中类型的项目文件。
- “添加”按钮：向项目中添加一个已存在的文件。
- “修改”按钮：修改在项目管理器中选中的文件。
- “浏览”\“关闭”\“打开”\“预览”\“运行”按钮：根据所选的对象不同，显示不同的按钮。
    - “浏览”按钮：对选定的表进行浏览。
    - “关闭”\“打开”按钮：关闭或打开一个数据库文件。
    - “预览”按钮：对项目中选定的报表或标签文件进行打印预览。
    - “运行”按钮：用于运行在项目中选定的对象。
- “移去”按钮：用于移去、删除在项目中选定的文件。
- “连编”按钮：将当前的项目进行编译、连接，生成一个 APP 文件或一个可独立运行的可执行文件(扩展名为.exe)。

1.3.2　项目管理器的使用

1．在项目管理器中创建文件

在项目管理器中先选中文件类型，再单击“新建”按钮。如要创建一个数据库“图书管理系统”，可以先选中“数据”选项卡下的“数据库”文件类型，再单击“新建”按钮，即可打开“新建数据库”对话框，如图 1-10 所示，单击“新建数据库”按钮，在弹出的“创建”对话框中输入数据库文件名称，如图 1-11 所示。

2．向项目中添加文件

在项目管理器中，先选定文件类型，再单击“添加”按钮，如图 1-12 所示。可以将自由表加入数据库中，如选择数据库“图书管理系统”下的“表”，再单击“添加”命令按钮，在弹出的“打开”对话框中，选择要添加的表，再单击“确定”按钮，如图 1-13 所示。

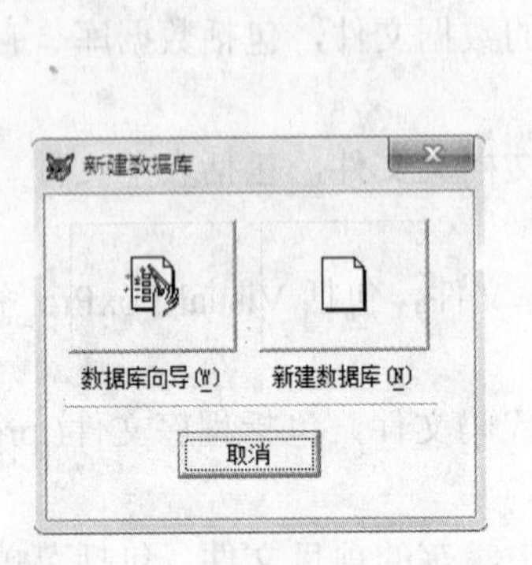

图 1-10 “新建数据库”对话框

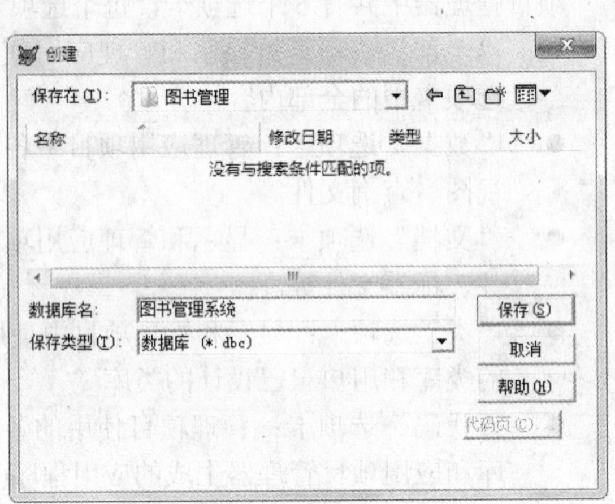

图 1-11 输入数据库文件名称

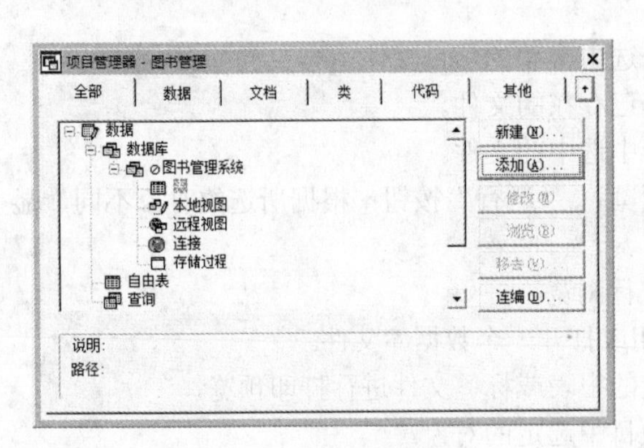

图 1-12 为数据库添加表

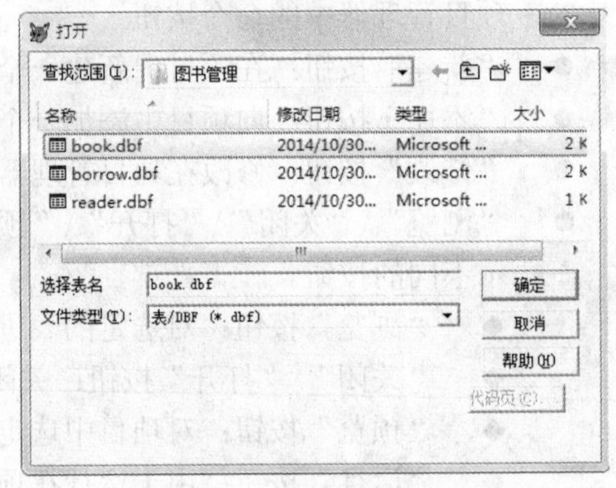

图 1-13 选择要添加的表文件

3．在项目管理器中修改文件

先选定要修改的文件，再单击“修改”按钮。如要修改表 book.dbf，即可在数据库“图书管理系统”下面的“表”中选中 book.dbf 后，单击“修改”按钮，以修改该表文件的结构。

4．从项目管理器中移除文件

在项目管理器中，先选定要移去的文件，再单击“移去”按钮。如要将数据库“图书管理系统”下的表 book.dbf 移去，可以先选中该文件，再单击“移去”按钮。在弹出的移去确认对话框中，若单击“移去”按钮，则将表 book.dbf 从数据库中移去而不删除该文件，以后可随时将该文件再添加进项目中；若单击“删除”按钮，则会将表 book.dbf 从计算机硬盘上删除，如图 1-14 所示。

5．连编项目

当一个项目中的所有文件都编辑完成后，需要将该项目进行连编，生成一个能够脱离 Visual FoxPro 系统、独立运行的程序文件。单击“连编”按钮，则弹出“连编选项”对话框，在“操作”或“选项”选项组中选中某些选项后，即可将该项目连编，生成一个可执行文件(扩展名为.exe 的文件)，如图 1-15 所示。

图 1-14　移去确认对话框

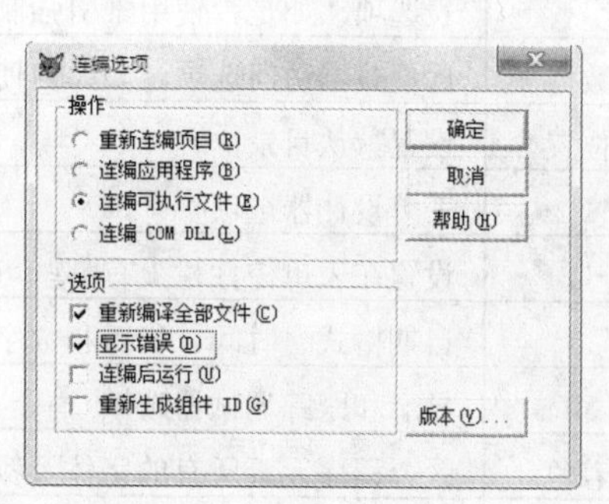

图 1-15　“连编选项”对话框

1.4　Visual FoxPro 6.0 系统环境设置

安装完 Visual FoxPro 6.0 软件之后，系统将使用默认值来设置环境。环境设置包括主窗口标题、默认目录、项目、编辑器、调试器及表单工具选项、临时文件存放、拖放字段对应的控件等。用户在使用 Visual FoxPro 6.0 时，可以定制自己的系统环境。

在 Visual FoxPro 6.0 中，既可以使用“选项”对话框或 SET 命令进行环境的配置，还可以通过配置文件进行配置，具体配置步骤如下。

(1)　选择“工具”|“选项”命令，如图 1-16 所示，打开“选项”对话框。

(2)　在图 1-17 所示的“选项”对话框中共有 12 个选项卡，每个选项卡均代表不同类别的环境选项，各选项卡的功能如表 1-1 所示。下面仅举几个常用操作来说明其配置方法。

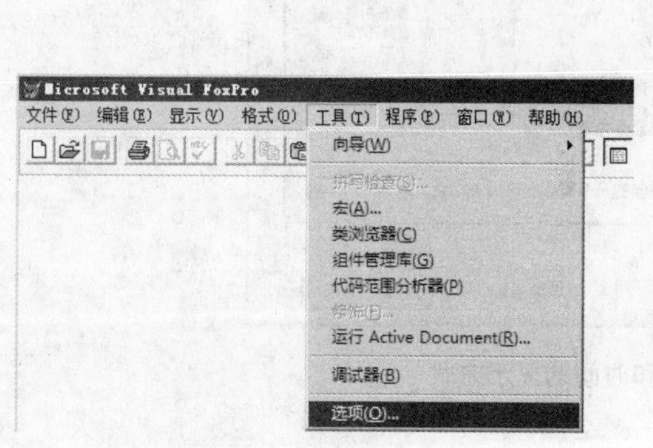

图 1-16　选择“选项”命令

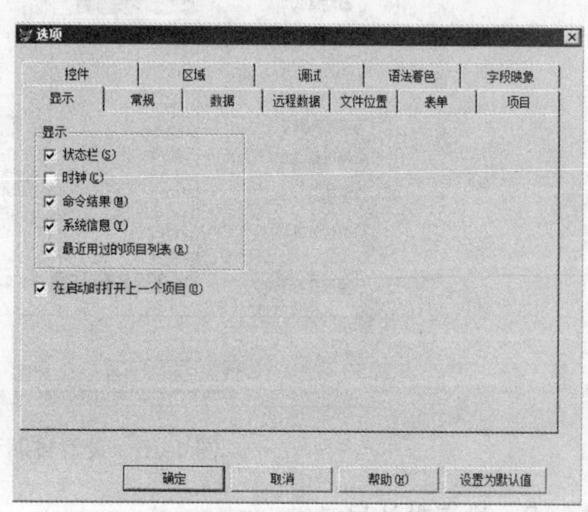

图 1-17　“选项”对话框

表 1-1 “选项”对话框中各选项卡的功能

选 项 卡	功 能
显示	界面选项，如是否显示状态栏、系统信息等
常规	数据输入及程序设计选项，如设置警告声音等
数据	表选项，如是否使用索引强制唯一性、备注块大小等
远程数据	远程数据访问选项，如如何使用 SQL 更新等
文件位置	设置默认目录位置
表单	表单设计器选项
控件	设置在表单控件栏上有哪些可视类库和 Active 控件有效
区域	日期格式、时间、货币和数字等参数的设置
调试	显示和跟踪调试器选项
语法着色	区分程序元素所有的字体及颜色
字段映像	设定从数据环境设计器、数据库设计或项目管理器中将表或字段拖动到表单时将创建什么样的控件
项目	设定项目创建管理器的一些初始值和默认值

1．设置日期和时间的显示格式

切换到“区域”选项卡，可以设置日期和时间的显示方式。Visual FoxPro 6.0 中的日期和时间有多种显示方式，在“日期格式”下拉列表框中可以选择所需的日期格式，如图 1-18 所示。

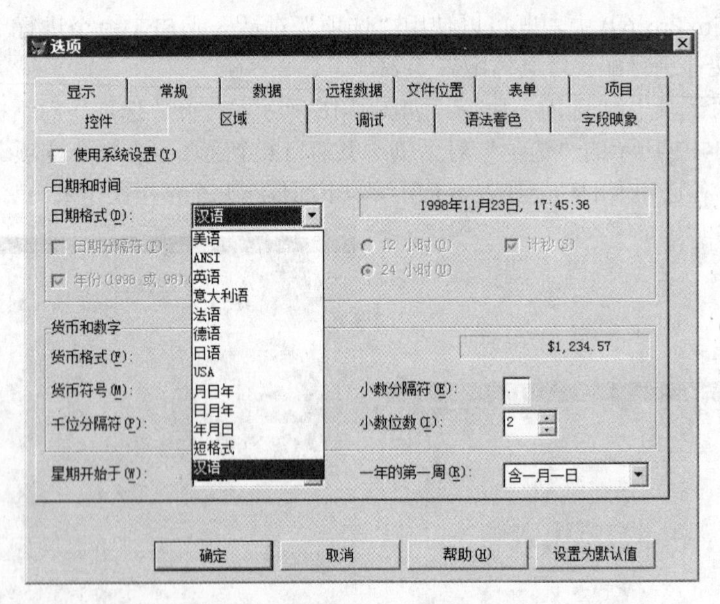

图 1-18 设置日期和时间的显示方式

2．设置默认目录

用户在开发 Visual FoxPro 应用系统时，需要先创建所开发系统所在的工作目录，并将该工作目录设置为默认目录，其方法如下。

切换到“文件位置”选项卡，如图 1-19 所示，选择“默认目录”文件类型，再单击“修改”按钮，在弹出的“更改文件位置”对话框(见图 1-20)中，可以直接输入工作目录或者单击…按钮，选定工作目录后单击“确定”按钮。当返回到“文件位置”选项卡中后，可以单击“确定”按钮，也可以单击“设置为默认值”按钮。

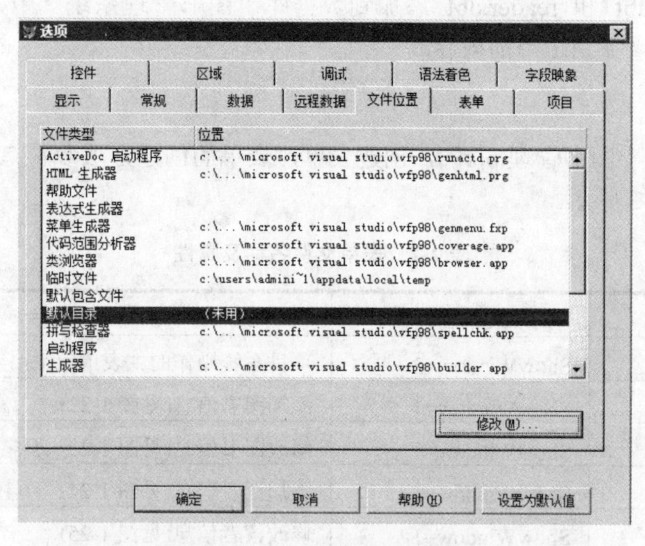

图 1-19　“文件位置”选项卡

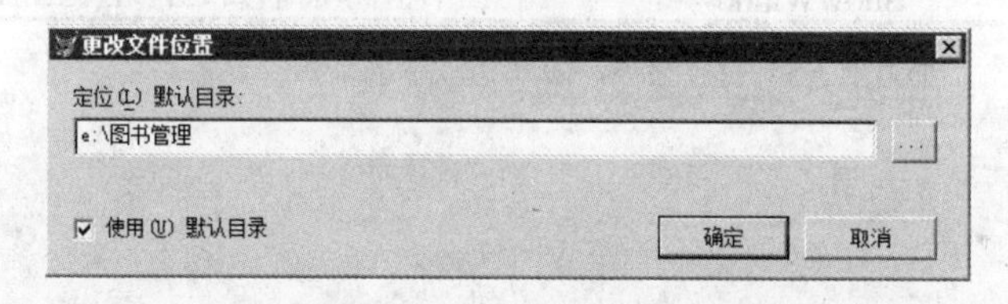

图 1-20　“更改文件位置”对话框

设置好默认目录之后，用户在 Visual FoxPro 中创建的文件将自动保存在该文件夹中，而且用户在调用这些文件时，可以省去输入文件路径的麻烦。

注意： 设置好默认目录之后，如果在如图 1-19 所示的“文件位置”选项卡中单击了“设置为默认值”按钮，而后再单击“确定”按钮关闭“选项”对话框，那么该设置将一直有效。如果直接单击“确定”按钮关闭“选项”对话框，那么该设置只在本次启动的 VFP 中生效。

1.5　图书管理系统实例

1.5.1　系统开发的基本过程

1. 创建系统项目文件

在 E 盘创建文件夹“图书管理”，启动 VFP 系统，选择“文件”|“新建”命令，在

打开的“新建”对话框中选择“项目”文件类型，并单击“新建文件”按钮，创建项目文件“图书管理.pjx”，保存在“E:\图书管理”下。

2. 创建数据库

在 VFP 启动后，创建数据库“图书管理系统.dbc”，将“E:\图书管理”下的自由表 book.dbf、borrow.dbf 和 reader.dbf 添加到数据库“图书管理系统”中，使其成为数据库表。表的创建方法参看 4.1 节的内容。

3. 创建表单

打开项目文件“图书管理.pjx”，创建表单，表单的创建方法参看 7.2 节。表单文件的名称及属性如表 1-2 所示。

表 1-2　表单文件名称及属性

表单文件名称	表单属性	用　途
Form_menu	ShowWindow=2	项目系统操作的主表单(见图 1-21)
Form_add_book	ShowWindow=1	添加图书信息(见图 1-22)
Form_edit_book	ShowWindow=1	修改图书信息(见图 1-23)
Form_add_reader	ShowWindow=1	添加读者信息(见图 1-24)
Form_edit_reader	ShowWindow=1	修改读者信息(见图 1-25)
Form_borrow	ShowWindow=1	图书借阅/图书归还管理(见图 1-26 和图 1-27)

图 1-21　“图书管理系统”启动界面

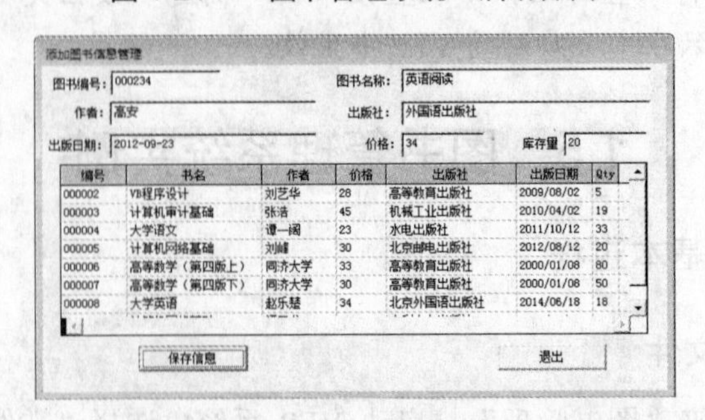

图 1-22　“添加图书信息管理”界面

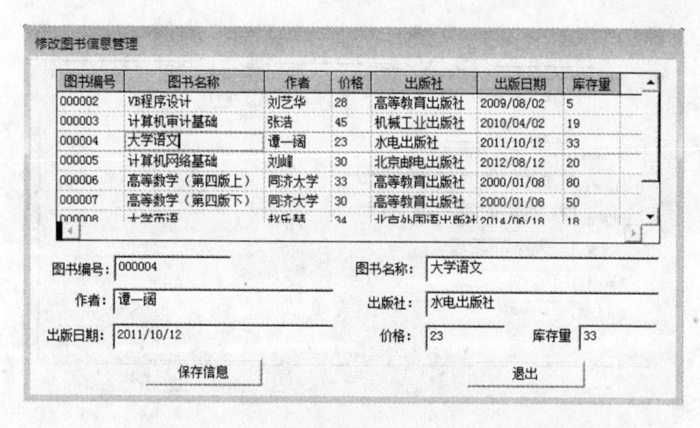

图 1-23　“修改图书信息管理”界面

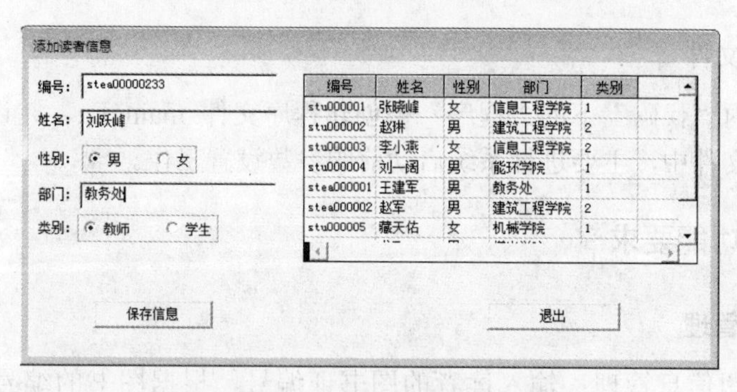

图 1-24　“添加读者信息”界面

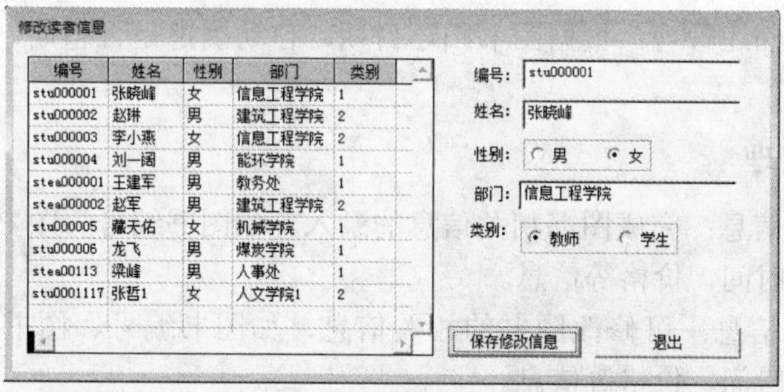

图 1-25　“修改读者信息”界面

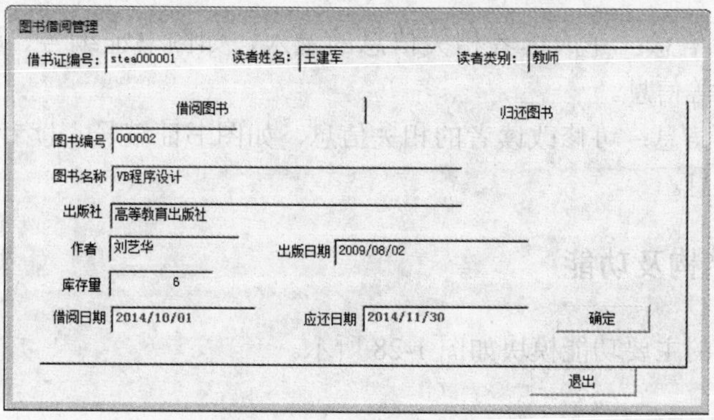

图 1-26　“图书借阅管理”界面

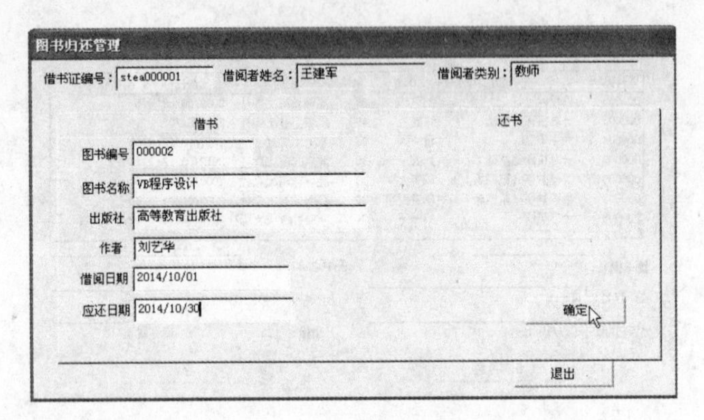

图 1-27 “图书归还管理”界面

4. 创建程序文件

在项目窗口内“代码”下的“程序”中创建程序文件 main.prg，并设置该文件为主文件。在 main.prg 文件中，主要进行系统启动前的参数设置工作。

1.5.2 系统的功能要求

1. 图书借阅管理

- 图书借阅信息管理：输入读者的图书证编号，根据图书的编号，完成图书借阅管理。
- 图书按期归还管理：根据图书归还日期，自动确定是否超期，并完成图书归还信息管理。

2. 图书信息管理

- 添加图书信息：完成图书相关信息的录入，如图书编号、图书名称、出版社、作者、出版时间、价格等信息。
- 修改图书信息：可修改图书的相关信息，如图书编号、图书名称、出版社、作者、出版时间、价格等信息。

3. 读者信息管理

- 添加读者信息：完成读者相关信息的录入，如图书证编号、读者姓名、所属部门、类别等信息。
- 修改读者信息：可修改读者的相关信息，如图书证编号、读者姓名、所属部门、类别等信息。

1.5.3 系统的结构及功能

图书管理系统的主要功能模块如图 1-28 所示。

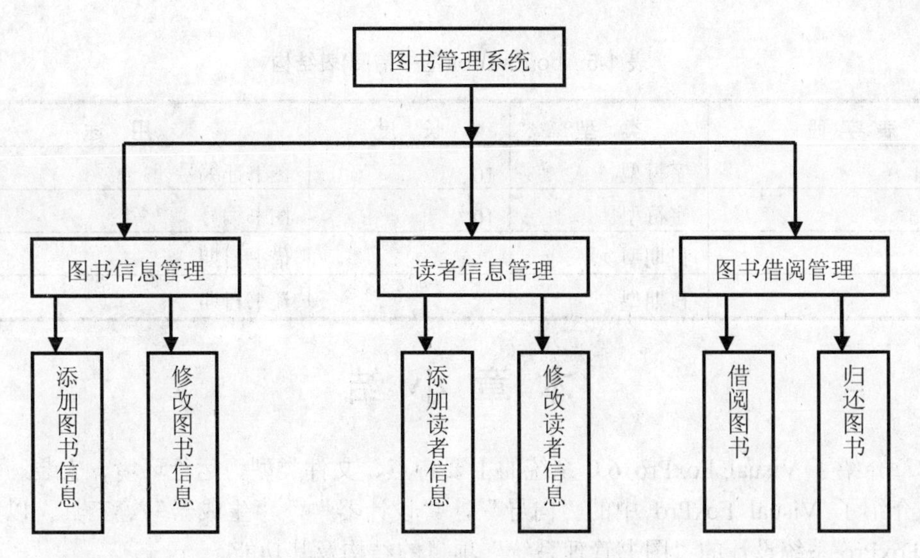

图 1-28　图书管理系统的功能模块

1.5.4　数据库及相关数据表

1. 数据库

本项目的数据库为“图书管理系统.dbc”。

2. 数据表

相关的数据表如表 1-3～表 1-5 所示。

表 1-3　book.dbf(图书信息)表结构

表 字 段	类　型	长　度	用　途
Bookid	字符型	20	图书编号
Bookname	字符型	60	图书名称
Editor	字符型	8	作者
Price	数值型	5.0	价格
Publish	字符型	30	出版社
Pubdate	日期型		出版日期
Qty	数值型	10	库存量

表 1-4　reader.dbf(读者信息)表结构

表 字 段	类　型	长　度	用　途
Cardid	字符型	10	图书证编号
Name	数值型	8	读者姓名
Class	字符型	8	读者类别
Dept	字符型	20	所属部门
Sex	字符型	2	性别

表 1-5　borrow.dbf(图书借阅)表结构

表 字 段	类　型	长　度	用　途
Cardid	字符型	10	图书证编号
Bookid	字符型	10	图书编号
Bdate	日期型		借书日期
Sdate	日期型		还书日期

本 章 小 结

本章介绍了 Visual FoxPro 6.0 系统的主要特点、文件类型、运行环境、安装、启动与退出；介绍了 Visual FoxPro 中的“向导”，“设计器”，“生成器”等工具，以及应用 Visual FoxPro 系统设计的“图书管理系统”项目的结构及其功能。

第 2 章

Visual FoxPro 语言基础

描述一个人的基本特征经常使用姓名、性别、年龄、身高、体重等数据，这些数据有的是整数，有的是小数，还有的是非数值型数据。同样，在计算机中存储、处理数据，也要将数据分成不同的类型。如职工的工资和年龄在 Visual FoxPro 中称为数值型数据，职工的姓名和性别称为字符型数据；职工的工资和年龄可以进行加、减等运算，职工的姓名和性别是不能进行算术运算的。因此，在使用数据时，必须清楚各种数据类型的特点。

Visual FoxPro 提供了 11 种数据类型，其中常用的包括数值型、字符型、日期型、日期时间型、逻辑型和货币型 6 种。这些数据类型既可以作为常量、变量和表达式存在，也可以作为数据表中的字段存在。此外，还有一些数据类型只能作为数据表中的字段存在，它们是浮点型、双精度型、整型、备注型和通用型，这些字段类型的使用方法和规则将在第 4 章介绍。

本章重点

各种数据类型、表达式的特点及应用。

学习目标

- 理解数据类型、常量、变量的概念与表示方法。
- 熟练掌握各类型运算符及表达式的使用方法。
- 熟练掌握常用函数。

2.1　常量与变量

2.1.1　常量

常量是指程序运行过程中不变的值。不同类型的常量有不同的书写格式。

1. 数值型常量(N)

数值型常量就是平时所讲的数值，用 N(Numeric)表示，用于表示数量并可以进行算术运算，由数字 0～9、小数点、正负号组成，有效位数为 16 位。例如：35、675 表示正数，-34.5、-499 表示负数。

数值型常量也可以用科学记数法表示，如 2.34×10^{-8} 可以写成 2.34E-8，E 后面的数只能是整数。

2. 字符型常量(C)

字符型常量也称为“字符串”，用 C (Character)表示，由任意字符(字母、数字、空格、符号等)组成，是一类不能直接进行算术运算的数据类型，其长度(即字符个数)范围是 0～254 个字符，使用时需要用定界符括起来，定界符包括英文单引号、英文双引号或者方括号。例如：‘你好’、“Visual FoxPro”、[abc123]。

如果某一定界符也是字符串内容的一部分，那么外面的定界符一定要与字符串中的定界符不一样，如：[大树的“嘴巴”]、“[中国人民]”。

对于不参加运算的、由数字组成的数据，通常都定义为字符型，如学号、电话号码、邮政编码等。

例如：邮政编码使用定界符："100000"，表示字符型常量；

参加运算的数不使用定界符：100000，表示数值型常量。

注意：在字符型常量中，一个汉字占 2 个字节、其他字符占 1 个字节。

3. 日期型常量(D)

日期型常量用于表示具体日期，用 D(Date)表示，长度为 8 位，它的定界符是一对花括号。花括号内包括年、月、日三部分内容，用分隔符分隔。分隔符可以是斜杠(/)、减号(-)、句点(.)和空格等，其中默认分隔符是斜杠。例如：{12/03/1997}代表 1997 年 12 月 3 日。

1) 传统日期格式与严格日期格式

日期型常量分为传统日期格式和严格日期格式两种，如表 2-1 所示。

表 2-1 传统日期格式与严格日期格式

日期型常量	表示方法	举 例	备 注
传统日期格式	{mm/dd/yy}	{07/08/03}： 表示 2003 年 7 月 8 日	传统日期格式是系统默认的输出格式
严格日期格式	{^yyyy-mm-dd}	{^2003-07-08}： 表示 2003 年 7 月 8 日	要确切地表示一个日期而不会受到命令语句的任何影响，输入时采用严格日期格式

注意：
- 表 2-1 中的 mm 代表用两位数字表示月份，dd 代表用两位数字表示日期，yy 代表用两位数字表示年。
- 在书写严格日期格式时，一定要在前边加脱字符(^)。

2) 影响日期格式的设置命令

传统日期格式在不同的设置状态下，会有不同的解释。例如：日期常量{10/06/07}可以被解释为 2007 年 10 月 6 日、2007 年 6 月 10 日、2010 年 6 月 7 日等。Visual FoxPro 提供了一些设置日期输出格式的命令，我们可以根据应用的需要进行相应设置(注意：设置的是"日期格式"，而不是"日期")，这些命令如下。

(1) 设置年份的位数。

格式：`SET CENTURY ON|OFF`

功能：用于设置输出日期型数据时是否显示世纪值，ON 表示显示世纪值，年份占 4 个字符，OFF 表示不显示世纪值，年份占 2 个字符。

例如：
```
set century on
? {05/06/08}    && 显示的值为05/06/2008
```

(2) 设置日期格式。

格式：`SET DATE [TO]  X`

功能：设置日期显示的格式。其中，X 可以是表 2-2 中的任一短语。

表 2-2　可选的短语

短　语	格　式	短　语	格　式
American	mm/dd/yy	ansi	yy.mm.dd
british/French	dd/mm/yy	german	dd.mm.yy
Italian	dd-mm-yy	japan	yy/mm/dd
usa	mm-dd-yy	mdy	mm/dd/yy
dmy	dd/mm/yy	ymd	yy/mm/dd

例如：
```
set date to YMD
? {^2008-05-06}    && 显示的值为 08/05/06
```

注意： 在程序或者命令中通常使用严格日期格式，这样可以避免一些不必要的误会和错误。

(3)　设置日期分隔符。

格式：`SET MARK TO [日期分隔符]`

功能：用于设置显示日期型数据时使用的分隔符。若执行 SET MARK TO，表示恢复系统默认的斜杠(/)分隔符。

例如：
```
set mark to "-"
? {^2008/09/03}   && 显示的值为 09-03-08
```

说明：分隔符自身为字符型常量，即两边需要加定界符。

【实例 2-1】　日期格式设置命令的使用，如图 2-1 所示。

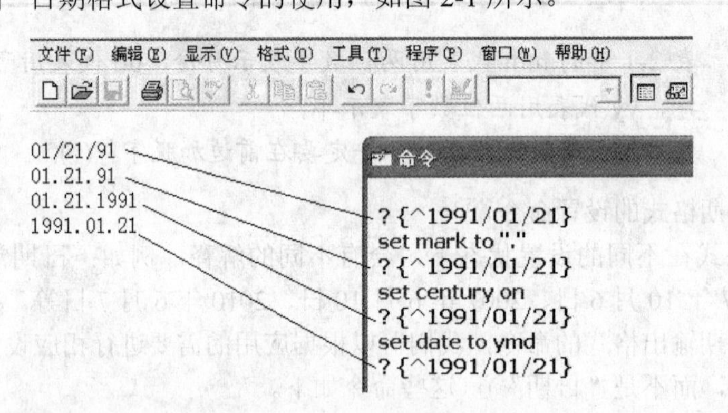

图 2-1　日期格式设置命令示例

4．日期时间型常量(T)

日期时间型常量用来表示具体的日期及时间，用 T(DateTime)表示，它的定界符是一对花括号。日期时间型常量包括日期和时间两部分：{<日期>,<时间>}，中间可以用逗号或者空格分隔，其默认格式为{mm/dd/[yy]yy[,] [hh[:mm[:ss]] [a|p]]}，其中 hh、mm、ss 分别表示小时、分和秒，默认值分别是 12、0 和 0。a 和 p 分别表示上午和下午，默认为上午。如{09/07/14,13:45:50}就是一个日期时间型常量。

其中，<日期>部分与日期型常量类似，也分为传统型和严格型两种。严格型的格式为

{^yyyy-mm-dd,[hh[:mm[:ss]] [a|p]]}。

注意：日期时间型常量可同时包含日期和时间，也可只包含两者之一。

5. 逻辑型常量(L)

逻辑型常量用来表示逻辑值，用 L(Logic)表示，只有逻辑真和逻辑假两个值，长度为 1。在 Visual FoxPro 中，逻辑真用.T.、.t.、.Y.或.y.表示，逻辑假用.F.、.f.、.N.或.n.表示。

注意：字母前后的两个点是逻辑型常量的定界符，不能省略，如果省略，系统会自动识别为变量名。

6. 货币型常量(Y)

货币型常量用来表示货币的值，与数值型不同的是，需要加一个前置的货币符号($)，如$23.3。货币型数据默认保留 4 位小数，超出部分将进行四舍五入，如将$3.1415926 存储为$3.1416。货币型常量没有科学计数法表示形式，用 Y(Currency)表示。

2.1.2 变量

变量是指在程序运行过程中其值可以变化的数据。要确定一个变量，需要确定其 3 个要素：变量名、数据类型和变量值。

1. 变量的命名规则

不同的变量具有不同的变量名，变量的命名需要遵守以下规则。

(1) 由英文字母、汉字、下划线和数字组成。

(2) 不能以数字开头，如 123ab 不能作为变量名。

(3) 不能使用系统保留字(系统中的命令，如 use)。

(4) 英文字母不区分大小写，即变量名 ab、aB、AB 在系统中被认作是同一变量。

2. 变量的分类

Visual FoxPro 中的变量分为字段变量和内存变量。内存变量又分为简单内存变量、数组和系统变量，如图 2-2 所示。

下面对各种变量分别进行介绍。

1) 字段变量

字段变量就是数据表中的字段，变量名就是表中的字段名，例如：学生表中的“学号”、“姓名”等字段就是字段变量。字段变量的名字、类型、长度等是在定义表结构时定义的(具体内容在第 4 章中重点讲解)。

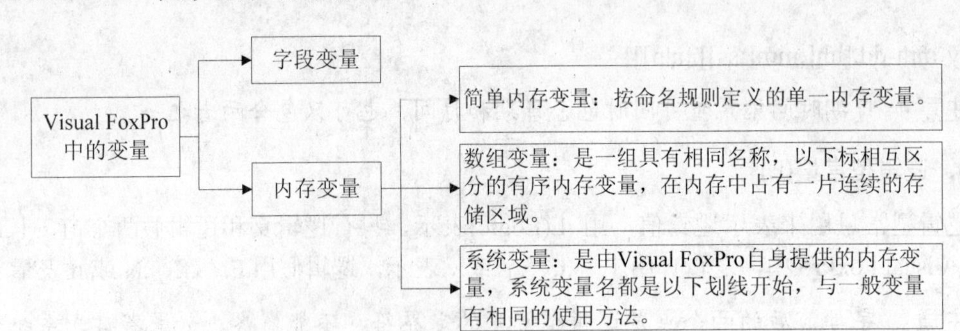

图 2-2　变量的分类与定义

2)　内存变量

内存变量是一种临时变量，是在程序或命令状态时用于存放临时数据的内存工作单元，内存变量的值就是存放在这个区域里的数据。内存变量的类型取决于变量值的类型。

内存变量的类型有字符型、数值型、货币型、逻辑型、日期型和日期时间型 6 种。

(1)　内存变量的赋值。

给内存变量赋值的命令有以下两种格式。

格式 1：<内存变量>=<表达式>

格式 2：STORE <表达式> to <内存变量表>

功能：

- 先计算表达式的值，然后把表达式的值赋给一个或几个内存变量。格式 1 只能给一个内存变量赋值。格式 2 可以同时给多个内存变量赋相同的值。
- 变量在使用之前并不需要特别声明(这点和其他程序设计语言有所不同)，当用赋值命令给变量赋值时，如果变量不存在，那么系统会自动创建。
- 如果要改变内存变量的值和类型，可以通过为内存变量重新赋值来完成。

【实例 2-2】 内存变量的赋值。

```
store 20+2 to x,y          && 创建变量 x 和 y，数据类型为数值型，变量的值均为 22
name="张宁"                 && 创建变量 name，数据类型为字符型，变量的值为"张宁"
x=.T.                      && 变量 x 的数据类型为逻辑型，值为 T
```

注意： store 命令不能把多个不同的值分别赋给若干变量。例如：

```
store 20,30 to x,y      && 这个命令是错误的
```

(2)　内存变量的输出。

内量变量的输出有以下两种格式。

格式 1：? [<表达式>]

格式 2：?? [<表达式>]

功能：计算表达式的值，并把结果显示在屏幕上。格式 1 换行输出表达式的值，格式 2 的结果不换行输出。

【实例 2-3】 输出变量的值。

```
store 15 to a,b            && 创建变量 a，b，数据类型为数值型，值为 15
 ? a, b+1
```

```
?? a,b-1                    &&不换行，在前面的结果后面直接输出
? a,b
```

输出结果如图 2-3 所示。

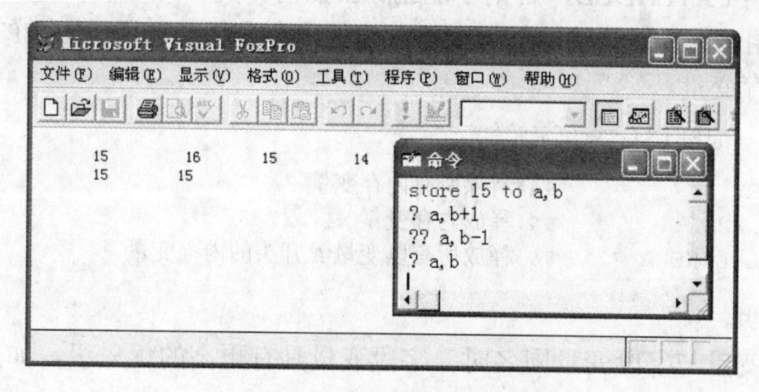

图 2-3　实例 2-3 运行结果

(3)　内存变量的显示。

内存变量的显示有以下两种格式。

格式 1：LIST　MEMORY LIKE [<通配符>]

格式 2：DISPLAY　MEMORY　[LIKE<通配符>]

功能：显示内存变量的当前信息，包括变量名、作用域、取值和类型。

两种格式的区别如下。

格式 1：一次显示与通配符相匹配的所有内存变量，如果内存变量多，一屏显示不下，则自动向上滚动。

格式 2：分屏显示与通配符相匹配的所有内存变量，如果内存变量多，显示一屏后暂停，只要按任意键后就可以继续显示下一屏。

选用 LIKE 短语只显示与通配符相匹配的内存变量。通配符包括*和？。*表示多个字符；？表示一个字符，例如：a*可以表示 ab、abc、abfed 等所有以 a 开头的变量，b?可以表示如 b、bw、bt 等由一个或两个字母组成并且第一个字母是 b 的变量。

【实例 2-4】　内存变量的显示。

```
STORE  "BOODBEY"  TO X1
STORE  "HELLO"  TO X2
DISPLAY  MEMORY  LIKE X*   && 显示所有以"X"开头的内存变量
```

(4)　内存变量的清除。

变量的清除是指释放不再使用的变量所占的内存空间，被清除的变量不能在程序中继续使用。内存变量的清除有 4 种格式。

格式 1：CLEAR　MEMORY

格式 2：RELEASE <内存变量名>

格式 3：RELEASE　ALL　[EXTENDED]

格式 4：RELEASE　ALL　[LIKE<通配符>　|　EXCEPT<通配符>]

以上 4 种格式的功能如下。

格式 1：清除所有内存变量。

格式 2：清除指定的内存变量。

格式 3：清除所有内存变量，在人机会话状态其作用与格式 1 相同；如果出现在程序中，则应加上短语 EXTENDED，否则不能删除公共内存变量。

格式 4：选用 LIKE 短语清除与通配符匹配的内存变量，选用 EXCEPT 短语清除与通配符不匹配的内存变量。

【实例 2-5】 清除内存变量。

```
CLEAR MEMORY              && 清除所有内存变量
RELEASE X1,X2             && 释放内存变量 X1，X2
RELEASE ALL LIKE A*       && 释放所有以变量 A 开头的内存变量
```

(5) 有关说明。

① 当内存变量与字段变量同名时，字段变量具有更高的优先级，如果要访问内存变量，应该采用以下格式：

```
M.内存变量名
```

或者

```
M->内存变量名
```

说明：访问字段变量时不能加前缀。

【实例 2-6】 有如图 2-4 所示的数据表，指针指向第一条记录。

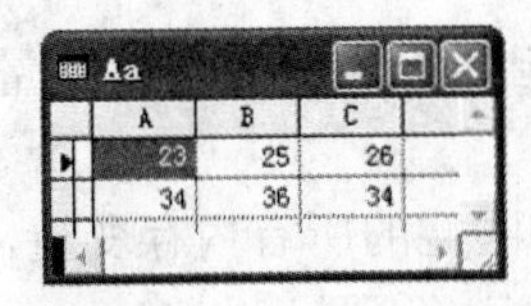

图 2-4 示例数据表 Aa

执行以下命令：

```
A=256
?A
```

输出结果是：23

如果要访问内存变量 A，需要输入：

```
? M.A
```

此时输出：256

② 字段变量和内存变量的最大区别是：字段变量是表结构的一部分，因此离不开表。要使用字段变量，必须首先打开包含该字段的表。而内存变量与表无关，不打开表照样可以使用。

3) 数组变量

数组变量的使用与内存变量类似，即数组变量的赋值、显示、保存等操作都与内存变量一样，只是需要先定义，后使用。数组由数组元素组成，每个数组元素可以被看做一个简单的内存变量。用户可以通过下标实现对数组中每个元素的访问。

数组的定义格式如下。

格式 1：`DIMENSION <数组名> (<下标上界 1>[,<下标上界 2>])`

格式 2：`DECLARE <数组名> (<下标上界 1>[,<下标上界 2>])`

说明：两条命令的功能完全相同，用于定义一维或者二维数组。

例如：

```
DIMENSION x(3)
```

定义了一个名为 x 的一维数组，数组元素有 3 个：x(1)、x(2)、x(3)。

例如：

```
DECLARE Y(2,3)
```

定义了一个名为 Y 的二维数组，数组元素有 6 个：y(1,1)、y(1,2)、y(1,3)、y(2,1)、y(2,2)和 y(2,3)。

由此可见，数组下标的下界值为 1，上界值由定义命令确定。

数组的使用要遵循以下规则。

(1) 在一切可以使用简单内存变量的地方都可以使用数组元素。

(2) 在同一运行环境下，数组名不能与简单变量名重复。

(3) 同一数组中的各个元素可以分别存放不同类型的数据。

(4) 定义数组时也可用方括号，如 Declare d(3,4) 与 Declare d[3,4]意义相同。

(5) 在没有向数组元素赋值之前，系统默认每个数组元素的初值为.F.。

(6) 可以用命令为一个数组的所有元素赋相同的值，例如：

```
a=13
```

或

```
Store 10 to a
```

(7) 在 Visual FoxPro 中，二维数组中的各元素在内存中按行的顺序存储，因此可以用一维数组的形式访问二维数组元素。

例如：有数组 A(2,3)(下表第一行为二维数组 A 在内存中的存储顺序)，这个数组与一维数组 A(6)(下表第二行为一维数组 A 在内存中的存储顺序)是等价的，因此数组元素 A(2,2)与 A(5)，A(1,2)与 A(2)是完全一样的。

A(1,1)	A(1,2)	A(1,3)	A(2,1)	A(2,2)	A(2,3)
A(1)	A(2)	A(3)	A(4)	A(5)	A(6)

例如：

```
Dimension A(2,3)      && 定义了一个二维数组 A，有 6 个元素
A(1,3)=50             && 给数组元素 A(1,3)赋值 50
? A(3)                && 输出 A(3)
```

则结果是：50

4) 系统变量

系统变量是由 Visual FoxPro 自身提供的内存变量，用来保存某些固定信息。系统变量名都是以下划线(_)开始的，与一般变量有相同的使用方法。因此，为了避免与系统变量名冲突，在定义内存变量和数组变量时，尽量不要以下划线开头。

如：系统变量_PEJECT 用于设置打印输出时的走纸方式；_DIARYDATE 用于设置当前日期。

【实例 2-7】 通过_CALCVALUE 系统变量将一个数传到计算器中，如图 2-5 所示。

在命令窗口中输入：

```
Clear                              && 清除屏幕内容
_CALCVALUE=20                      && 给系统变量赋值
ACTIVATE WINDOW calculator         && 显示计算器
```

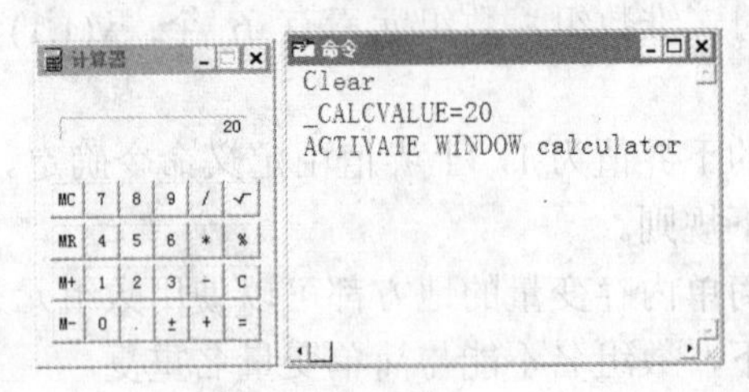

图 2-5 系统变量的使用实例

2.2 Visual FoxPro 中的常用函数

为了增强功能和方便用户使用，Visual FoxPro 系统提供了许多内部函数，每个函数实现一定的功能或者完成某种运算。函数的一般格式为

函数名([参数表])

在书写函数时，一定不要写错函数名，括号不能丢掉，另外，不同的函数有不同的参数表。函数运算后会有一个值，称为函数值。

Visual FoxPro 提供的函数有 300 多个，主要有数值函数、字符函数、日期函数、类型转换函数和测试函数等。通过查阅“帮助”中的“语言参考”，可以了解到函数的使用方法。下面我们选择一些较为常用的函数予以介绍。

以下各表中用<N>表示数值型数据，用<C>表示字符型数据，用<D>表示日期型数据，用<T>表示日期时间型数据。

2.2.1 数值函数

常用数值函数如表 2-3 所示。

表 2-3 常用数值函数

函数格式	功能简述	示 例	结 果
ABS(<N>)	求 N 的绝对值	ABS(78)	78
		ABS(−67)	67

续表

函数格式	功能简述	示　例	结　果
INT(<N>)	取 N 的整数部分	INT(14.3) INT(-14.3)	14 -14
SQRT(<N>)	计算 N 的算术平方根，表达式<N>的值必须大于等于 0	SQRT(9)	3
ROUND(<N1>,<N2>)	按指定的小数位数 N2 对 N1 的值进行四舍五入处理。如果小数位数小于 0，表示要舍入的整数位数	ROUND(234.567,2) ROUND(234.567,-2)	234.57 200
MOD(<N1>,<N2>)	计算两个表达式相除的余数，函数值的符号与 N2 的符号相同	MOD(23,5)	3

【实例 2-8】 将一个三位数反向输出。

```
X=123
X1=int (x/100)              && 取 x 的百位数字
X2= int (mod(x,100)/10)     && 取 x 的十位数字
X3= mod(x,10)               && 取 x 的个位数字
? x1+x2*10+x3*100           && 输出结果是 321
```

2.2.2　字符函数

字符函数是处理字符型数据的函数，其参数或者函数值中至少要有一个是字符型数据。常用字符函数如表 2-4 所示(表中“□”代表空格)。

表 2-4　常用字符函数

函数名称	函数格式	功能简述	示　例	结　果
取子串函数	LEFT(<C>,<N>)	从 C 串中左边第一个字符开始，截取 N 个字符	left(“Study”,2)	St
	RIGHT(<C>,<N>)	从 C 串中右边第一个字符开始，截取 N 个字符	right(“Study”,2)	dy
	SUBSTR(<C>,<N1> [,<N2>])	从 C 串的第 N1 的字符开始，截取 N2 个字符	substr(‘Visual’,2,3)	isu
求字符串长度函数	LEN(<C>)	求得 C 串的字符数(长度)	len(“China”)	5
删除字符串前后空格函数	LTRIM(<C>)	删除 C 串的前导空格字符	ltrim(“□a□b□c”)	a□b□c
	RTRIM(<C>)	删除 C 串尾部空格字符	rtrim(“ a□b□c□”)	a□b□c
	ALLTRIM(<C>)	删除 C 串的前导和尾部空格	alltrim(“□a□b□c□”)	a□b□c
产生空格函数	SPACE (<N>)	返回一个包含 N 个空格的字符串	“A”+ space(3)+“B”	A□□□B

续表

函数名称	函数格式	功能简述	示　例	结　果
大小写字母转换函数	LOWER (<C>)	将 C 串中的字母全部变成小写字母，其他字符不变	lower("aAbBcC2")	aabbcc2
	UPPER(<C>)	将 C 串中的字母全部变成大写字母，其他字符不变	upper("abBC2")	ABBC2
求子串位置函数	AT(<C1>,<C2>)	若 C1 存在于 C2 中，则给出起始位置；若不存在，则函数值为 0	AT("abc","vabcde")	2
	ATC(<C1>,<C2>)	功能同 AT 函数，只是 ATC 函数在比较子串时不区分大小写	AT("aBc","vabcde")	2
宏替换函数	&<字符型内存变量>[.<C>]	替换出字符型变量的值，即去掉定界符。详细介绍见"注意"内容	X="1997" ? &X+5	2002

注意： 在宏替换函数中，若有可选项[.<C>]，则&<字符型内存变量>代换后的值会与其后的<C>的值连接起来。这时，&<字符型内存变量>与<C>之间必须插入一个圆点(.)，用来结束这个宏替换表达式。例如：

```
sum=9
a="s"
? &a.um      &&此时 &a.um 等同于 sum
```

结果是：9

2.2.3 日期和时间函数

日期和时间函数是处理日期型或日期时间型数据的函数。其参数为日期型表达式<D>或日期时间型表达式<T>。常用日期时间函数如表 2-5 所示。

表 2-5 常用日期时间函数

函数名称	函数格式	功能简述	示　例	结　果
日期和时间函数	DATE()	返回当前系统日期，此日期由 Windows 系统设置，函数值为 D 型	DATE()	具体结果与系统设置有关
	TIME()	返回当前系统时间，形式为 hh:mm:ss，函数值为 C 型	time()	具体结果与系统有关

续表

<table>
<tr><th>函数名称</th><th>函数格式</th><th>功能简述</th><th>示　例</th><th>结　果</th></tr>
<tr><td rowspan="3">求年份、月份和天数函数</td><td>YEAR(<D>|<T>)</td><td>返回 D 或 T 型表达式所对应的年份值</td><td rowspan="3">例如：A={^2014-7-8}
? Year(A)
? MONTH(A)
? DAY(A)</td><td rowspan="3">
2014
7
8</td></tr>
<tr><td>MONTH(<D>|<T>)</td><td>返回 D 或 T 型表达式所对应的月份值</td></tr>
<tr><td>DAY(<D>|<T>)</td><td>返回 D 或 T 型表达式所对应的天数</td></tr>
<tr><td rowspan="3">求时、分、秒函数</td><td>HOUR(<T>)</td><td>返回 T 所对应的小时部分(24 小时制)</td><td rowspan="3">例如：A={^2014-7-8,15:56:10}
? Hour(A)
? Minute(A)
? SEC(A)</td><td rowspan="3">
15
56
10</td></tr>
<tr><td>MINUTE(<T>)</td><td>返回 T 所对应的分钟部分(24 小时制)</td></tr>
<tr><td>SEC(<T>)</td><td>返回 T 所对应的秒数部分(24 小时制)</td></tr>
</table>

2.2.4 数据类型转换函数

在数据库应用的过程中，经常要将不同数据类型的数据进行相应转换，以满足实际应用的需要。Visual FoxPro 系统提供了若干个转换函数，较好地解决了数据类型转换的问题，如表 2-6 所示。

表 2-6　数据类型转换函数

函数格式	功能简述	示　例	结　果
STR(<N1>[,< N2>][，<N3>])	把 N1 转换成小数位为 N3，总长度为 N2 的字符型数据，函数值为 C 型。省略 N2、N3 时表示不保留小数位长度，总长度默认为 10。如果 N2 和 N3 不能同时满足，则优先保证整数位的输出	STR(3.6) STR(−3.14159,5,3)	4 -3.14
VAL(<C>)	将 C 串中的数字字符转换成对应数值，转换结果取两位小数。函数值为 N 型	VAL(“23.756a”)	23.76
ASC (<C>)	返回 C 串首字符的 ASCII 码值。函数值为 N 型	ASC(“ABC”)	65
CHR(<N>)	返回 ASCII 码为 N 的 ASCII 字符。函数值为 C 型	CHR(98)	B
CTOD(<C>)	把 C 串转换成对应日期型数据。函数值为 D 型。C 串应该符合 SET DATE TO 命令所设置的日期格式	CTOD(“^2002/10/12”)	2002/10/12

续表

函数格式	功能简述	示 例	结 果
DTOC(<D>[,1])	把日期型数据 D 转换成相应的字符串。函数值为 C 型。如果使用参数 1，则字符串的格式固定为 YYYYMMDD	DTOC({^2002-11-27}) DTOC({^2002-11-27},1)	11/27/02 20021127

2.2.5 测试函数

在数据库应用的操作过程中，用户需要了解数据对象的类型、状态等属性，Visual FoxPro 提供了相关的测试函数，使用户能够准确地获取操作对象的相关属性。常用测试函数如表 2-7 所示。

表 2-7 常用测试函数

函数名称	函数格式	功能简述
表起始标识测试函数	BOF([<工作区号>|<别名>])	测试记录指针是否移到表起始处。如果记录指针指向表中的首记录，则函数返回真(.T.)，否则返回假(.F.)。省略参数时，默认为当前工作区
表结束标识测试函数	EOF([<工作区号>|<别名>])	测试记录指针是否移到表结束处。如果记录指针指向表中的尾记录，则函数返回真(.T.)，否则返回假(.F.)。省略参数时，默认为当前工作区
当前记录号函数	RECNO([<工作区号>|<别名>])	返回指定工作区中表的当前记录的记录号。对于空表返回值为 1。省略参数时，默认为当前工作区
当前记录逻辑删除标志测试函数	DELETED([<工作区号> | <别名>])	测试指定工作区中表的当前记录是否被逻辑删除。如果当前记录有逻辑删除标记，函数返回真(.T.)，否则返回假(.F.)
记录数函数	RECCOUNT ([<工作区号> | <别名>])	返回指定工作区中表的记录个数。如果工作区中没有打开表则返回 0
条件测试函数	IIF(<lExp >,<eExp 1>, <eExp2>)	逻辑表达式 lExp 的值为真(.T.)，返回表达式 eExp1 的值；否则返回表达式 eExp2 的值。eExp1 和 eExp2 可以是任意数据类型的表达式

【实例 2-9】 条件测试函数的使用。

```
cj=80
?iif(cj<60,"不及格","及格")
```

结果为：及格

2.2.6 其他函数

在程序设计过程中，经常要显示一些信息，如提示信息、错误信息等，MessageBox 函

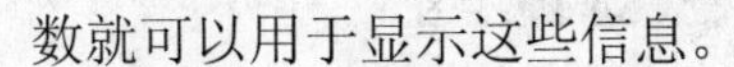

数就可以用于显示这些信息。

格式：MessageBox(<信息内容>[,<对话框类型>[,<对话框标题>]])

功能：以窗口形式显示信息，返回值为数字。

说明：

- <信息内容>为必选项，是信息框中要显示的内容，由字符串表达式组成。
- <对话框类型>由三个部分相加得到。各个部分的取值不同，含义不同，如表 2-8 所示。
- <对话框标题>为可选项。如果给出字符串，则在信息框的标题栏中显示该字符串的内容，默认值为“Microsoft Visual FoxPro”。
- 信息显示函数在显示一个信息框后，单击不同的按钮，将对应不同的返回值，函数的返回值与信息框中各个按钮的对应关系如表 2-9 所示。

表 2-8　对话框类型及含义

组成部分		值	含　义
1	按钮数目与按钮形式	0	只显示“确定”按钮
		1	显示“确定”和“取消”按钮
		2	显示“终止”、“重试”和“忽略”按钮
		3	显示“是”、“否”和“取消”按钮
		4	显示“是”和“否”按钮
		5	显示“重试”和“取消”按钮
2	图标样式	16	显示红色叉号错误图标
		32	显示蓝色问号图标
		48	显示黄色惊叹号图标
		64	显示蓝色信息图标
3	默认按钮	0	第一个按钮是默认值
		256	第二个按钮是默认值
		512	第三个按钮是默认值

表 2-9　函数返回值

选择按钮	返 回 值
确定	1
取消	2
终止	3
重试	4
忽略	5
是	6
否	7

【实例 2-10】 显示信息函数的使用。

在命令窗口中输入 MessageBox 函数，运行结果如图 2-6 所示。

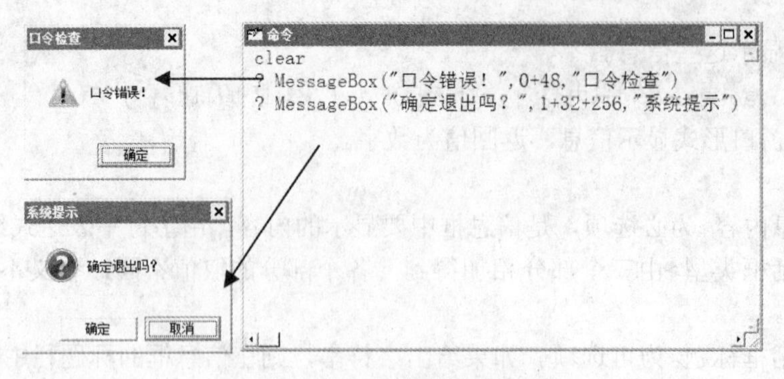

图 2-6 显示信息函数使用示例

2.3 运算符和表达式

表达式是由常量、变量、函数及其他数据容器与运算符组成的有意义的运算式。此外，也可以将单个常量、变量或函数看成一个表达式。

每个表达式经过运算，都有一个确定的值，称为表达式的值。根据表达式值的类型，可将表达式分为算术表达式、字符表达式、关系表达式、逻辑表达式和日期时间表达式。

2.3.1 运算符

运算符是处理数据运算问题的符号，也称为操作符，表示在操作数(参与运算的数据)上的特定动作。如在 1+2 这个表达式中，1、2 是操作数，"+"是运算符。

根据所需操作数的个数，运算符分为单目运算符和双目运算符。

- 单目运算符：只需一个操作数的运算符，如表达式+3，+(正号)是单目运算符。
- 双目运算符：需要两个操作数的运算符，如表达式 1-2，-(减号)是双目运算符。

2.3.2 算术表达式

用算术运算符将数值型数据连接起来的式子称为算术表达式。

算术运算符及其优先级如表 2-10 所示。

表 2-10 算术运算符

优先级	运算符	说明
1	()	括号
2	**或^	相当于数学中的乘方，如 2^3 表示 2×2×2。而且若底数小于 0，则指数必须为整数，如：-2^3 是正确的，-2^3.1 是错误的
3	*(乘) /(除) %(求余数)	表达式中不能省略*，如 2x 要写成 2*x； /为除法符号，如 11/2 的结果为 5.50； %为求余符号，如 11%3 的结果为 2，与函数 mod(11,3)的功能一致
4	+ -	加、减

说明：需要注意运算符的优先级。例如：27^1/3 的值是 9，而 27^(1/3)的值是 3。

注意： 在书写 Visual FoxPro 算术表达式时，要根据运算符运算的优先顺序，合理地添加括号，以保证运算顺序的正确性。特别是分式中的分子、分母中有加减运算时，或分母中有乘法运算，要加括号表示分子、分母的起始范围。例如：

$\frac{-b+\sqrt{b^2-4ac}}{2a}$ 应该写成 (-b+sqrt(b^2-4*a*c))/(2*a)，在这个表达式中，常犯的错误是把 4*a*c 写成 4ac，把(2*a)写成 2*a 或者 2a。

2.3.3　字符表达式

字符表达式由字符型常量、变量、函数和运算符“+”、“-”组成。

+：字符串完全连接运算。

-：实现两个字符串的连接，但把前字符串的空格移到新字符串的尾部。

例如：

```
S1="ABC    "
S2="DEF"
```

则 S1+S2 的值是“ABC　　DEF”，而 S1-S2 的值是“ABCDEF　”。

说明：两个运算符的优先级相同。

2.3.4　关系表达式

关系表达式由关系运算符和字符表达式、算术表达式、时间日期表达式组成，返回值为逻辑型常量(即.T.或.F.)，也称为简单逻辑表达式。

关系运算符及含义如表 2-11 所示。

表 2-11　关系运算符

运算符	含义	示例	结果
>	大于	3>5	.F.
>=	大于或等于	12>=12	.T.
<	小于	“abc”<“bcd”	.T.
<=	小于或等于	5+4<=8	.F.
<>、#、!=	不等于	2!=4	.T.
=	等于 串比较时，串首相同得真	“ABC”=“AB”	.T.
==	完全相等 串比较时，两串完全相同得真	“ABC”==“AB”	.F.
$	子串包含测试： 形如：<C1>$<C2> 如果 C1 在 C2 中，则为真	“ab”$“abcdef”	.T.

说明：

(1) 关系运算符两边的运算对象可以是字符表达式、数值表达式、日期表达式和日期时间表达式。运算对象的类型必须兼容。

例如：“abc”>12，这个表达式中字符型与数值型不可比，因此是错误的。

{^2013-05-05}>{^2014-5-6 12:34:56}，这个表达式是正确的。

(2) 比较规则：

① 日期型数据比较时，越早的日期越小。例如：

{^2007-08-01} < {^2008-01-02}

② 逻辑型数据比较时，逻辑真大于逻辑假。即：.T. > .F.

③ 字符型数据是通过自左向右逐个比较字符的排列顺序来决定其大小的，排列在前的为小，排列在后的为大。Visual FoxPro 规定了三种字符排列顺序：Machine(机内码)、PinYin(拼音)、Stroke(笔画)，如表 2-12 所示。

表 2-12 排列顺序及作用

排列顺序	作 用
Machine	按照机器内码排序，西文字母是按照 ASCII 码排序的： 空格<“0”～ “9”<“A”～ “Z”<“a”～ “z”<汉字 (汉字则按其对应拼音字母的顺序排列)
PinYin(系统默认)	按照拼音次序排序： 空格<“0”～“9”<“a”<“A”<“b”<“B”<…<“z”<“Z”<汉字 (汉字则按其对应拼音字母的顺序排列)
Stroke(笔画)	西文按照拼音次序排序： 空格<“0”～“9”<“a”<“A”<“b”<“B”<…<“z”<“Z” 汉字按照书写笔画的多少排序

具体选择哪种排列顺序，可以通过选择“工具”菜单下的“选项”命令，在打开的“选项”对话框中的“数据”选项卡中进行设置，如图 2-7 所示。

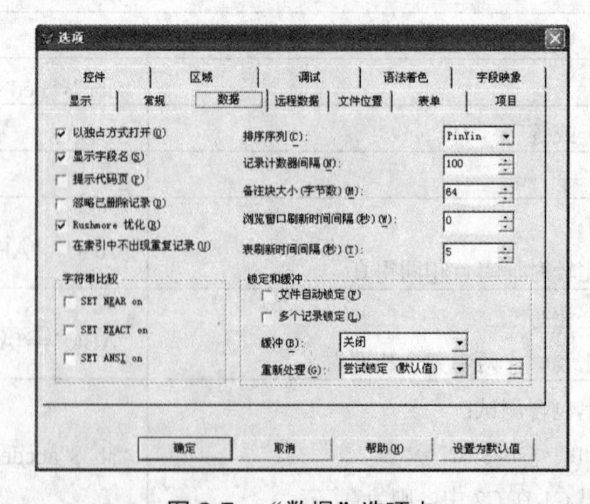

图 2-7 “数据”选项卡

“字符串精确比较”的设置：

在程序中使用“=”判断字符串是否相等，结果与 SET EXACT ON | OFF 命令有关。

(1) 当 EXACT 设置为 ON 时，系统会先在较短的字符串后面加上若干空格，使两个字符串长度一样后，再进行比较。如：“ab”=“ab　”为真。

(2) 当 EXACT 设置为 OFF 时，只要右端字符串等于左端字符串的前面部分，即为真。如：“abc”=“a”、“abc”=“ab”、“abc”=“abc”为真，但“a”=“abc”、“bc”=“abc”均为假。

2.3.5　逻辑表达式

逻辑表达式用于对逻辑数据进行运算，并且返回一个逻辑值。逻辑运算符有 3 个，按照优先级从高到低排列依次是(可以省略两边的圆点)：.NOT. 或！(逻辑非)、.AND.(逻辑与)、.OR. (逻辑或)。

逻辑运算的操作数是逻辑型数据，运算的结果也是逻辑型数据。

逻辑运算的规则如下。

- NOT 或！：取反，如：NOT 3>4 的值为.T.。
- AND：只有两边的逻辑值都为真，结果才为真，如：10>2 AND 3>5 的值为.F.。
- OR：两边的逻辑值只要有一个为真，结果就为真，如：10>2 OR 3>5 的值为.T.。

逻辑表达式经常用在判断条件的语句中，例如：查询物理系或者数学系年龄小于 24 岁的男学生党员的信息，条件语句如下：

```
(单位="物理系" OR 单位="数学系")AND 年龄<24 AND 性别="男" AND 政治面貌="党员"
```

2.3.6　日期与日期时间表达式

日期与日期时间型数据是比较特殊的数据类型，只能进行+和-运算。以下<D>表示日期型数据，<T>表示日期时间型数据。

1. 加运算符(+)

<D> + 数值：结果为其后多少天的日期。

<T> + 数值：结果为其后多少秒的时间。

例如：{^2004-6-7} +5 的结果为{^2004-6-12}

2. 减运算符(-)

<D> - 数值：结果为其前多少天的日期。

<T> - 数值：结果为其前多少秒的时间。

<D1> - <D2>：结果为两个日期相差的天数，为数值型。

<T1> - <T2>：结果为两个日期时间相差的秒数，为数值型。

例如：{^2004-6-7 10:34:35 am} -5 的结果为{^2004-6-2 10:34:30 am}

{^2005-5-4}-{^2005-5-1} 的结果为 3

计算距今天 30 天后的日期：date( )+30

2.3.7 运算符的优先级

前面介绍了各种表达式以及它们所使用的运算符，每一类运算符中的各个运算符都有一定的优先次序。另外，不同类型的运算符也可能出现在一个表达式中，这时它们的运算优先次序为：算术运算符、字符串运算符、日期和日期时间运算符 > 关系运算符 > 逻辑运算符。

还有如下规则。

- 圆括号的优先级最高。
- 相同优先级的运算符按照从左到右的顺序进行运算。

例如：表达式 3*(21-4)>9+15/5 AND “abck”=“abc” 的计算步骤如下。

先计算算术运算：51>12 AND “abck”=“abc”

再计算关系运算：.T. AND .T.

最后计算逻辑运算，运算结果为：.T.

总之，在使用 Visual FoxPro 中的表达式时，要注意：①不同类型运算符的优先级；②相同类型运算符的优先级；③表达式中数据类型的匹配。

2.4 Visual FoxPro 命令的格式及书写规则

2.4.1 Visual FoxPro 命令的一般格式

Visual FoxPro 命令通常由两部分组成：一是命令动词，表示要执行的操作；二是若干命令短语，为操作提出一些相应的限制，命令短语也称为子句。Visual FoxPro 命令的一般格式如下。

```
<命令动词> [<范围>] [<表达式表>] [FOR<条件> | WHILE <条件>
```

说明：

- < >：为必选项，表示其中内容要以实际名称或参数代入。
- [ ]：表示可选项，根据具体情况决定是否选用。
- |：表示两边的部分只能选用其中的一个。

1. 命令动词

每条命令都以命令动词开头，表示此命令要执行的某种操作。命令动词一般为一个英文动词或动词缩写。当一个命令的英文字母超过 4 个时，可只输入前 4 个字符，其后字母可省略，比如，DISPLAY 可以输入 DISP。

2. 命令短语

命令短语表示需操作的对象及限制，一般包括记录范围、条件、字段、结果输出位置等内容。命令短语可以有多个，各短语由若干个空格隔开并允许按任意次序排放。

1)　范围

用来规定该记录的操作记录范围，有 4 种范围可供选择。

- ALL：指定当前表的所有记录。
- NEXT<N> ：表示对当前记录开始的 *N* 条记录进行操作。
- RECORD<N>：表示只对第 *N* 条记录进行操作。
- REST：表示从当前记录开始一直到表尾的全部记录。

2)　条件

- FOR <条件>：表示只对指定范围内满足条件的记录进行操作。
- WHILE<条件>：表示从指定范围内的第一条记录开始进行条件判断，一旦遇到不满足条件的记录就立即停止操作，结束该命令的执行。

2.4.2　Visual FoxPro 命令的书写规则

书写 Visual FoxPro 命令时应遵循以下规则。

(1)　每条命令都以命令动词开头，必须严格符合 Visual FoxPro 的命令语法格式。

(2)　命令行的总长度包括空格在内最大可达 254 个字符，如果命令语句太长，可分几行书写，但每行(最后一行除外)末尾要使用一个分行符“;”。

(3)　输入命令时，可以采用小写、大写和大小写混合等多种形式。

(4)　为增强可读性，可以在适当位置添加注释语句，注释语句不具有任何功能实现的作用，仅仅是对程序进行说明。

格式：`NOTE|*|&&[<注释内容>]`

说明：NOTE 和* 用来注释一行，且只能出现在一行的开始；&&可出现在任何地方(一般用在一条语句行后进行注释)。

例如：

```
S=0      && 用于累加
```

2.5　小型案例实训

【实训目的】 熟练使用 Visual FoxPro 的常量、变量、表达式及函数。

【实训内容】 根据一元二次方程 $ax^2+bx+c=0$ 的系数 a、b、c，求解一元二次方程的两个根。

【分析】

(1)　已知的三个系数分别用三个变量来存储。

(2)　写出求解两个根的表达式，需要用到函数 SQRT，两个根分别用 x1、x2 两个变量来存储。

(3)　输出两个根 x1、x2。

【实训步骤】

(1)　在 Visual FoxPro 的命令窗口中依次输入命令，如图 2-8 所示。

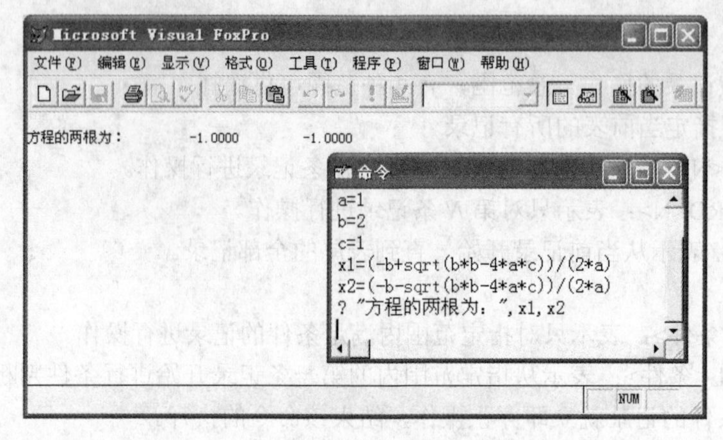

图 2-8　示例图

(2) 运行结果显示在主窗口，如图 2-8 所示。

本 章 小 结

本章主要介绍了常量、变量的定义，表达式、运算符和系统内部函数的特点及应用，以及 Visual FoxPro 的语法规则。

习　　题

一、选择题

1. 以下常量中格式正确的是(　　)。
   A. $2.34E5　　B. ""联想"计算机"
   C. .False.　　D. {^2002/9/25}
2. Visual FoxPro 中内存变量的数据类型不包括(　　)。
   A. 数值型　　B. 货币型　　C. 备注型　　D. 逻辑型
3. DIMENSION a[3,4]语句定义的数组元素个数是(　　)。
   A. 12　　B. 7　　C. 20　　D. 24
4. 清除所有以 B 开头的内存变量的命令是(　　)。
   A. CLEAR MEMORY　　B. RELEASE EXCEPT B*
   C. RELEASE ALL LIKE B*　　D. FREE ALL LIKEB*
5. 表达式 LEN(SPACE(0))的运算结果是(　　)。
   A. .NULL.　　B. 0　　C. 1　　D. “”
6. 运算结果是字符串“book”的表达式是(　　)。
   A. LEFT(“mybook”,4)　　B. RIGHT(“bookgood”,4)
   C. SUBSTR(“mybookgood”,4,4)　　D. SUBSTR(“mybookgood”,3,4)

7. {^1999/05/01}+31 的值为(　　)。

A. {99/06/01}　　B. {99/05/31}

C. {99/06/02}　　D. {99/04/02}

8. 设 X="ABC"，Y="ABCD"，则下列表达式中值为.T.的是(　　)。

A. x=y　　B. x==y

C. x$y　　D. at(x,y)=0

9. 下面关于 Visual FoxPro 数组的叙述中，错误的是(　　)。

A. 用 DIMENSION 和 DECLARE 都可以定义数组

B. Visual FoxPro 只支持一维数组和二维数组

C. 数组中各个数组元素必须是同一种数据类型

D. 新定义数组的各个数组元素的初值为.F.

10. 以下赋值语句正确的是(　　)。

A. Store 8 to x,y　　B. Store 8,9 to x,y

C. x=8,y=9　　D. x,y=8

二、填空题

1. 表达式 35%2^3 的运算结果是________。
2. 用一条命令给 A1、A2 同时赋以数值 20 的语句是________。
3. IIF(100＜60,.F.,.T.) AND ISNULL(.NULL.)的运算结果是________。
4. ?AT("EN",RIGHT("STUDENT",4))的执行结果是________。
5. "x 是小于 100 的非负数"写成 Visual FoxPro 表达式是________。

第 3 章

数据库基础

在信息时代，人们使用计算机进行股票交易、飞机订票、图书检索、银行记账、库存管理等活动时，都离不开数据库的支持，数据库系统已经成为提高工作效率和管理水平的重要手段。

本章将通过讲解数据库系统的基本概念、基本组成以及关系数据库的相关知识，为后续的学习奠定基础。

本章重点

理解并掌握关系数据库中的各种概念。

学习目标

了解数据库的一些基本概念，理解数据库系统的组成，掌握关系型数据库的概念。

3.1 数据库系统

数据库系统(DataBase System，DBS)是指引入数据库技术的计算机系统，它是计算机数据管理技术发展的一个重要阶段，可以实现数据的有效管理和高效存取。其主要特点是实现了数据的共享，减少了数据冗余，同时保证了数据和应用程序的独立性，大大降低了应用程序的开发和维护成本。

数据库系统一般由数据库、数据库管理系统、应用系统、数据库管理员(DBA)和用户构成。其中，数据库管理系统是数据库系统的基础和核心。

在不引起混淆的情况下，数据库系统可以简称为数据库。

1．数据库(DataBase，DB)

数据库，顾名思义，就是存放数据的仓库。只不过这个仓库是在计算机存储设备上，而且数据是按照一定的格式存放的。

具体地说，数据库是一个长期存储在计算机内，有组织的、可共享的、统一管理的数据集合。数据库是一个按数据结构来存储和管理数据的计算机软件系统，具有较小的冗余度、较高的数据独立性和易扩展性，可以为各种用户所共享。

数据的长期存储、有组织和可共享是数据库的三个基本特点。

2．数据库管理系统(DataBase Management System，DBMS)

数据库管理系统是为数据库的建立、使用和维护而配置的系统软件。它建立在操作系统的基础上，是数据库系统的核心，是位于用户与操作系统之间的一层数据管理软件。在操作系统的支持下，用户建立、使用、维护、管理和控制数据库都要通过 DBMS 来实现。

目前，广泛使用的大型 DBMS 有 Oracle、Sybase、DB2 等，中小型 DBMS 有 SQL Server、Visual FoxPro、Access 等。

DBMS 的主要功能如下。

1)　数据定义功能

DBMS 提供了数据定义语言(Data Definition Language，DDL)，用户通过它可以方便地对数据库中的数据对象，如数据库、表、索引等，进行定义。

2)　数据操纵功能

DBMS 还提供了数据操纵语言(Data Manipulation Language，DML)，用户可以通过它操纵数据以完成对数据库的基本操作，如查询、插入、删除、修改等。

3)　控制和管理功能

DBMS 可以实现对数据库的控制和管理(Data Control Language，DCL)，包括并发性控制、安全性检查、完整性检查、维护数据的内容等功能。

3．数据库管理员(DataBase Administrator，DBA)

数据库管理员是负责管理和控制数据库系统的主要维护管理人员，主要工作有维护数据库的有效运作，管理数据库的账号，备份和还原数据库，监督和记录数据库的操作状况，必要时修改数据库结构。

3.2　关系数据库

数据库中存储和管理的数据都源于现实世界的客观事物。由于计算机不能处理这些具体事物，因此人们首先要将现实世界转换为信息世界，即建立概念模型；再将信息世界转换为数据世界，即建立数据模型。这一过程如图 3-1 所示。

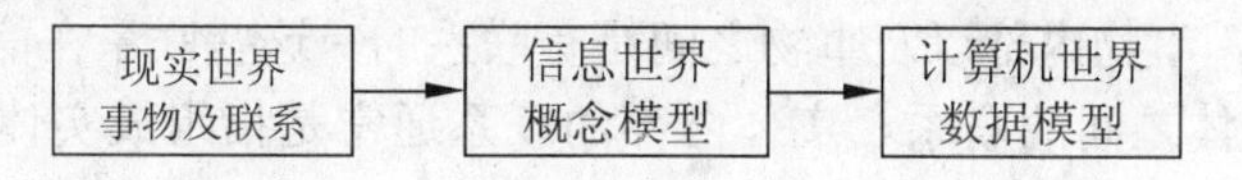

图 3-1　现实世界中客观对象的抽象过程

从现实世界到概念模型的转换是由数据库设计人员完成的；从概念模型到数据模型的转换可以由数据库设计人员完成，也可以用数据库设计工具协助设计人员完成；从数据模型到物理模型的转换一般是由 DBMS 完成的。

3.2.1　概念模型

概念模型是对信息世界的管理对象、属性及联系等信息的描述形式。概念模型不依赖计算机及 DBMS，它是对真实世界中问题域内的事物的描述。目前常用实体联系模型来表示概念模型。

1．实体(Entity)

客观存在并可相互区别的事物称为实体。实体可以是具体的人、事、物，也可以是抽象的概念或联系，例如，一个职工、一个学生、一个部门、一门课、学生的一次选课、老师与系的工作关系等都是实体。

2．属性(Attribute)

实体所具有的某一特性称为属性。一个实体可以由若干个属性来刻画。例如，学生实体可以由学号、姓名、性别、出生年份、所在院系、入学时间等属性组成。(2006094001，王帅，男，1986，管理科学与工程系，2006)这些属性组合起来代表一个学生。

3. 码(Key)

唯一标识实体的属性集称为码。例如，学号是学生实体的码，学号和课程号是选修关系的码。

4. 域(Domain)

属性的取值范围称为该属性的域。例如，学号的域为 10 位整数，姓名的域为字符串集合，学生年龄的域为整数，性别的域为(男，女)。

5. 实体型(Entity Type)

具有相同属性的实体必然具有共同的特征和性质。用实体名及属性名集合来抽象和刻画同类实体，称为实体型。例如，学生(学号，姓名，性别，出生年份，所在院系，入学时间)就是一个实体型；(2006094001，王帅，男，1986，管理科学与工程系，2006)就是学生实体型的一个实体。

6. 实体集(Entity Set)

同型实体的集合称为实体集。例如，全体学生就是一个实体集。

7. 实体间的联系(Relationship)

在现实世界中，事物内部以及事物之间是有联系的，这些联系在信息世界中反映为实体内部的联系和实体之间的联系。实体内部的联系通常是指组成实体的各属性之间的联系。实体之间的联系通常是指不同实体集之间的联系。

1) 一对一联系(1:1)

实体集 A 中的每个实体仅与实体集 B 中的一个实体联系，反之亦然，记为 1 : 1，如图 3-2 所示。

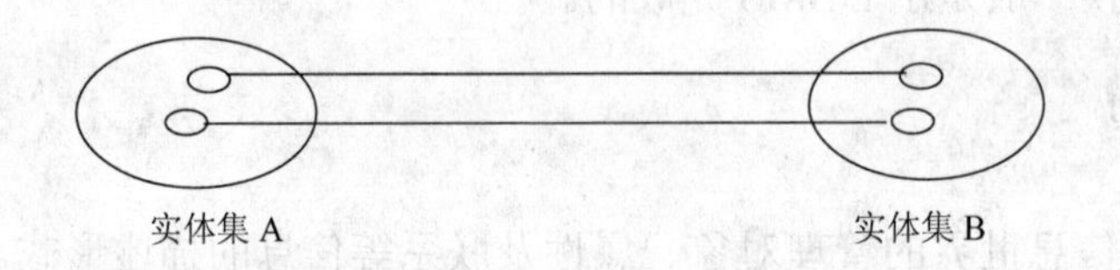

图 3-2 两个实体集之间的 1:1 联系

例如，学校里面，一个班级只有一个正班长，而一个班长只在一个班中任职，则班级与班长之间具有一对一联系。

2) 一对多联系(1 : *n*)

对于实体集 A 中的每个实体，实体集 B 中有多个实体与之对应；反之，对于实体集 B 中的每个实体，实体集 A 中只有一个实体与之对应，记为 1 : *n*，如图 3-3 所示。

例如，一个班级中有若干名学生，而每个学生只在一个班级中学习，则班级与学生之间具有一对多联系。

3)　多对多联系($m:n$)

对于实体集 A 中的每个实体，实体集 B 中有多个实体与之对应；反之，对于实体集 B 中的每个实体，实体集 A 中也有多个实体与之对应 ，记为 $m:n$，如图 3-4 所示。

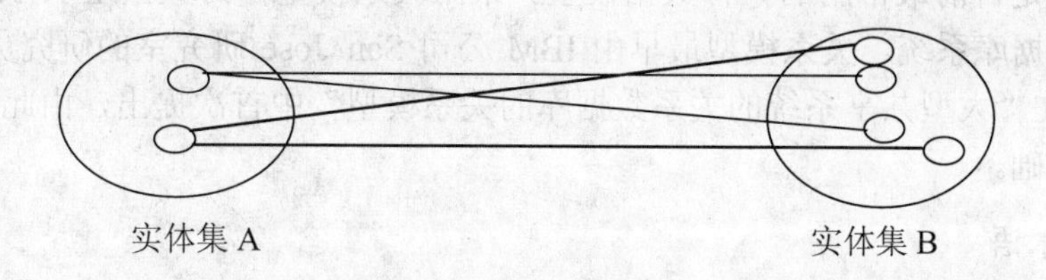

图 3-3　两个实体集之间的 1 : n 联系

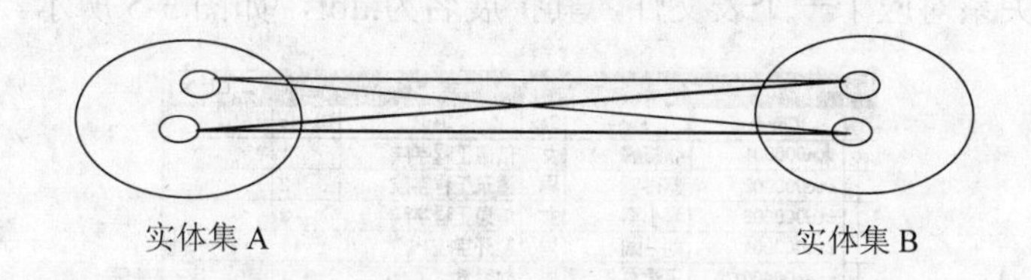

图 3-4　两个实体集之间的 $m:n$ 联系

例如，一门课程同时有若干个学生选修，而一个学生可以同时选修多门课程，则课程与学生之间具有多对多联系。

实际应用中，通常将多对多联系转换为几个一对多联系。

3.2.2　数据模型

为了反映实体及实体间联系，数据库中的数据必须按一定的结构存放，这种结构用数据模型来表示。任何一个数据库管理系统都是基于某种数据模型的，在建立数据库之前，必须首先确定选用何种类型的数据模型，即确定采用什么类型的数据库管理系统。

在数据库几十年的发展中，出现了四种重要的数据模型：层次模型(Hierarchical Model)、网状模型(Network Model)、关系模型(Relational Model)和关系对象模型(R-O Model)。

(1) 层次模型将数据组织成一对多关系的结构，并用树状结构表示实体及实体之间的联系。其优点是存取方便且速度快，结构清晰而且容易理解；缺点是结构呆板、缺乏灵活性，而且同一属性的数据要存储多次。

(2) 网状模型是以网状结构表示实体及实体之间的联系，是具有多对多类型的数据组织方式。其优点是能明确而且方便地表示数据间的复杂关系；缺点是网状结构比较复杂，增加了用户查询和定位的困难等。

(3) 关系模型是目前使用最普遍的数据模型，它以二维表的形式表示实体及实体之间的联系。目前流行的数据库管理系统，如 Oracle、Sybase、SQL Server、Visual FoxPro 等都是关系数据库管理系统。

随着处理复杂数据(如文档、复杂图表、网页、多媒体等)的需求不断增长，面向对象的数据模型也处在不断的研究与发展中。

3.2.3 关系模型

关系模型是目前最常用的一种数据模型。采用关系模型作为数据组织方式的数据库系统称为关系数据库系统。关系模型最早由 IBM 公司 San Jose 研究室的研究员 E.F.Codd 于 1970 年在论文“大型共享系统的关系数据库的关系模型”中首次提出，由此奠定了关系数据库的理论基础。

1. 相关术语

(1) 关系(Relation)：一个关系就是一张二维表，每个关系都有关系名。在 Visual FoxPro 中，一个关系对应于一个表文件，其扩展名为.dbf，如图 3-5 所示。

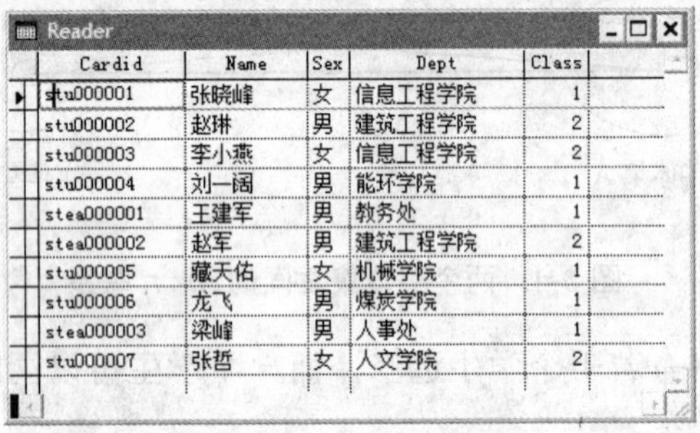

Reader

Cardid	Name	Sex	Dept	Class
stu000001	张晓峰	女	信息工程学院	1
stu000002	赵琳	男	建筑工程学院	2
stu000003	李小燕	女	信息工程学院	2
stu000004	刘一阔	男	能环学院	1
stea000001	王建军	男	教务处	1
stea000002	赵军	男	建筑工程学院	2
stu000005	藏天佑	女	机械学院	1
stu000006	龙飞	男	煤炭学院	1
stea000003	梁峰	男	人事处	1
stu000007	张哲	女	人文学院	2

图 3-5 关系实例

(2) 元组(Tuple)：二维表格中的一行称为关系的一个元组，即 Visual FoxPro 数据表中的一条记录。例如：Reader 共有 10 个元组。

(3) 属性(Attribute)：二维表中的每一列称为一个属性，如 Reader 表中的 Cardid、Name、Sex 等。在 Visual FoxPro 系统的数据表中，属性对应为字段。

(4) 域(Domain)：属性的取值范围，称为域。如 Reader 表中 Sex 只能取“男”或“女”两个值。

(5) 关键字(Key)：可唯一标识元组的属性或属性集，也称为键、码。如 Reader 表中的 Cardid 可以唯一确定一条记录，所以是 Reader 表的键。

(6) 主键： 一个表中可能有多个键，但在实际应用中只能选择一个，被选用的关键字称为主键，未被选用的关键字称为候选键。

(7) 外部关键字：如果关系中的某个属性不是本关系的关键字，而是另一关系的关键字，则称这个属性为外部关键字。

(8) 关系模式：对关系的描述称为关系模式，其格式如下：

```
关系名(属性 1,属性 2,…,属性 n)
```

另外，为了体现关系的主键，通常在主键下面加下划线，例如 Reader 表的关系模式可描述为

```
Reader(Cardid, Name, sex, Dept, Class)
```

关系既可以用二维表格描述，也可以用数学形式的关系模式来描述。

2. 关系的特点

关系模型要求关系必须是规范化的，即要求关系必须满足一定的规范条件，这些规范条件包括：

(1) 关系的每个属性必须是不可分割的数据单元，即每个属性不能再细分为几个属性，如表 3-1 就不是一个关系。

表 3-1　不符合关系要求的非规范表

学　号	姓　名	综合测评成绩		
		德育成绩	智育成绩	体育成绩
2008091001	王一	90	95	80
⋮	⋮	⋮	⋮	⋮

(2) 在一个关系中，不能出现相同的属性名。

(3) 在一个关系中，不能出现完全相同的元组。

(4) 关系中元组的次序无关紧要，即任意交换两行的位置不影响数据的实际含义。

(5) 关系中属性的次序无关紧要，即任意交换两列的位置不影响数据的实际含义。

3. 关系模型的数据操作与完整性约束

关系模型的数据操作主要包括查询、插入、删除和更新数据。关系模型中的数据操作是集合操作。操作对象和操作结果都是关系，即若干元组的集合，而不像非关系模型是单记录的操作方式。关系的完整性约束条件包括三大类：实体完整性、参照完整性和用户定义完整性，其中实体完整性和参照完整性是关系模型必须满足的完整性约束条件。

1)　实体完整性(entity integrity)

实体完整性是基于主码的。关系的主关键字不能重复也不能取“空值”(NULL)，如主关键字是多个属性的组合，则所有的属性均不得取空值。如 Reader 表将 Cardid 作为主关键字，那么，该列不得有空值，否则无法对应某个具体的读者，则该条记录无意义，对应关系不符合实体完整性规则的约束条件。

2)　参照完整性(referential integrity)

参照完整性是基于外码的，它定义了建立关系联系的主关键字与外部关键字引用的约束条件，是用来约束关系与关系之间的关系。如果属性集 K 是关系模式 R1 的主键，K 也是关系模式 R2 的外键，那么 R2 的关系中，K 的取值只允许有两种可能，或者为空值，或者等于 R1 关系中的某个主键值。

有如下两个关系：

学生 (学号，姓名，性别，专业代号)
专业 (专业代号，专业名称)

要求在学生表中“专业代号”的取值，或者为空值，或者是专业表中“专业代号”取值当中已经存在的一个值。

在 Visual FoxPro 中，参照完整性规则包括更新规则、删除规则和插入规则。

3) 用户定义完整性

任何关系数据库系统都应该支持实体完整性和参照完整性。除此之外，不同的关系数据库系统根据其应用环境的不同，往往还需要一些特殊的约束条件，用户定义的完整性就是针对某一具体关系数据库的约束条件，用于反映某一具体应用所涉及的数据必须满足的语义要求。例如某个属性必须取唯一值、某些属性值之间应满足一定的函数关系、某个属性的取值范围在 0 到 100 之间等。

3.3 小型案例实训

【实训目的】 熟悉关系型数据库的原理及创建过程。

【实训内容】 创建“图书管理系统”所需要的表。

【实训步骤】

数据库的设计任务就是在 DBMS 的支持下，按照应用的要求，对于给定的应用环境，设计一个结构合理、使用方便、高效的数据库及其应用系统。一般来说，数据库设计分为六个阶段，如图 3-6 所示。

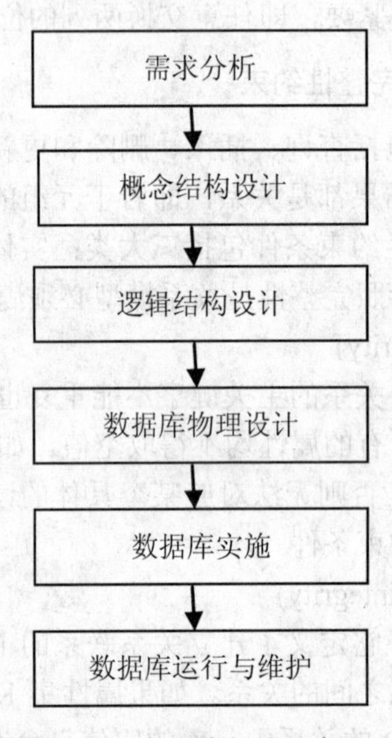

图 3-6 数据库的设计步骤

设计一个完善的数据库应用系统往往是上述六个阶段的不断反复。

1. 需求分析

在开始设计数据库之前，需要确定数据的应用目的以及使用方法，尽量多地了解用户对数据库的设计要求，弄清用户需要从数据库得到什么样的信息。在需求分析阶段，最好的办法就是与将要使用数据的人员进行交流，集体讨论需要解决的问题。在这个阶段，需要借助于数据流图来更好地表示出数据走向。

“图书管理系统”供学校图书管理人员使用，需要实现的基本功能如下。

- 实现读者信息的查询、增加、删除和修改等基本操作。
- 实现图书信息的查询、增加、删除和修改等基本操作。
- 实现借阅信息的存储等，其中读者要分为两类：学生和教师。学生借阅图书的期限与教师的借阅期限不同。

2. 概念结构设计

(1) 抽象出实体。在“图书管理系统”中，实体有读者、图书和读者与图书的借阅关系。

(2) 找到描述各个实体的属性。

- 读者可以用图书证编号、姓名、性别、所在部门、类别这 5 个属性来描述，其中编号可以用来区分各个读者，所以选为主键。
- 图书可以用编号、书名、作者、价格、出版社、出版时间、库存量这 7 个属性来描述，其中编号用来区分各本图书，所以选为主键。
- 借阅关系可以用图书证编号、图书编号、借阅日期、归还日期这 4 个属性来描述。图书证编号、图书编号实现了读者与借阅、图书与借阅之间的联系。

各个实体之间的联系如下：

读者与图书之间 $m:n$，即一位读者可以借阅多本图书，一本图书在库存量大于 0 的情况下可以被多个读者借阅，执行一次借阅操作后，图书的库存量减 1。

提示： 在概念设计阶段，需要借助 E-R(Entity-Relation)图来理清思路，与用户及其他设计人员进行交流。有许多商业软件支持 E-R 模型，如 Sybase 公司的 PowerDesigner DataArchitect、微软公司的 Microsoft InfoModeler (VisioModeler)等。关于 E-R 图的知识，请读者查阅相关资料。

3. 逻辑结构设计

逻辑结构设计阶段需要将概念结构设计中的 E-R 图转换成具体某个 DBMS 支持的关系数据模型。下面将本实例中的数据库进行逻辑结构设计。

(1) Reader(读者表)：主键为图书证编号，表结构如表 3-2 所示。

表 3-2 Reader.dbf 表结构

表字段	类型	长度	用途
Cardid	字符型	10	图书证编号(主键)
Name	数值型	8	读者姓名
Class	字符型	8	读者类别
Dept	字符型	20	所属部门
Sex	字符型	2	性别

(2) Book(图书表)：主键为图书编号，表结构如表 3-3 所示。

表 3-3　Book.dbf 表结构

表字段	类型	长度	用途
Bookid	字符型	20	图书编号
Bookname	字符型	60	图书名称
Editor	字符型	8	作者
Price	数值型	5.0	价格
Publish	字符型	30	出版社
Pubdate	日期型	8	出版日期
Qty	数值型	10	库存量

(3) Borrow(借阅表)：主键为图书证编号与图书编号，表结构如表 3-4 所示。

表 3-4　Borrow.dbf 表结构

表字段	类型	长度	用途
Cardid	字符型	10	图书证编号
Bookid	字符型	10	图书编号
Bdate	日期型	8	借书日期
Sdate	日期型	8	还书日期

4. 物理设计

这个阶段，需要将设计好的表结构在 DBMS 中进行实现。另外，系统中如果需要其他对象，如触发器、视图等，也要进行实现。

图 3-7 显示的是 Reader 表在 Visual FoxPro 中的实现过程，具体操作方法详见第 4 章，也可以借助 SQL 语句来实现。其余表的实现过程略。

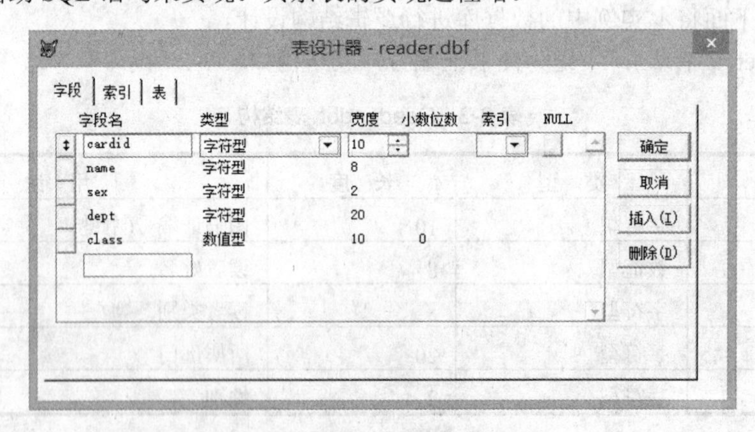

图 3-7　Reader 表的实现过程

提示：本实例涉及的系统功能相对简单，所以只进行了关键步骤的实现。如果进行功能较复杂系统的开发，需要做的工作更多，请读者参阅相关资料。

本 章 小 结

本章重点讲述了数据库系统的有关概念，包括关系数据模型中的关系、属性、元组、键等定义；介绍了关系模型中的数据操作及完整性约束等相关知识，目的是为后续章节的学习提供预备知识，并以一个具体的实例说明了数据库设计的关键步骤。

习　　题

一、选择题

1. 数据库系统的核心是(　　)。

A. 数据库　　B. 操作系统　　C. 文件　　D. 数据库管理系统

2. Visual FoxPro 是一种关系型数据库管理系统，所谓关系是指(　　)。

A. 表中各个记录间的关系　　B. 表中各个字段间的关系

C. 一个表与另一个表间的关系　　D. 数据模型为二维表格式

3. 从数据库的结构上看，数据库系统采用的数据模型有(　　)。

A. 网状模型、链状模型和层次模型　　B. 层次模型、网状模型和环状模型

C. 层次模型、关系模型和网状模型　　D. 链状模型、关系模型和层次模型

4. 数据库系统的构成为数据库、计算机系统、用户和(　　)。

A. 操作系统　　B. 数据集合　　C. 文件系统　　D. 数据库管理系统

5. 数据库(DB)、数据库系统(DBS)和数据库管理系统(DBMS)三者之间的关系是(　　)。

A. DBS 包括 DB 和 DBMS　　B. DB 包括 DBS 和 DBMS

C. DBMS 包括 DB 和 DBS　　D. DB 就是 DBS，也就是 DBMS

6. Visual FoxPro 采用的数据模型是(　　)。

A. 关系型　　B. 网状型　　C. 层次型　　D. 混合型

7. 一个关系相当于一张二维表，表中的各列相当于关系的(　　)。

A. 数据项　　B. 元组　　C. 结构　　D. 属性

8. 关系模型可以表示的实体的联系是(　　)。

A. 一对一　　B. 一对多　　C. 多对多　　D. 以上三项都是

9. 如果一辆货车可以由车队中的任意一位司机驾驶，每个司机可以驾驶车队中的任何一辆货车，则司机与货车两个实体之间的联系属于(　　)。

A. 一对一　　B. 一对二　　C. 多对多　　D. 一对多

10. 在关系模型中，同一个关系中的不同属性的属性名(　　)。

A. 可以相同　　B. 不能相同

C. 可以相同，但数据类型不同　　D. 必须相同

二、填空题

1. ________是数据库系统的基础和核心。

2. 商品与顾客两个实体间的联系属于________。

3. 在 DBMS 提供的语言中，负责数据库的基本操作，如查询、插入、删除、修改等操作的语言是________。

4. 关系模型必须满足的完整性约束条件是实体完整性和________。

5. 在关系模型中，可唯一标识元组的属性或属性集称为________。

第 4 章

表与数据库

在 Visual FoxPro 中，数据表是处理数据和建立关系型数据库及应用程序的基本单元。数据库和表是两个不同的概念，数据库是数据表的集合。

数据表分为数据库表和自由表两种。在数据库内部创建的表是数据库表；不属于任何数据库而独立存在的表是自由表。自由表可以添加到数据库中成为数据库表；数据库表也可以移出数据库，成为自由表。

本章主要介绍数据表的建立、编辑与维护、排序与索引、统计、多表操作及数据库的基本操作。

本章重点

- 数据表结构的设计。
- 数据表记录的输入、编辑与维护。
- 数据表的索引。
- 数据库的基本操作。

学习目标

- 理解数据表的概念。
- 掌握数据表结构的设计。
- 掌握数据表记录的输入方法。
- 掌握数据表记录的编辑与维护。
- 掌握数据表的排序与索引。
- 掌握数据表的统计及多表操作。
- 掌握数据库的基本操作。

4.1 建 立 表

4.1.1 表的概念

表以记录和字段的形式存储数据，如果表中有通用型或备注型字段，则系统会自动建立一个扩展名为 fpt 的文件。读者表(Reader)如图 4-1 所示，图书表(Book)如图 4-2 所示，借阅表(Borrow)如图 4-3 所示。表中的每一行数据称为一条记录，是用来描述某一对象的一组数据；每一列称为一个字段，是用来描述若干个对象某一方面的一组数据。

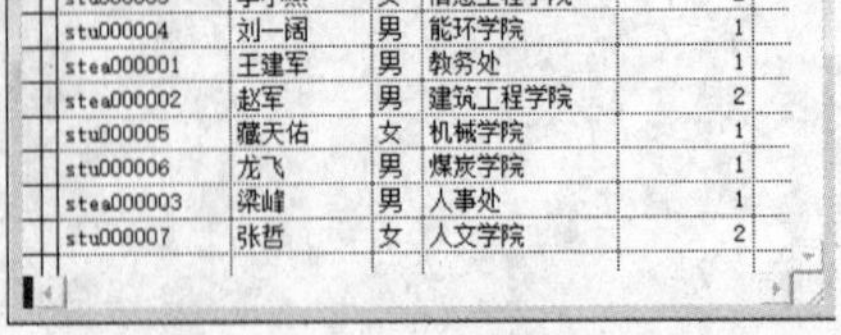

Reader

Cardid	Name	Sex	Dept	Class
stu000001	张晓峰	女	信息工程学院	1
stu000002	赵琳	男	建筑工程学院	2
stu000003	李小燕	女	信息工程学院	2
stu000004	刘一阔	男	能环学院	1
stea000001	王建军	男	教务处	1
stea000002	赵军	男	建筑工程学院	2
stu000005	臧天佑	女	机械学院	1
stu000006	龙飞	男	煤炭学院	1
stea000003	梁峰	男	人事处	1
stu000007	张哲	女	人文学院	2

图 4-1 读者表(Reader)

Book

Bookid	Bookname	Editor	Price	Publish	Pubdate	Qty
000002	VB程序设计	刘艺华	28	高等教育出版社	08/02/09	5
000003	计算机审计基础	张浩	45	机械工业出版社	04/02/10	19
000004	大学语文	谭一阔	23	水电出版社	10/12/11	33
000005	计算机网络基础	刘峰	30	北京邮电出版社	08/12/12	20
000006	高等数学（第四版上）	同济大学	33	高等教育出版社	01/08/00	80
000007	高等数学（第四版下）	同济大学	30	高等教育出版社	01/08/00	50
000008	大学英语	赵乐楚	34	北京外国语出版社	06/18/14	18
000009	计算机网络基础	谭玉龙	48	水利水电出版社	03/12/13	40
000010	机械制图	张飞龙	35	机械工业出版社	04/10/12	22

图 4-2　图书表(Book)

Borrow

Cardid	Bookid	Bdate	Sdate
stu000001	000001	03/20/11	04/20/11
stea000002	000001	12/01/11	01/01/12
stu000001	000002	03/20/11	04/20/11
stea000002	000003	09/08/11	10/08/11
stu000003	000004	10/01/12	10/25/12
stu000002	000003	09/08/12	11/05/12
stea000003	000010	03/12/14	06/08/14
stu000004	000009	02/02/14	06/08/14
stu000006	000008	03/04/13	04/01/13
stu000002	000008	05/08/11	09/18/11
stu000007	000007	04/12/11	09/11/11
stu000007	000005	03/11/11	06/12/11
stu000007	000005	03/11/11	06/08/11
stea000001	000010	05/05/13	09/09/13
stu000006	000007	03/01/14	03/09/14
stea000001	000007	03/11/12	05/10/14
stea000001	000005	06/06/04	07/06/14
stu000002	000005	10/09/10	10/03/14
stu000003	000003	11/02/13	12/06/13
stu000003	000002	05/12/12	05/08/12
stu000004	000004	06/02/11	08/08/11
stu000006	000008	05/11/13	08/11/13

图 4-3　借阅表(Borrow)

4.1.2　确定表结构

一个表中所有的字段构成了表的结构，在建表之前应先设计表的字段属性。字段的基本属性包括字段的名称、类型、宽度、小数位数、索引和是否允许为空。

1. 字段名

表中的每个字段都有名称，如读者表(Reader)中 Cardid 即为读者编号的字段名。读者表(Reader)中字段属性的设置如表 4-1 所示；借阅表(Borrow)中字段属性的设置如表 4-2 所示；图书表(Book)中字段属性的设置如表 4-3 所示。

表 4-1　读者表(Reader)中字段的属性

字 段 名	类　型	宽　度	小 数 位
Cardid	字符型	10	
Name	字符型	8	

续表

字段名	类型	宽度	小数位
Sex	字符型	2	
Dept	字符型	20	
Class	数值型	10	0

表 4-2　借阅表(Borrow)中字段的属性

字段名	类型	宽度	小数位
Cardid	字符型	20	
Bookid	字符型	10	
Bdate	日期型	8	
Sdate	日期型	8	

表 4-3　图书表(Book)中字段的属性

字段名	类型	宽度	小数位
Cardid	字符型	20	
Bookname	字符型	60	
Editor	字符型	8	
Price	数值型	5	0
Publish	字符型	30	
Pubdate	日期型	8	
Qty	数值型	10	0

字段名的命名规则如下：

(1) 字段名可以由英文字母、汉字、数字和下划线等组成，如 Cardid 为读者编号的字段名。

(2) 自由表中的字段名不能超过 10 个字符。

(3) 数据库表中的字段名长度不能超过 128 个字符。

2. 字段类型和宽度

字段类型表示该字段中存放的数据类型，这些数据可以是一段文字、一组数值、一幅图片或声音文件等。如表 4-4 所示为 VFP 支持的字段类型及其宽度。

表 4-4　字段类型和宽度

字段类型	宽度	说明
字符型(C)	<=254	可以是汉字、字母、数字等各种字符型文本，如姓名
数值型(N)	<=20	整数或者小数，如成绩
日期型(D)	8	由年、月、日构成的日期型数据，如出生日期
逻辑型(L)	1	值为真或假，如少数民族否

续表

字段类型	宽　度	说　明
备注型(M)	4	不定长的文本字符，如简历
通用型(G)	4	OLE，如相片
日期时间型(T)	4	由年、月、日、时、分、秒构成，如员工的打卡时间
货币型(Y)	8	货币单位，如物价
浮点型(F)	<=20	类似于数值型
整型(I)	4	没有小数的数值型数据，如货物的件数
双精度(N)	8	一般用于精度很高的数据
二进制字符型(C)		与字符型数据类似，以二进制存储
二进制备注型(M)		与备注型数据类似，以二进制存储

字段的宽度应能容纳要存储在该字段中的数据，字符型字段的宽度以英文字符为单位，一个汉字占两个英文字符的宽度。日期型、日期时间型、逻辑型、备注型、通用型字段，不需要定义宽度。

备注型和通用型字段的内容都没有直接存放在表文件中，而是存放在一个与表文件同名的备注文件(扩展名为 fpt)中，它们 4 个字节的宽度仅用于存放有关内容在备注文件中的实际存储地址。在表文件打开时备注文件会自动打开，如果备注文件被删除(前提是表设计时有备注或者通用型字段)，则该表也不能打开。

3. 小数位数

只有数值型与浮点型字段才有小数位数，小数位数至少应比该字段的宽度值少 2，不能超过 9 位。若字段值是整数，则应定义小数位数为 0。双精度型字段允许输入小数，但不需事先定义小数位数，小数点将在输入数据时输入。

4. 索引

为了加快查询的速度，引入了索引的概念，索引将在 4.5.2 节详细讲解。

5. 是否允许为空

表示是否允许字段接受空值 NULL。空值是指无确定的值，它与空字符串、数值 0 等是不同的。例如：表示成绩的字段为空值表示没有确定成绩，0 表示 0 分。一个字段是否允许为空值与字段的性质有关，例如，作为关键字的字段是不允许为空值的。

4.1.3 建立表结构

在 VFP 中，表结构的创建有 5 种方法，下面以创建读者表(Reader)为例进行说明。

1. 用菜单或工具栏打开表设计器建立表结构

操作步骤如下：

(1) 选择“文件”|“新建”菜单命令(或单击常用工具栏中的“新建”按钮 □)，打开“新建”对话框，如图 4-4 所示。

(2) 在“新建”对话框的“文件类型”选项组中，选中“表”单选按钮后单击“新建文件”按钮，打开“创建”对话框，如图 4-5 所示。

(3) 在“输入表名”文本框中输入一个表名，本例输入“READER”；在“保存在”下拉列表框中选择保存文件的路径，如 E:\图书管理(VFP 默认的工作目录是 VFP98)；单击“保存”按钮，打开“表设计器”对话框，如图 4-6 所示。

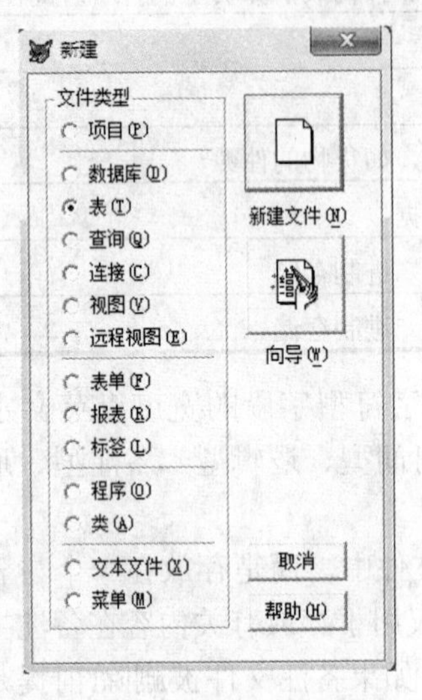

图 4-4 “新建”对话框

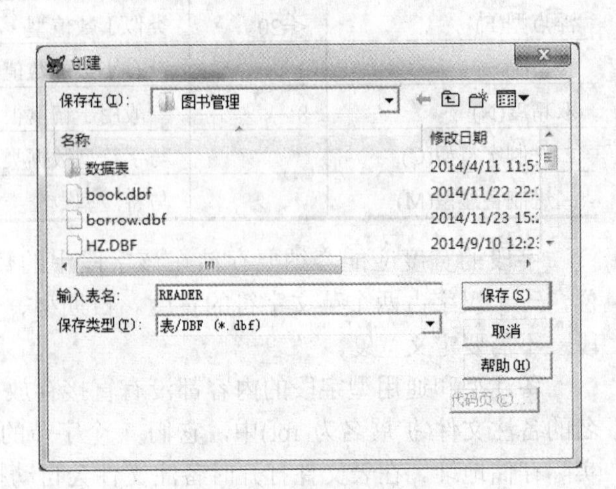

图 4-5 “创建”对话框

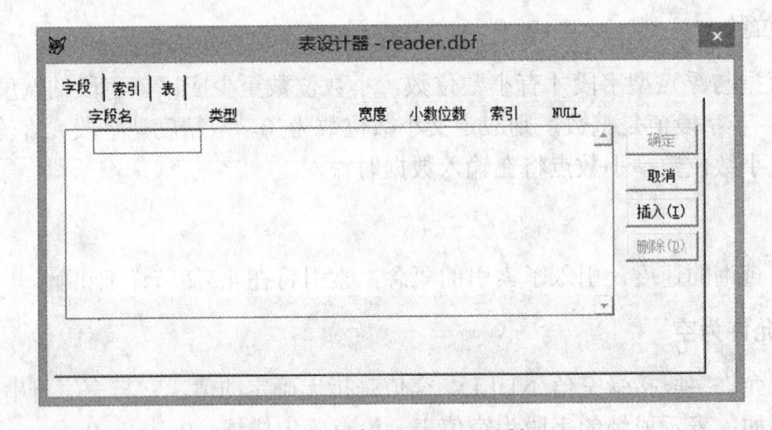

图 4-6 “表设计器”对话框

(4) 切换到“字段”选项卡，在“字段名”列中输入第一个字段名，本例输入“Cardid”；在“类型”列中选择字段类型，本例选择“字符型”；在“宽度”列中输入宽度为“10”。

前面的一系列操作完成了第一个字段的定义，采用同样的方法可以对其他字段进行定义，直到将表结构中的所有字段定义完成，如图 4-7 所示。

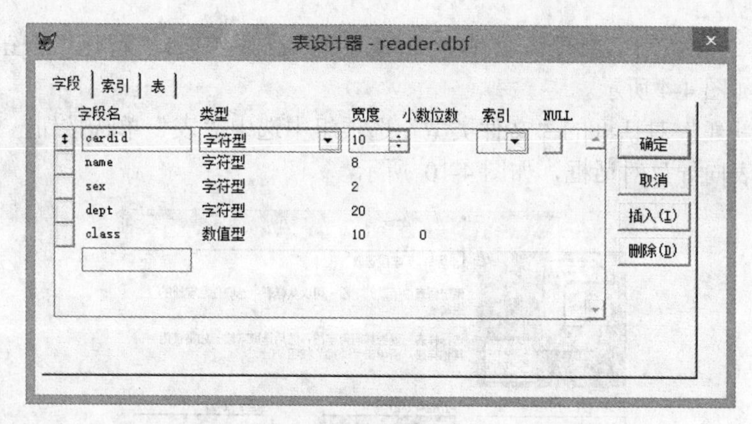

图 4-7　应用表设计器建立 Reader 表结构

2. 利用项目管理器打开表设计器建立表结构

操作步骤如下：

(1) 打开一个项目文件，如“图书管理”。

(2) 在项目管理器中切换到“数据”选项卡，再选择“自由表”，如图 4-8 所示。

(3) 单击“新建”按钮，弹出如图 4-9 所示的“新建表”对话框，单击“新建表”按钮，打开如图 4-5 所示的“创建”对话框。

(4) 在“输入表名”文本框中输入一个表名，在“保存在”下拉列表框中选择保存文件的路径，单击“保存”按钮，打开“表设计器”对话框，如图 4-6 所示。

(5) 顺序定义各字段即可。

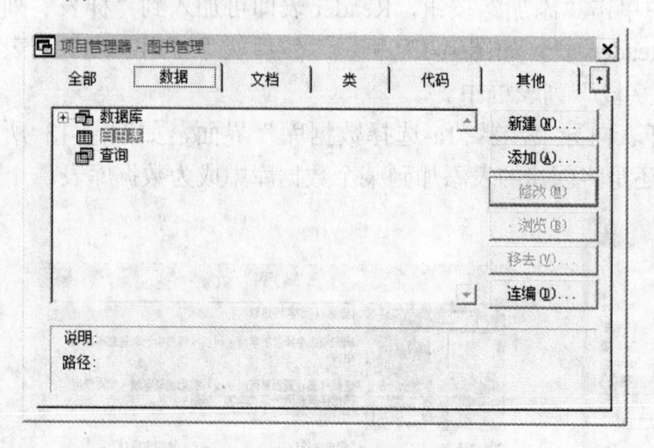

图 4-8　“项目管理器”对话框

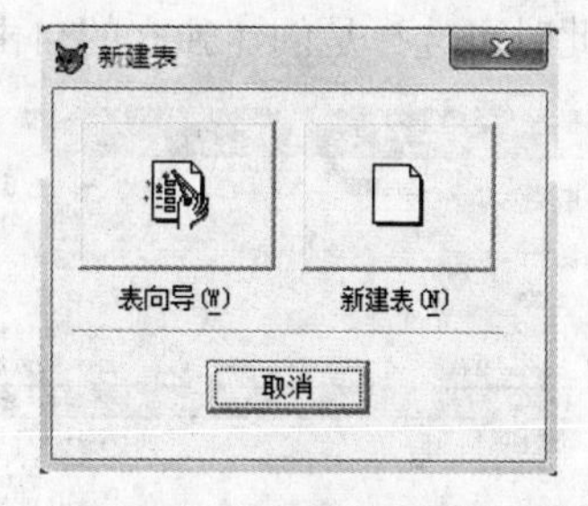

图 4-9　“新建表”对话框

3. 用命令方式打开表设计器建立表结构

命令格式：CREATE　<表名>

功能：打开表设计器建立表结构。

4. 用向导建立表结构

操作步骤如下：

(1) 选择“文件”|“新建”菜单命令(或单击工具栏中的“新建”按钮)，打开“新建”对话框，如图 4-4 所示。

(2) 在“新建”对话框的“文件类型”选项组中选中“表”单选按钮，单击“向导”按钮，打开“表向导”对话框，如图 4-10 所示。

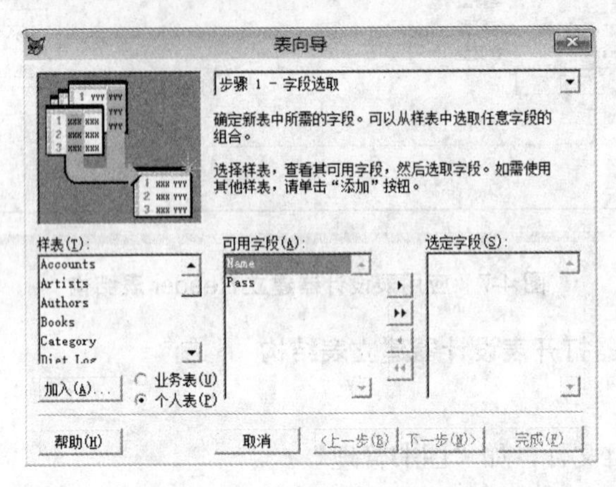

图 4-10　“表向导”对话框

(3) 在“样表”列表框中选择某一样表。若无合适的样表可选，可单击“加入”按钮将需要的样表加到“样表”列表框中。单击“加入”按钮后会弹出如图 4-11 所示的“打开”对话框，对话框中列出了默认目录下的所有文件夹和文件，从中选择 reader.dbf 表文件。这时，“添至列表”文本框中出现了所选择的表文件名。

(4) 在如图 4-11 所示的对话框中单击“添加”按钮，Reader 表即可加入到“样表”列表框中。在“样表”列表框中选择 Reader 表，如图 4-12 所示。然后从“可用字段”列表框中将需要的字段一一发送到“选定字段”列表框中。

(5) 单击“下一步”按钮，打开表向导“步骤 1a-选择数据库”界面，如图 4-13 所示。此时可选择是创建独立的自由表还是将创建的表添加到某个数据库中成为数据库表。

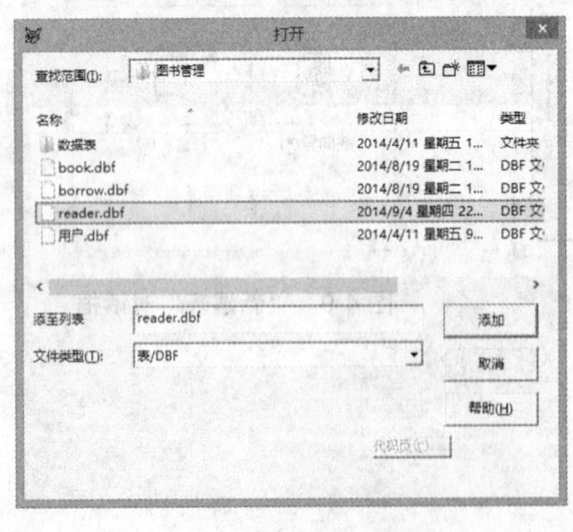

图 4-11　“打开”对话框

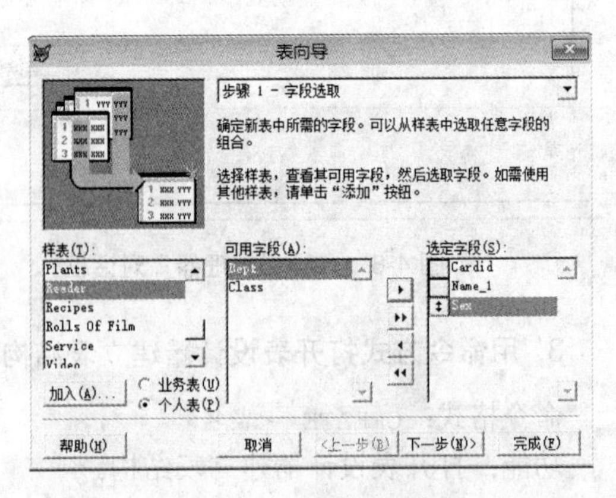

图 4-12　“样表”列表框

(6) 单击“下一步”按钮，打开“步骤 2-修改字段设置”界面，如图 4-14 所示。此时可对所创建的表字段定义进行修改。

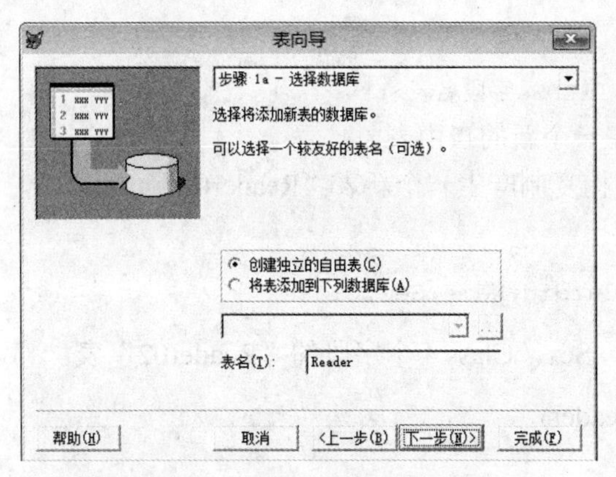

图 4-13　“步骤 1a-选择数据库”界面

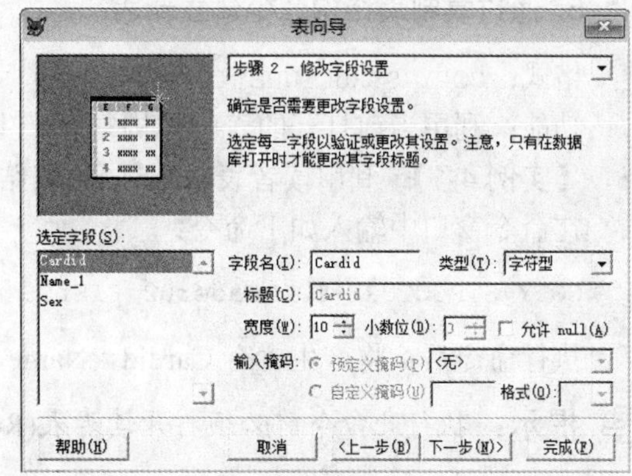

图 4-14　“步骤 2-修改字段设置”界面

(7) 单击“下一步”按钮，打开“步骤 3-为表建索引”界面，如图 4-15 所示。为表选出关键字和索引字段后单击“下一步”按钮，打开“步骤 4-完成”界面，如图 4-16 所示。

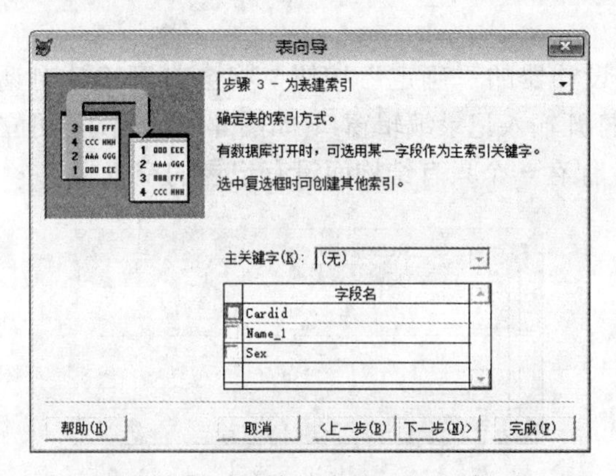

图 4-15　“步骤 3-为表建索引”界面

表向导
步骤 4 - 完成
表的创建工作已准备就绪。
选择以下某一选项，再单击“完成”按钮即可创建新表。
保存表以备将来使用(S)
保存表，然后浏览该表(T)
保存表，然后在表设计器中修改该表(M)
帮助(H)
取消
<上一步(B)
下一步(N)>
完成(F)

图 4-16　“步骤 4-完成”界面

(8) 选择一种保存表的选项后单击“完成”按钮，打开“另存为”界面，如图 4-17 所示，在对话框的“输入表名”文本框中输入一个表名，单击“保存”按钮，此时就完成了用向导创建表的过程。

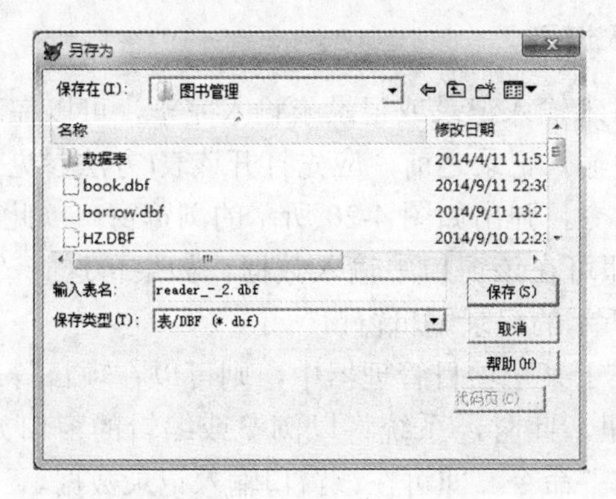

图 4-17　“另存为”对话框

5. 通过复制表结构命令建立新表

格式：COPY STRUCTURE TO <表文件名>[FIELDS<字段名表>]

功能：利用当前打开的表的结构复制产生一个新的自由表。

【实例 4-1】 利用读者表(Reader)的表结构复制产生一个新表“Reader02”。

在命令窗口中输入如下命令：

```
COPY STRUCTURE TO Reader02 FIELDS Cardid,Name,Sex,Class
```

执行命令后，将产生含有 Cardid，Name，Sex，Class 4 个字段的“Reader02”表。

提示：执行此命令前必须打开读者表(Reader)。

4.1.4 输入记录

表结构创建好之后，还需要输入记录，输入记录的方法有以下三种。

1. 在建立表结构时输入

当用表设计器建立好表结构后，单击表设计器的“确定”按钮，将会打开确认对话框，如图 4-18 所示。若单击“是”按钮，则打开输入记录编辑窗口(如图 4-19 所示)，可立即输入记录；单击“否”按钮则关闭对话框，保存一个只有结构而没有记录的空表。

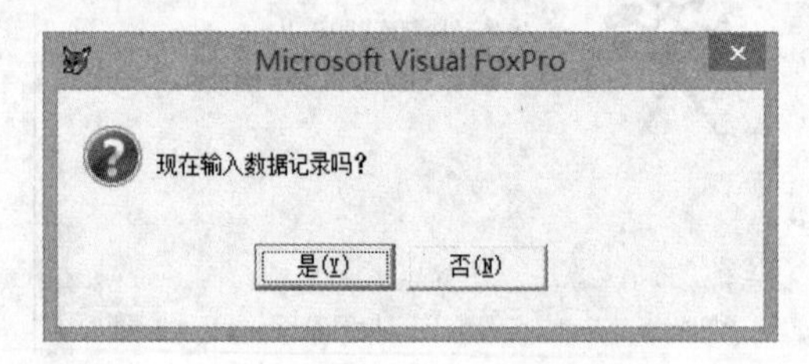

图 4-18 确认对话框

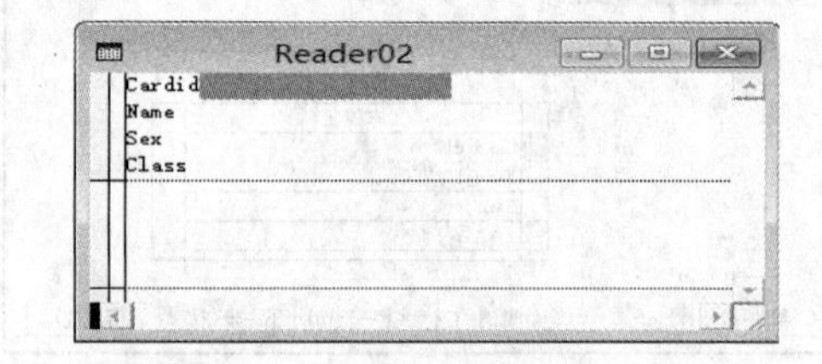

图 4-19 输入记录的编辑窗口

在输入记录的编辑窗口中，各条记录之间用横线分隔，左边显示字段的名称，用颜色块标识当前字段输入区域的大小。用户输入完一条记录后，系统会自动定位到下一条记录。全部记录输入完毕后，关闭编辑窗口，完成记录的录入操作，表创建完成。

2. 在浏览窗口中输入记录

如果在定义表结构时未输入记录或记录未输入完毕，可以在表建好后的任何时候输入记录。在向已存在的表中输入记录之前，应先打开该表(方法参见 4.2.1 节)，然后选择“显示”菜单下的“浏览”命令，弹出如图 4-20 所示的浏览窗口；此时再选择“显示”菜单下的“追加方式”命令，即可在该窗口中输入数据。如果再选择“显示”|“编辑”菜单命令，可切换到如图 4-19 所示的记录编辑窗口。

如果表文件已经存在于某个项目管理器中，则可以在项目管理器中选择需要输入记录的表，单击“浏览”按钮。此时，系统将以浏览或编辑的窗口方式打开表，再选择“显示”菜单下的“追加方式”命令，即可在该窗口输入记录数据。

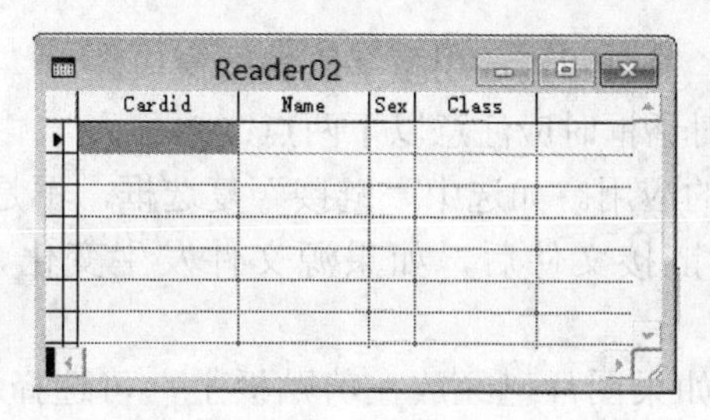

图 4-20　浏览窗口

3. 命令方式输入记录

1)　APPEND 命令

格式：`APPEND [BLANK]`

功能：在当前表的尾部添加一条或多条记录，等同于选择“显示”|“追加方式”菜单命令。

在 APPEND 后加可选项 BLANK 命令，表示在表的最后添加一条空白记录。

2)　INSERT 命令

格式：`INSERT [BLANK][BEFORE]`

功能：在当前表的当前记录位置处插入一条记录。

在 INSERT 后加可选项 BLANK 命令，表示在表的当前记录位置之后插入一条空记录，加可选项 BEFORE 命令可在当前记录之前插入新记录。

3)　BROWSE 命令

格式：`BROWSE`

功能：打开浏览窗口，等同于选择“显示”|“浏览”命令。

可在浏览窗口中输入记录数据。在添加新记录时，要先选择“显示”|“追加方式”菜单命令。

4. 备注(M)型字段和通用(G)型字段数据的输入方法

(1)　备注(M)型字段内容的输入：双击备注字段，或将光标移到备注字段后按 Ctrl+PgDn 或 Ctrl+PgUp 键，进入 VFP 全屏幕文本编辑状态，即可输入相应的文本内容，编辑完毕后关闭该窗口即可。

(2)　通用(G)型字段内容的输入：通用型字段的内容可以是图像、声音等，也可以是 OLE 对象。具体操作步骤是：双击通用型字段，或将光标移到通用字段后按 Ctrl+PgDn 或 Ctrl+PgUp 键打开通用型字段编辑窗口，再选择“编辑”|“插入对象”菜单命令，打开如图 4-21 所示的“插入对象”对话框。

如果图像文件不存在，选中“新建”单选按钮，并在“对象类型”列表框中选择对象类型，然后单击“确定”按钮，VFP 将启动相应的应用程序，用户可使用这些应用程序创建新的 OLE 对象。

如果图像文件已经存在，选中“由文件创建”单选按钮，在“插入对象”对话框中单击“浏览”按钮，打开“浏览”对话框，选择所需文件后单击“打开”按钮，回到“插入对象”对话框，这时“文件”文本框中将显示选中的图像文件的路径及文件名，如图 4-22

所示，单击“确定”按钮，又会回到通用型字段编辑窗口。

在使用“插入对象”对话框时应注意以下两点：

- “链接”复选框的应用。如选中“链接”复选框，不是将文件实际插入到表中，而是建立链接。链接文件后，如果源文件发生变化，这种变化将自动反映到表中。
- 剪贴板的应用。如果图片已经放在剪贴板上，可选择“编辑”|“粘贴”菜单命令，将相应的图片粘贴到通用型字段编辑窗口。

当 G 型和 M 型字段值为空时，表中相对应的内容分别显示 gen 与 memo。若 G 型、M 型字段不为空，则表中相应的内容分别显示 Gen 与 Memo。

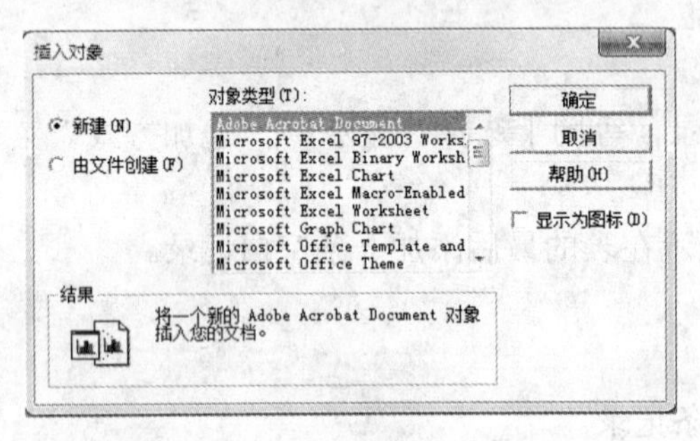

图 4-21 “插入对象”对话框

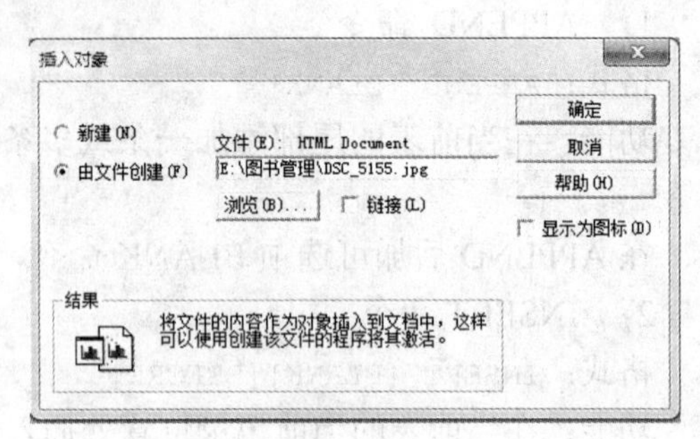

图 4-22 插入图像文件对话框

5. 将已有数据添加到记录中

利用其他表中已有的内容，可以快速地给当前表追加记录。

1) 菜单操作

【实例 4-2】 将读者表(Reader)中所有性别为“女”的读者的 Cardid、Name、Sex、Class 4 个字段的记录追加到 Reader02.dbf 表中，操作步骤如下：

(1) 通过菜单或工具栏打开已有的 Reader02.dbf 表。

(2) 选择“显示”|“浏览”菜单命令，打开“浏览”窗口。

(3) 选择“表”|“追加记录”菜单命令，弹出“追加来源”对话框，如图 4-23 所示。

(4) 在“类型”下拉列表框中选择源文件的格式为 Table(DBF)，单击“来源于”文本框右边的⬚按钮，在打开的对话框中选择所需的文件，单击“确定”按钮返回，或在“来源于”文本框中直接输入文件名(包括路径)。这时源文件名显示在“来源于”文本框中，本例选择的源文件为 reader.dbf。

(5) 在如图 4-23 所示的“追加来源”对话框中单击“选项”按钮，弹出“追加来源选项”对话框，如图 4-24 所示。

(6) 在如图 4-24 所示的“追加来源选项”对话框中单击“字段”按钮，打开“字段选择器”对话框，如图 4-25 所示。

(7) 从“所有字段”列表框中选择目标表 Reader02 需要的字段，单击“添加”按钮，所选择的字段将出现在“选定字段”列表框中(单击“全部”按钮可以将所有字段添加到“选定字段”列表框中)，单击“确定”按钮，完成字段的选取。

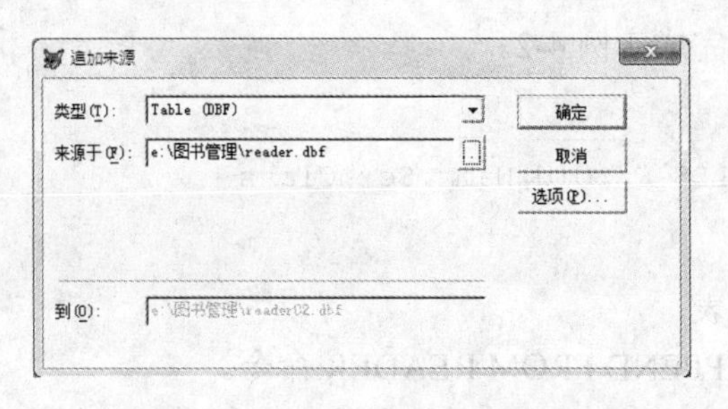

图 4-23　“追加来源”对话框

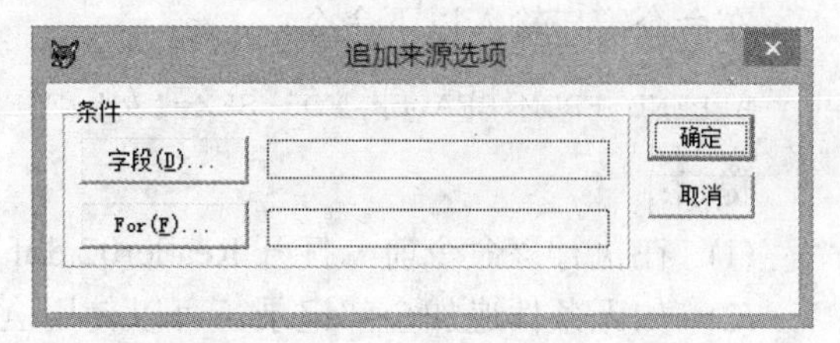

图 4-24　“追加来源选项”对话框

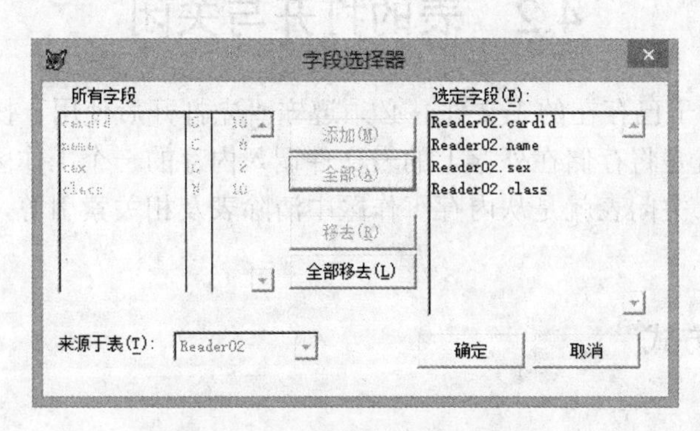

图 4-25　“字段选择器”对话框

(8)　在如图 4-24 所示的“追加来源选项”对话框中单击“For(F)”按钮，打开“表达式生成器”对话框。

(9)　在“表达式生成器”对话框中构造所需的表达式，VFP 将使用表达式查找整个数据表文件，追加与表达式的值相符的记录，本例中追加性别为“女”的读者记录，表达式为 SEX=‘女’，单击“确定”按钮，返回到“追加来源选项”对话框。

(10) 单击“确定”按钮。

提示： 无条件追加全部记录时，只需执行(1)～(4)步即可。

2)　相关命令

命令格式：APPEND FROM<表文件名>[范围][FOR<条件>[WHILE<条件>]][FIELDS<当前表字段名表>][TYPE<文件类型>]

功能：从磁盘上指定的表文件中，将规定范围内符合条件的记录自动添加到当前数据表的末尾。

说明：

(1)　一般情况下，磁盘上指定的文件的结构与当前打开的数据表的结构是相同的，即字段名、类型、宽度等一致。

(2)　FIELDS<当前表字段名表>选项指定目标表包含的字段，省略时表示追加源表的全部字段。

(3)　TYPE 短语表示追加来自文本文件中的数据，其中<文件类型>可以是 SDF 或 DELIMITED。

【实例 4-3】 使用 APPEND FROM 命令完成实例 4-2。

在命令窗口输入以下命令：

```
APPEND FROM READER FOR SEX='女' FIELDS Cardid,Name,Sex,Class
```

提示：

(1) 在执行该命令前，打开 Reader02.dbf 表。

(2) 如无条件追加全部记录，可以使用 APPEND FROM READER 命令。

4.2 表的打开与关闭

在 VFP 中，对于已存在的表文件，必须遵守“先打开后使用、操作完毕关闭”的原则。打开表实际上就是将存储在外存上的表文件调入内存的一个工作区中以供使用，该表在外存中仍然存在；关闭表就是从内存工作区中清除表及相关索引等，并释放所占用的内存空间和工作区。

4.2.1 打开表的方式

1. 菜单方式

选择“文件”|“打开”菜单命令或单击常用工具栏上的“打开”按钮，弹出“打开”对话框，在“查找范围”下拉列表中找到该表所在文件夹，在“文件类型”下拉列表中选择“表(*.dbf)”，选择列表框中要打开的表文件，单击“确定”按钮即可打开选中的表。

表打开之后，就可对其执行显示、浏览、替换、索引、统计等操作。

说明：

(1) 如果要打开的表文件中包含有备注型字段或通用型字段，则要求要打开的表文件与扩展名为 FPT 的同名备注文件在同一个文件夹中。

(2) 如果要修改打开的表文件，应在“打开”对话框的下方选中“独占”复选框。

2. 命令方式

格式：`USE[<表名>][IN<工作区号>|ALIAS<别名>][EXCLUSIVE/SHARED]`

功能：在指定的工作区中打开数据表。

说明：

(1) 省略[IN<工作区号>|ALIAS<别名>]选项，则在当前工作区中(有关工作区的概念参见 4.8.1 节)打开表。

(2) 刚建立的表自动处于打开状态，不需要使用 USE 命令打开。

(3) 如果表中有备注型字段或通用型字段，则打开表时其备注文件(扩展名为 FPT)同时打开。

(4) 选用 EXCLUSIVE 短语将以独占方式打开表，选用 SHARED 短语将以共享方式打开表，以共享方式打开的表不能对其进行修改。

4.2.2　关闭表的方式

1. 用菜单方式关闭

选择“文件”|“退出”菜单命令，退出 VFP 系统并关闭表。

注意：使用该方法，只能关闭了表的浏览窗口，并没有真正关闭表。

2. 用命令方式关闭

格式：

```
USE
CLOSE ALL
CLEAR ALL
```

功能：

(1) USE 关闭当前工作区中的表。

(2) CLOSE ALL 关闭所有打开的表，同时释放所有内存空间。

(3) CLEAR ALL 关闭所有已打开的表、索引和格式文件，释放所有内存变量并选择第 1 工作区为当前工作区。

4.3　表结构的修改及显示

如果表的结构不能满足需求，可以利用表设计器来改变已有表的结构，如增加或删除字段、改变字段的数据类型及宽度等。

4.3.1　表结构的修改

首先使表处于打开状态，然后选择“显示”|“表设计器”菜单命令，打开“表设计器”对话框，如图 4-7 所示，选择要修改的字段直接修改即可。

- 增加字段：单击“插入”按钮输入字段名，选择类型，设置宽度、小数位数、索引及是否为空即可。
- 删除字段：选中要删除的字段，单击“删除”按钮即可。
- 改变字段的顺序：拖动字段名左边的按钮上下移动到合适的位置即可。

4.3.2　修改表结构的命令

格式：`MODIFY STRUCTURE`

功能：打开表设计器，在“表设计器”对话框中修改当前表的结构。

注意：表结构被修改后，表中已有的数据将会受到影响。VFP 会采取最合适的方式进行处理，但丢失的字符或数值是找不回来的。VFP 的一般处理原则：修改字段名不影响数据；修改数据类型时，字符型修改为数值型，数字字符变为数值，文字字符视为数值 0；宽度变小时，字符型数据按从左到右的顺序保留，超出宽度的字符会自动丢失，而数值型数据会先丢掉小数部分，若还无法表示所有的整数部分则全部丢弃，并在浏览时显示“*”符号(表示溢出)。

4.3.3 用命令显示当前表的结构

格式：LIST|DISPLAY STRUCTURE

功能：在 VFP 窗口中显示当前表的结构。

【实例 4-4】 显示读者表(Reader)的结构。

在命令窗口输入如下命令行：

```
USE Reader
LIST STRUCTURE
```

读者表(Reader)的结构如图 4-26 所示。

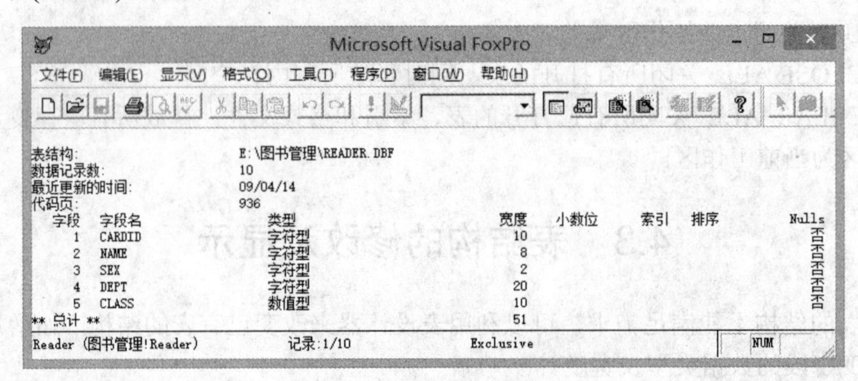

图 4-26 工作窗口中显示的读者表(Reader)结构

提示： LIST 和 DISPLAY 两个命令的功能相同，不同点主要表现在：当需要显示的内容一屏显示不完时，DISPLAY 命令会分屏显示，而 LIST 命令将内容直接滚动显示到末尾。

4.4 表记录的维护

在 VFP 中，表记录的维护包括记录显示、记录定位、记录的编辑与修改、记录的删除与恢复、表的复制及记录与数组交换数据六个部分。

4.4.1 表记录的显示

格式 1：LIST[<范围>][[FIELDS]<字段名表>][FOR<条件>] [WHILE<条件>][OFF][TO PRINT]

格式 2：DISPLAY[<范围>][[FIELDS]<字段名表>][FOR<条件>] [WHILE<条件>][TO PRINT]

功能：在工作窗口以列表的形式显示当前表指定范围内满足条件的记录。

说明：

(1) LIST 省略<范围>时显示全部记录，DISPLAY 默认<范围>时只显示当前记录，但在默认<范围>而有条件子句时则为全部记录。

<范围>子句用来确定命令涉及的记录，其格式有以下几种：

- ALL：表示所有记录。
- NEXT <N>：表示从当前记录起的 N 个记录。
- RECORD <N>：表示第 N 个记录。
- REST：表示从当前记录起到最后一个记录止的所有记录。

(2) 省略[FIELDS]<字段名表>子句时，显示当前数据表所有字段的内容(不包括备注字段和通用字段)。

(3) 使用 OFF 子句时不输出记录号。

(4) 使用 TO PRINT 子句时在打印机上输出。

(5) 这两个命令在执行的过程中都会引起记录指针的移动。当范围为 ALL 或 REST 时，命令执行完后，记录指针指向文件尾。

【实例 4-5】 在工作窗口中显示读者表(Reader)中所有的“男”读者记录。

```
USE Reader
LIST FOR SEX='男'
```

执行结果如图 4-27 所示。

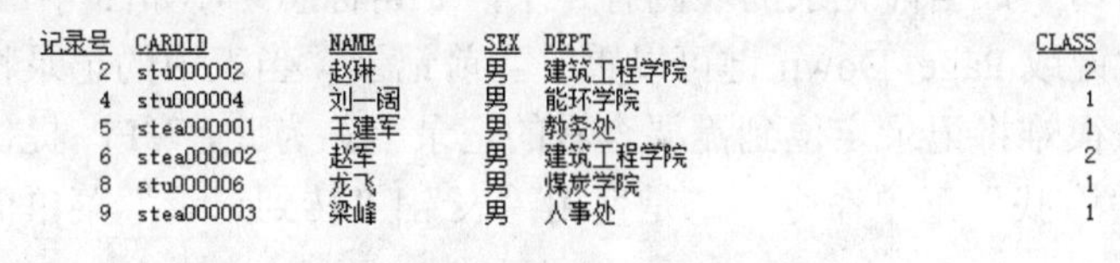

记录号	CARDID	NAME	SEX	DEPT	CLASS
2	stu000002	赵琳	男	建筑工程学院	2
4	stu000004	刘一阔	男	能环学院	1
5	stea000001	王建军	男	教务处	1
6	stea000002	赵军	男	建筑工程学院	2
8	stu000006	龙飞	男	煤炭学院	1
9	stea000003	梁峰	男	人事处	1

图 4-27　实例 4-5 的执行结果

【实例 4-6】 在工作窗口中显示读者表(Reader)中所有读者号以“stu”开始的读者记录。

```
USE Reader
LIST FOR  Cardid='stu'
```

执行结果如图 4-28 所示。

记录号	CARDID	NAME	SEX	DEPT	CLASS
1	stu000001	张晓峰	女	信息工程学院	1
2	stu000002	赵琳	男	建筑工程学院	2
3	stu000003	李小燕	女	信息工程学院	2
4	stu000004	刘一阔	男	能环学院	1
7	stu000005	藏天佑	女	机械学院	1
8	stu000006	龙飞	男	煤炭学院	1
10	stu000007	张哲	女	人文学院	2

图 4-28　实例 4-6 的执行结果

提示： 显示命令还可以写成 LIST FOR 'stu'$cardid 或 LIST FOR left(cardid,3)='stu'。

4.4.2　记录的定位

一个表文件中可能有很多的记录，要对某些记录进行处理，首先就要定位记录指针。

1. 记录号、记录指针和当前记录

(1) 记录号：根据用户输入记录的先后顺序从 1 开始给每个记录提供的编号，用于标识记录在表文件中的物理顺序。

(2) 记录指针：VFP 为每个打开的表设置了一个记录指针，记录指针始终指向当前表中正在处理的那条记录。对于刚打开的表，记录指针自动指向第一条记录。

(3) 当前记录：记录指针指向的记录。

操作表时，可根据需要对记录指针进行定位。使用 RECNO()函数可以获得当前记录的记录号。

2. 文件头和文件尾

表文件有两个特殊的位置：文件头和文件尾。文件头在表中第一条记录之上，当记录指针指向文件头位置时，函数 RECNO()的值为 1，函数 BOF()的值为.T.。文件尾在表中最后一条记录之下。如果表文件的实际记录数是 N，当记录指针指向文件尾时，函数 RECNO()的值为 N+1，函数 EOF()的值为.T.。

3. 定位当前记录

在表的浏览窗口中，当前记录的左侧有一个黑三角标志▶，如图 4-29 所示。使用上下方向键、Page Up 键或 Page Down 键可以重置当前记录。当表中的记录特别多时，使用上述定位光标的方法很难将记录定位到需要查看的记录上。为此，VFP 提供了两个命令：一是使用“编辑”|“查找”菜单命令；二是使用“表”|“转到记录”菜单命令。

Reader

Cardid	Name	Sex	Dept	Class
stu000001	张晓峰	女	信息工程学院	1
stu000002	赵琳	男	建筑工程学院	2
stu000003	李小燕	女	信息工程学院	2
stu000004	刘一阔	男	能环学院	1
stea000001	王建军	男	教务处	1
stea000002	赵军	男	建筑工程学院	2
stu000005	藏天佑	女	机械学院	1
stu000006	龙飞	男	煤炭学院	1
stea000003	梁峰	男	人事处	1
stu000007	张哲	女	人文学院	2

图 4-29　读者表(Reader)浏览窗口

1) 用“查找”菜单命令定位记录

【实例 4-7】 找出读者表(Reader)中的女读者。

操作步骤如下：

(1) 打开读者表(Reader)，选择“显示”|“浏览”菜单命令，浏览记录，如图 4-29 所示。

(2) 选择“编辑”|“查找”菜单命令，打开“查找”对话框，如图 4-30 所示。

(3) 在“查找”对话框中的“查找”下拉列表框中输入要查找的内容“女”。

(4) 单击“查找下一个”按钮，在找到第 1 个符合条件的记录后，该记录被置为当前记录。

(5) 再次单击“查找下一个”按钮，继续查找下一个符合条件的记录。

提示：重复此过程可以在全部记录中查找。未找到要查找的内容时，系统会发出警报声，并在状态栏中显示“没有找到”字样。

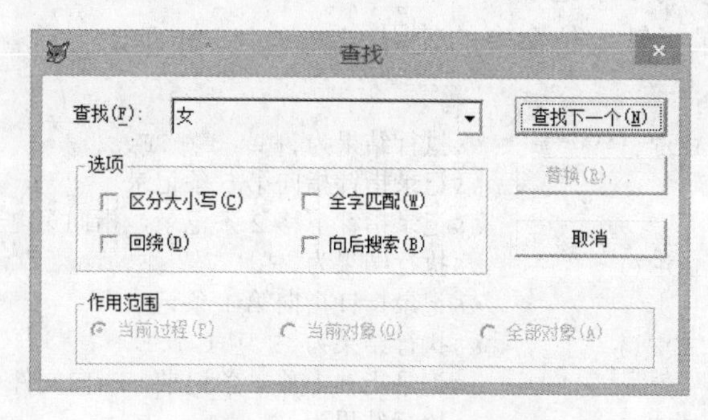

图 4-30　“查找”对话框

2)　用“转到记录”菜单命令定位记录

操作步骤如下：

(1)　打开表并显示浏览窗口，选择“表”|“转到记录”|“记录号”菜单命令，如图 4-31 所示。打开“转到记录”对话框，如图 4-32 所示。

(2)　在“转到记录”对话框输入要查找的记录号(如输入 6)，单击“确定”按钮即可定位到该记录。

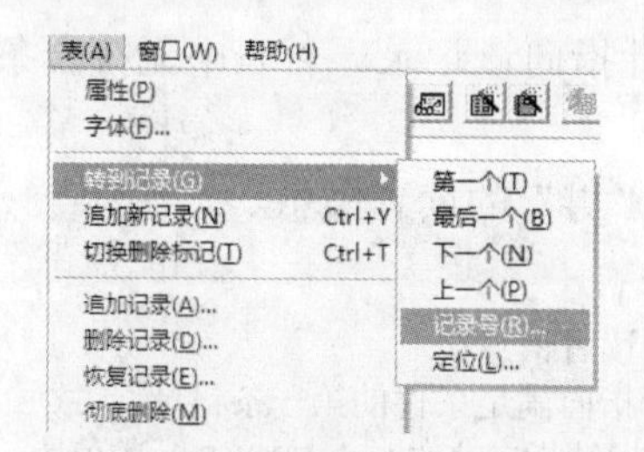

图 4-31　“转到记录”菜单命令

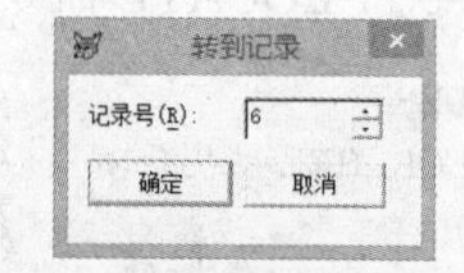

图 4-32　“转到记录”对话框

4. 定位当前记录的相关命令与函数

当一个表文件刚打开时，其记录指针自动指向第一条记录。记录指针可以在表的范围内进行移动定位。VFP 中的记录指针定位命令分为两种：绝对定位命令和相对定位命令。

1)　绝对定位命令

格式 1：`GO [TO] N`

功能：将记录指针移到第 N 条记录。

格式 2：`GO [TO] TOP`

功能：将记录指针移到第一条记录。

格式 3：`GO [TO] BOTTOM`

功能：将记录指针移到最后一条记录。

2)　相对定位命令

格式：`SKIP [N]`

功能：相对于当前记录，记录指针向上或向下移动若干条记录。

说明：当 N 值为正数时，向下移动 N 条记录；当 N 值为负数时，向上移动 N 条记录；省略 N 时，向下移动 1 条记录。

【实例 4-8】 记录指针定位命令的使用。

```
USE READER
?BOF(),RECNO(),EOF()          &&执行结果为.F.  1  .F.
GO 5                          &&记录指针指向第 5 条记录
SKIP 2                        &&记录指针下移 2 条记录，指向第 7 条记录
?BOF(),RECNO(),EOF()          &&执行结果为.F.  7  .F.
GO TOP                        &&记录指针指向第 1 条记录
?BOF(),RECNO(),EOF()          &&执行结果为.F.  1  .F.
SKIP -1                       &&记录指针上移一条记录，指向文件头
?BOF(),RECNO(),EOF()          &&执行结果为.T.  1  .F.
GO BOTTOM                     &&记录指针指向最后一条记录
SKIP                          &&记录指针下移一条记录，指向文件尾
?BOF(),RECNO(),EOF()          &&执行结果为.F.  11  .T.
```

提示：
- 当记录指针位于文件头时，BOF()的值为.T.，RECNO()的值为 1。
- 当记录指针位于文件尾时，EOF()的值为.T.，RECNO()的值为记录总数+1。

3) 记录指针的查找定位命令

格式：LOCATE FOR <条件>

功能：查找符合条件的第一条记录的位置，指针指向该记录。若表中无符合条件的记录，指针指向表文件尾。

【实例 4-9】 LOCATE 命令应用：查找性别为“男”的读者信息。

```
use READER                &&打开读者表(Reader)
LOCATE FOR SEX='男'       &&查找性别为“男”的读者信息
?FOUND()                  &&如果找到，记录指针指向满足条件的第一条记录， FOUND()的
                          &&值为.T.，否则记录指针指向文件尾，FOUND()的值为.F.。
DISPLAY                   &&显示满足条件的第一条记录
CONTINUE                  &&查找满足条件的下一条记录
DISPLAY                   &&显示满足条件的记录
```

执行结果如图 4-33 所示。

```
.T.
记录号  CARDID      NAME    SEX  DEPT            CLASS
     2  stu000002   赵琳    男   建筑工程学院        2
记录号  CARDID      NAME    SEX  DEPT            CLASS
     4  stu000004   刘一阔  男   能环学院            1
```

图 4-33 实例 4-9 的执行结果

提示：若符合条件的记录有多条，可用 CONTINUE 继续查找定位下一条符合条件的记录。

4.4.3 编辑与修改记录内容

常用的编辑与修改记录内容的方法有两种。

1. 在浏览窗口中用键盘修改

打开数据表后，选择“显示”|“浏览”菜单命令打开浏览窗口，在浏览窗口中通过移动光标定位记录指针进行修改。

2. 替换字段内容

在浏览窗口状态下，选择“表”|“替换字段”菜单命令，可以批量改变记录中某些字段的值。

【实例 4-10】 将图书表(Book)中所有“高等教育出版社”的图书优惠 15%。

操作步骤如下：

(1) 打开图书表(Book)，并显示浏览窗口。

(2) 选择“表”|“替换字段”菜单命令，打开“替换字段”对话框，如图 4-34 所示。

(3) 从“字段”下拉列表框中选取 price 字段，在“替换为”编辑框中输入或单击该编辑框右边的按钮，生成表达式“Book.price*0.85”，在“替换条件”选项组中的“作用范围”下拉列表框中选择 All 选项，在 For 文本框中输入或生成表达式“Book.publish=‘高等教育出版社’”。

(4) 单击“确定”按钮，此时浏览窗口中所有“高等教育出版社”的图书的价格变为原来的 85%。

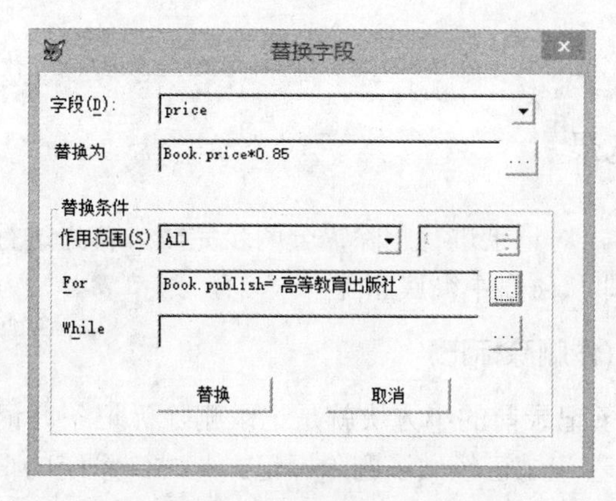

图 4-34　“替换字段”对话框

提示：
- 在批量替换前，应先打开要操作的数据表并显示浏览窗口。
- 生成表达式时，表达式中不能使用 85%，只能使用 0.85。
- 菜单操作每执行一次只能完成一个字段值的替换，如一次要实现多个字段值的替换需使用 REPLACE 命令，下文将介绍该命令的用法。

3. 相关命令

1) BROWSE 浏览命令

格式：`BROWSE[<范围>] [FIELDS<字段名表>][FOR<条件表达式>]`

功能：在打开表的前提下，打开浏览窗口，显示当前表数据的同时允许用户对其中的数据进行修改。

说明：

(1) FIELDS<字段名表>是对指定的字段进行操作。

(2) FOR<条件表达式>是对满足条件的记录进行操作。

2) 编辑修改命令

格式 1：`EDIT[<范围>][FOR<条件>][WHILE<条件>][FIELDS<字段名表>]`

格式 2：`CHANGE[<范围>][FOR<条件>][WHILE<条件>][FIELDS<字段名表>]`

功能：弹出编辑窗口，以交互的编辑方式对记录进行修改。

3) 替换字段内容命令

格式：`REPLACE [<范围>] <字段 1> WITH <表达式 1>[, <字段 2> WITH <表达式 2>…] [FOR<条件>] [WHILE<条件 2>]`

功能：对指定范围内符合条件的记录，用指定的<表达式>值替换 <字段>的内容。

说明：

(1) 省略范围和条件时，仅对当前记录进行替换。

(2) 本命令有计算功能，系统先计算表达式的值，再将该值赋给指定的字段。

(3) 表达式的数据类型必须与被替换字段的数据类型一致。

(4) 可在一条命令中同时替换多个字段值。

例如：采用本命令完成实例 4-10 的操作，应在命令窗口输入以下命令：

```
USE BOOK
REPLACE ALL PRICE WITH PRICE*0.85  FOR PUBLISH='高等教育出版社'
```

4.4.4 删除与恢复记录

在 Visual FoxPro 中，对记录进行删除需分两步完成。首先进行逻辑删除，即加删除标记；再进行物理删除，即从磁盘中彻底删除。

1. 记录的逻辑删除(作删除标记)

在浏览窗口中，每条记录前的小方块就是记录删除标记条。记录删除标记条变为如图 4-35 所示的黑色，意味着记录已经做了删除标记。此时，系统的很多默认操作就不能对这些记录实施了，但记录仍然被保存在表中。对于做了删除标记的记录，用户可以将其彻底删除，也可以将其恢复。

Reader

Cardid	Name	Sex	Dept	Class
stu000004	刘一阁	男	能环学院	1
stea000001	王建军	男	教务处	1
stea000002	赵军	男	建筑工程学院	2
stu000005	藏天佑	女	机械学院	1
stu000006	龙飞	男	煤炭学院	1
stea000003	梁峰	男	人事处	1
stu000007	张哲	女	人文学院	2

图 4-35　记录逻辑删除后的效果

在浏览窗口中，只要单击记录左边的删除标记条就可使其变成黑色，表示逻辑删除了该条记录。再次单击该删除标记条就可以将其恢复。这种方法只适用于对少量记录的删除或恢复。

2. 条件删除

批量删除满足条件的记录的操作步骤如下：

(1) 打开要删除记录的表(如 Reader 表)并显示浏览窗口，选择“表”|“删除记录”菜单命令，弹出“删除”对话框，如图 4-36 所示。

(2) 在“作用范围”下拉列表框中选择操作范围(如 All)。

(3) 在 For 文本框中输入或利用表达式生成器构造一个逻辑表达式，设置删除条件(如“sex=‘男’”)。

(4) 单击“删除”按钮，返回浏览窗口，即可看到表中所有性别为“男”的记录都被打上了删除标记。

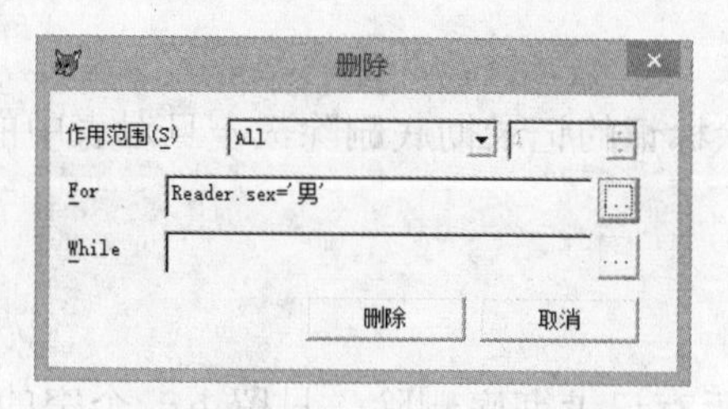

图 4-36　“删除”对话框

3. 与逻辑删除相关的命令与函数

1)　逻辑删除命令

格式：`DELETE [<范围>][<FOR<条件>][WHILE<条件>]`

功能：给满足条件的记录打上“*”符号，做删除标记。

说明：

(1) 省略范围和条件子句时，仅对当前记录做逻辑删除。

(2) 用 LIST 和 DISPLAY 命令查看数据表时，可看到这些记录前的逻辑删除标记“*”；在浏览窗口查看数据表时，看到这些记录左侧的小方块已被涂黑。

例如：逻辑删除读者表(Reader)中所有的男读者记录，在命令窗口输入以下命令：

```
USE READER
DELETE ALL FOR SEX="男"                    &&所有 SEX 值为男的记录做删除标记
```

2)　逻辑删除状态设置命令

格式：`SET DELETED OFF/ON`

功能：对被逻辑删除的记录显示或隐藏。

当执行 SET DELETED ON 后，所有被逻辑删除的记录将被“屏蔽”，不再参加操作，系统默认的是 SET DELETED OFF。

3)　DELETED( ) 函数

用 DELETED()函数检测当前记录是否被逻辑删除，如果删除，DELETED()的值为.T.，否则为.F.。

4) 恢复记录命令

格式：`RECALL [<范围>][FOR<条件>][WHILE<条件>]`

功能：去除指定范围内满足条件的记录的删除标记。

说明：

(1) 省略范围和条件子句时，仅恢复当前记录。

(2) 若事先用 SET DELETED ON 命令将逻辑删除的记录“屏蔽”，该命令不起作用。

5) 彻底删除

(1) 使用菜单命令将带有删除标记的记录从表中彻底删除。

在表的浏览状态下，选择“表”|“彻底删除”菜单命令，在弹出的“移去已删除记录”对话框中单击“是”按钮即可。

(2) 使用 PACK 命令。

格式：`PACK`

功能：将表中带有删除标记的记录彻底删除，一旦对表中的记录进行物理删除，就不能再恢复。

(3) 清空数据表。

格式：`ZAP`

功能：将当前表中的所有记录彻底删除，只留下一个空的表结构，相当于 DELETE ALL 和 PACK 两条命令。

4.4.5 表的复制

当要建立的新表与已有的表相同或表结构相似时，可利用已有的表文件生成新的表结构及记录，方法是进行表结构及表记录的复制。

1. 复制表的结构

格式：`COPY STRUCURE TO <新文件名>[FIELDS<字段名表>]`

功能：复制当前打开表的结构到新表中，但不复制表中的数据记录。

2. 复制表的结构及记录

格式：`COPY TO<新文件名>[<范围>][FIELDS<字段名表>][FOR<条件>] [WHILE<条件>]`

功能：将当前表中指定范围内满足条件的记录复制到新表中，其字段数和顺序由 FIELDS <字段名表>决定。

说明：若无任何选项，则将复制一个同当前表的结构和记录完全相同的新表文件。对于含有备注型字段或通用型字段的表，系统在复制.dbf 文件的同时，自动复制.fpt 文件。

4.4.6 表记录与数组间的数据交换

在 VFP 中，一个数组的各个元素可以存储不同类型的数据。可以使用命令将一个表的部分记录传送到一个数组中，也可将一个数组中各元素的值传送到当前表中。数据表与数组之间进行数据交换是应用程序设计中经常使用的一种操作，具有传送数据多、速度快和使用方便等优点。

1. 单条记录与数组间的交换

1)　当前记录的数据传送到数组

格式：`SCATTER [FIELDS<字段名表>] TO <数组名>|MEMVAR [BLANK][MEMO]`

功能：将当前记录指定字段的值依次传送到数组或一组内存变量中。

说明：

(1)　若选择 FIELDS 子句，则只传送<字段名表>中字段的值，否则将传送所有字段的值(备注型字段除外)。若要传送备注型字段值，还需要使用 MEMO 选项。

使用 TO <数组名>子句能将数据复制到该<数组名>指定的数组元素中，如果定义的数组长度不够，VFP 会自动扩大数组长度。

(2)　使用 MEMVAR 可将数据复制到一组变量名与字段名相同的内存变量中；如果使用 BLANK，则创建一组与各字段名相同且数据类型相同的空内存变量。

2)　数组中的数据传送到当前记录

格式：`GATHER FROM<数组名>|MEMVAR [FIELDS<字段名表>][MEMO]`

功能：将数组或内存变量中的数据依次传送到当前记录中，以替换相应的字段值。

说明：

(1)　修改记录前需确定记录指针的位置。

(2)　若使用 FIELDS 子句，仅<字段名表>中的字段值才会被数组元素值替代，省略 MEMO 子句时将忽略备注型字段。

(3)　内存变量值将传送给与它同名的字段，若某字段无同名的内存变量，则不对该字段进行数据替换。

(4)　若数组元素多于字段数，则多出的数组元素不传送；若数组元素少于字段数，则多出的字段值不会改变。

【实例 4-11】 数组与当前记录中的数据交换的示例。

在命令窗口依次输入以下命令并分别执行

```
DIMENSION A(5)                  &&定义一维数组 A，含有 5 个元素
USE READER
GO 5
SCATTER TO B                    &&将 5 号记录各字段的值按顺序传送给一维数组 B
?B(1),B(2),B(3),B(4),B(5)       &&显示 B 数组中的各元素值
```

执行结果如下：

```
stea000001  王建军  男  教务处            1
```

接着依次输入以下命令并分别执行：

```
A(1)= 'stu000015'
A(2)= '司马相如'
A(3)= '男'
A(4)= '计算机学院'
```

```
A(5)=1
APPEND BLANK
GATHER FROM A      &&将数组 A 的 5 个元素值按顺序传送到当前记录中，替换相应的字段值
BROWSE
```

执行以上命令后，将在读者表(Reader)的末尾追加一条记录并写入部分字段数据，如图 4-37 所示。

Reader

Cardid	Name	Sex	Dept	Class
stu000001	张晓峰	女	信息工程学院	1
stu000002	赵琳	男	建筑工程学院	2
stu000003	李小燕	女	信息工程学院	2
stu000004	刘一阔	男	能环学院	1
stea000001	王建军	男	教务处	1
stea000002	赵军	男	建筑工程学院	2
stu000005	藏天佑	女	机械学院	1
stu000006	龙飞	男	煤炭学院	1
stea000003	梁峰	男	人事处	1
stu000007	张哲	女	人文学院	2
stu000015	司马相如	男	计算机学院	1

图 4-37　数组数据传递到表中当前记录的效果

提示： 使用 SCATTER 和 GATHER 命令前需定位记录指针。

2. 多条记录与数组间的交换

1)　多条记录数据传送到数组

格式：COPY TO ARRAY <数组名>[<范围>][FOR <条件>][FIELDS<字段名表>]

功能：对当前表中指定范围内满足条件的记录，按 FIELDS<字段名表>指定的字段值的顺序依次传送到二维数组中。

2)　数组中的数据追加到多条记录

格式：APPEND FROM ARRAY <数组名> [FIELDS<字段名表>]

功能：将数组(一维或二维)中各元素的值依次追加到当前表的尾记录之后，而不需要先在表中追加空白记录。二维数组的行数即为所追加的记录数。

【实例 4-12】 将多条记录数据传递到数组中。

在命令窗口依次输入以下命令并分别执行

```
DIMENSION A(10, 5)
USE READER
copy to array a for sex='男'
?a(1,1),a(1,2),a(1,3)
?a(2,1),a(2,2),a(2,3)
?a(3,1),a(3,2),a(3,3)
```

执行结果如图 4-38 所示。

```
stu000002  赵琳    男
stu000004  刘一阔  男
stea000001 王建军  男
```

图 4-38　实例 4-12 的执行结果

提示：省略 FOR<条件>时，将所有记录复制到数组中。

4.5　表的排序与索引

数据表中的记录是按建立表时输入的顺序进行存储的。实际应用时，往往需要将一个表中的若干记录按某些条件进行排序，以提高数据的处理速度及访问效率。在 VFP 中，可以通过物理排序或逻辑排序(建立索引)来调整记录的顺序。由于物理排序效率不高且会不可避免地产生数据冗余，因而多数情况下采用逻辑排序的方法，即索引的方法。

4.5.1　表的物理排序

数据表的物理排序是根据表中一个或多个字段值的大小，将表中的记录重新排列并保存在一个新的数据表文件中，而原表的记录顺序是不变的。

命令格式：SORT TO <新表文件名> ON <字段名 1>[/A][/D][/C][,<字段名 2>[/A][/D][/C]…][ASCENDING|DESCENDING][<范围>][FIELDS<字段名表>][FOR<条件>]|[WHILE<条件>]

功能：将当前表中指定范围内满足条件的记录，依次按字段名 1、字段名 2 等的顺序将字段名作为关键字重新排序，生成一个新的表文件。

说明：

(1) 省略范围短语和条件短语时，对所有记录排序。

(2) 排序后生成一个新的表文件，其扩展名为.DBF，新表处于关闭状态。

(3) 选项/A 表示升序，/D 表示降序，/C 表示不区分大小写字母，省略则默认升序。

(4) 选项 ASCENDING 表示所有字段按升序排序，DESCENDING 表示所有字段按降序排序。

(5) 备注型、通用型字段不能用于排序字段。

【实例 4-13】 用 SORT 命令将读者表(Reader)按读者号 CARDID 字段升序排序，生成新表“READER03”。

```
USE READER
SORT TO READER03 ON CARDID
USE READER03
LIST
```

执行结果如图 4-39 所示。

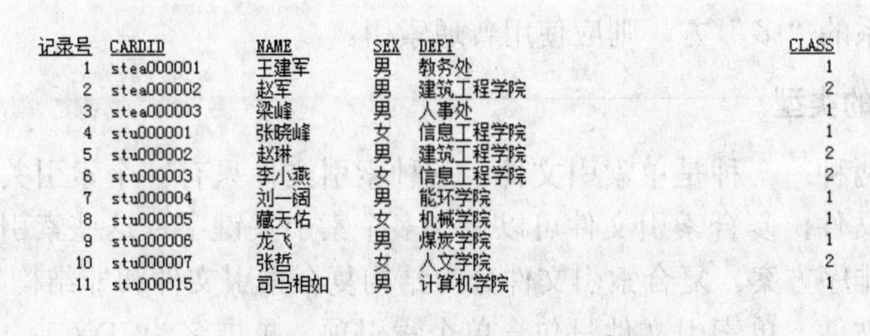

记录号	CARDID	NAME	SEX	DEPT	CLASS
1	stea000001	王建军	男	教务处	1
2	stea000002	赵军	男	建筑工程学院	2
3	stea000003	梁峰	男	人事处	1
4	stu000001	张晓峰	女	信息工程学院	1
5	stu000002	赵琳	男	建筑工程学院	2
6	stu000003	李小燕	女	信息工程学院	2
7	stu000004	刘一阔	男	能环学院	1
8	stu000005	藏天佑	女	机械学院	1
9	stu000006	龙飞	男	煤炭学院	1
10	stu000007	张哲	女	人文学院	2
11	stu000015	司马相如	男	计算机学院	1

图 4-39　实例 4-13 的执行结果

提示：物理排序要产生一个新的表文件，且其内容与原表基本相同，只是记录顺序发生了改变，这样会占用较大的存储空间；而且当原表数据修改后，排序文件中的数据不能自动更新，很容易造成两个数据表的数据不一致。因此，实际应用中，很少采用物理排序，而多采用索引方式进行排序。

4.5.2 索引

1. 索引的概念

索引是根据表中的某一个或多个字段表达式值进行逻辑排序而建立的一个逻辑顺序的文件，不生成新的表文件，也不改变原表记录的物理位置。建立索引的字段称为索引关键字。索引文件的内容是索引关键字和记录号，索引和书中的目录类似。目录是一份页码的列表，指向书中相应的页；索引文件是一个记录号的列表，指向待处理的记录，并确定记录的处理顺序，因此索引文件不能单独使用，必须同表文件一起使用。索引文件比表文件要小得多，它存储的是索引与表的映射关系。

2. 索引的类型

索引的类型共有 4 种：主索引、候选索引、唯一索引和普通索引。

- 主索引：不允许在索引关键字中出现重复值的索引。如果将包含重复数据的字段指定为主索引，将会返回一个错误信息。一个表只能建立一个主索引。自由表没有主索引。
- 候选索引：在索引关键字中不允许出现重复值的索引，这种索引作为主索引的候选者，一个表可以创建多个候选索引。
- 唯一索引：唯一索引允许在指定的字段或表达式中有重复值，但系统只在索引文件中保存第一次出现的索引值，即只能找到同一个关键值第一次出现时的记录。对于重复值的其他记录，尽管仍保留在表里，但在唯一索引文件中却不包括它们。
- 普通索引：在普通索引中，索引关键字字段和表达式允许出现重复值。

根据建立索引类型的不同，可以完成不同的任务。

(1) 要对记录排序，以提高显示、查询或打印的速度，可以使用普通索引、候选索引和主索引。

(2) 要控制字段中重复值的输入(例如，每个学生在“学生表”中的“学号”字段只能有一个唯一的值)，应对数据库表使用主索引或候选索引，对自由表使用候选索引。

(3) 要作为“一对一”或“一对多”关系的“一”方，应使用主索引或候选索引；作为“一对多”关系的“多”方，则应使用普通索引。

3. 索引文件的类型

索引文件有两种：一种是单索引文件，这种索引文件只有一个索引关键字表达式；另一种是复合索引文件，复合索引文件可以包含多个索引关键字，这些索引关键字称为索引标识，代表多个排序方案。复合索引文件分为结构复合索引文件和非结构复合索引文件。

- 单索引文件。单索引文件只包含单个索引项，扩展名为.IDX，主文件名称不能和相关表同名，而且该文件不会随表的打开而自动打开。

- 结构复合索引文件。结构复合索引文件具有与表相同的文件名，并且当打开或关闭与其同名的表时会自动打开或关闭该索引文件。在表中进行记录的添加、修改和删除操作时，系统会自动对结构复合索引文件中的全部索引记录进行维护。
- 非结构复合索引文件。非结构复合索引文件包含多个索引项，主文件名不能与表名相同，由用户建立时指定，当表打开或关闭时非结构复合索引文件不会自动打开或关闭，必须由用户手动操作。结构复合索引文件是数据库中最普通也是最重要的索引文件，其他两种索引文件较少用到。

4.5.3　建立索引

1. 用表设计器建立索引文件

操作步骤如下：

(1) 在表打开的前提下，选择“显示”|“表设计器”菜单命令打开“表设计器”。

(2) 切换到“字段”选项卡，单击要索引的字段，在“索引”下拉列表框中选升序或降序，此时就建立了一个普通索引，索引名和索引表达式都是对应的字段名。

(3) 如果想建立其他类型的索引，切换到如图 4-40 所示的“索引”选项卡，在“索引名”列中输入索引标识名(如“姓名”)，在“类型”下拉列表框中显示的三种索引类型(普通索引、候选索引和唯一索引)中，根据需要选择一种索引类型(此处没有主索引类型，因为只有在数据库表中才能建立主索引)，输入索引表达式，也可单击表达式列右边的按钮进入“表达式生成器”对话框生成索引表达式。

(4) 单击“确定”按钮。

注意：
- 索引表达式是由单个字段名或多个字段名组成的表达式。
- 通过表设计器建立的索引文件类型属于结构复合索引文件。

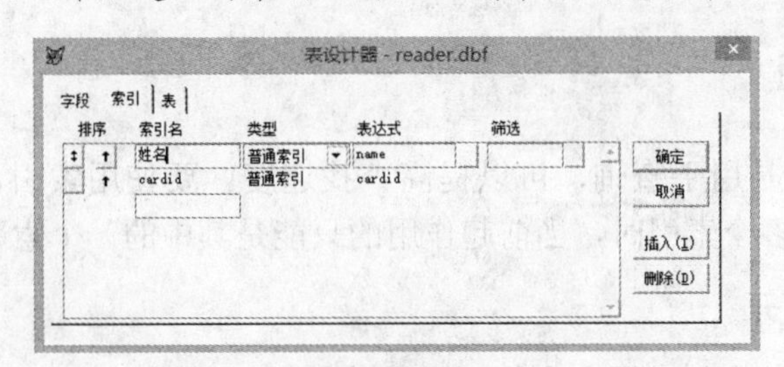

图 4-40　表设计器中的“索引”选项卡

2. 用命令建立索引文件

格式：INDEX ON<索引关键字|索引关键字表达式>TO<单索引文件>|TAG<索引标识名>

[OF <复合索引文件名>] [ASCENDING|DESCENDING] [UNIQUE|CANDIDATE] [ADDITIVE]

功能：对当前表文件按指定的关键字建立索引或增加索引标识。

说明：

(1) <索引关键字|索引关键字表达式>指定建立索引文件的关键字，可以是一个字段或多个字段组合成的关键字表达式，多个字段之间用“+”连接，主关键字在最前面，且数

据类型要相同，<索引关键字>可以是 N 型、C 型或 D 型。

(2) TO 子句建立单索引文件。

(3) TAG 子句建立复合索引文件及索引标识。不选 OF 子句时，建立的是与表同名的结构复合索引文件；选 OF 子句时，建立的是非结构化复合索引文件。

(4) ASCENDING 表示建立升序索引。

(5) DESCENDING 表示建立降序索引。

(6) UNIQUE 表示建立唯一索引。

(7) CANDIDATE 表示建立候选索引。

(8) ADDITIVE 表示建立索引文件时，不关闭当前索引。默认用 INDEX 命令建立索引文件时所有先前打开的索引将关闭。

(9) 该命令默认建立的是普通索引，不能建立主索引。

【实例 4-14】 索引文件的建立。

(1) 建立单项索引文件。

```
USE READER
INDEX ON CARDID TO KH          &&用借书卡号 CARDID 字段作为索引关键字建立普通索引，KH
                               &&为索引文件名
INDEX ON SEX+DEPT TO X         &&用性别 SEX 字段和所属学院 DEPT 字段作为索引关键字建立
                               &&普通索引，X 为单索引文件名
```

(2) 建立结构复合索引文件。

```
USE BOOK
INDEX ON PUBDATE TAG S1        &&用出版日期字段 PUBDATE 作为索引关键字建立索引标识
                               &&为 S1 的结构复合索引
```

提示： 当索引表达式由多个字段组成时，则多个字段之间必须用“+”连接。

4.5.4 索引的使用

索引的作用主要是用于查询，可以提高查找速度。要使用索引，必须先打开索引文件。当一个表建立了多个索引时，当前起作用的只能是其中的一个索引，称为主控索引。

1. 索引文件的打开

结构复合索引文件在打开同名表的同时自动打开，而要使用单索引文件必须先打开。打开索引文件的方式有两种：

(1) 打开数据表的同时打开。

格式：USE<表文件名>[INDEX<索引文件名表>]

(2) 单独打开当前表的索引文件。

格式：SET INDEX TO <索引文件名表>

上述两种方式均可一次打开一个或多个索引文件，此时<索引文件名表>中的第一个索引文件自动成为主控索引。

2. 设置主控索引

用 INDEX 命令建立的索引自动成为主控索引。

格式：SET ORDER TO <单索引文件名>|[TAG]<索引标识>

功能：指定某一个索引为主控索引。

【实例 4-15】 SET ORDER TO 的应用。

```
USE READER
SET INDEX TO KH.IDX,X.IDX     &&打开单索引文件 KH.IDX 和 X.IDX，KH.IDX 为主控索引
SET ORDER TO X                 &&设置 X.IDX 为主控索引
LIST                           &&显示记录，查看效果
USE
```

提示：
- 使用 SET INDEX TO <索引文件名表> 命令打开单索引文件时，<索引文件名表>中的第一个索引文件为主控索引。
- 使用 SET ORDER TO <单索引文件名>|[TAG]<索引标识>命令设置主控索引。

3. 删除索引

格式：DELETE TAG ALL|<索引标识 1>[,<索引标识 2>…]

功能：删除打开的复合索引文件的索引标识。

4. 索引的更新

在表中的记录发生变化时，打开的索引文件会随着表的变化而更新。但未打开的索引文件是不会自动根据表的变化进行更新的。要想更新这些未打开的索引文件，应首先打开这些文件，然后再使用以下更新索引命令。

格式：REINDEX[COMPACT]

功能：重建当前打开的索引文件。COMPACT 可将打开的单索引文件转为压缩单索引文件。

5. 索引的关闭

由于索引文件是依赖于数据表而存在的，所以关闭表文件时，其所有的索引文件也将自动关闭。单独关闭索引文件的命令格式如下：

格式 1：SET INDEX TO

功能：关闭当前工作区中打开的索引文件。

格式 2：CLOSE ALL

功能：关闭所有工作区中打开的索引文件。

4.5.5　索引查询

索引查询又叫快速查询，是按照表记录的逻辑位置进行查询，因此，索引查询要求被查询的表文件要建立并打开索引。在 VFP 中，可以用 SEEK 和 FIND 两个命令进行索引查询，其中 FIND 是为了与以前的版本兼容而保留的。

1. FIND 命令

格式：FIND<字符表达式>|<数值>

功能：在主控索引中查找索引表达式值与指定的字符表达式或数值常量相匹配的第一条记录。

说明：

(1) FIND 命令只能查找 C、N 型数据，字符串可以不使用定界符，但字符变量名必须用&运算符。

(2) 若找到满足条件的记录，则 FOUND()的值为.T.，RECNO()的值为当前记录号，EOF()的值为.F.。

(3) 若未找到，记录指针指向表文件尾。

(4) 若要查找下一条匹配的记录，可用 SKIP 命令。

【实例 4-16】 在 Reader 表中利用 FIND 命令查找记录。

```
USE Reader
SET INDEX TO KH,X                    &&打开单索引文件 KH.IDX 和 X.IDX
FIND stu000002                       &&查找读者卡号为“stu000002”的记录
?found()
```

执行结果为：.T.

```
DISP
X='stea000002'
FIND &X
?found()
```

执行结果为：.T.

2. SEEK 命令

格式：SEEK <表达式>

功能：在主控索引中查找索引表达式的值与指定表达式的值相匹配的第一条记录。

SEEK 命令和 FIND 命令的功能相似，不同之处在于：其后跟的是<表达式> 选项，能查找 C 型、N 型、D 型、L 型数据，如果查找 C 型常量，必须用定界符将 C 型常量括起来。

SEEK 命令和 FIND 命令都是将记录指针定位到满足条件的第一条记录，若要查找下一条匹配的记录，可用 SKIP 命令。

【实例 4-17】 SEEK 命令的应用。

```
USE READER
SET INDEX TO KH,X
SEEK 'stu000002'                     &&查找 carid 值为 stu000002 的第一条记录
?found()                             &&执行结果为：.T.
DISP
X='stea000002'
SEEK X                               &&查找 carid 值为 X 值的第一条记录
?found()                             &&执行结果为：.T.
```

4.6　记录的统计与计算

1. 统计记录个数命令

格式：COUNT[<范围>][FOR<条件>] [WHILE<条件>][TO<内存变量>]

功能：统计当前表中指定范围内满足条件的记录个数。

【实例 4-18】 对读者表(Reader)分别统计男女读者的人数。

```
USE READER
COUNT FOR  SEX='女'  TO  x1
COUNT FOR  SEX='男'  TO  x2
?x1,x2                                    &&执行结果为:4      6
```

2. 求数值表达式之和与平均值命令

格式：SUM|AVERAGE[<表达式表>][<范围>] [FOR<条件>]|[WHILE<条件>][TO<内存变量表>]|[TO ARRAY<数组>]

功能：对当前表中指定范围内符合条件的数值表达式中的各表达式求和或平均值，且将结果依次存入内存变量表中的变量或数组中。

【实例 4-19】 求图书表(Book)中 2012 年出版的图书的价格的总和及平均值。

```
USE BOOK
SUM PRICE FOR YEAR(PUBDATE)=2012 TO A                    &&求和
AVERAGE  PRICE FOR YEAR(PUBDATE)=2012 TO B               &&求平均值
```

执行结果为：

```
price
65.00
price
32.50
```

3. 计算命令

格式：CALCULATE <表达式表>[<范围>][FOR<条件>]|[WHILE<条件>][TO<内存变量表> |TO ARRAY<数组>]

功能：对当前表中的字段或由字段组成的表达式进行统计运算。<表达式表>中的表达式至少包含一种统计函数。VFP 提供了以下 7 种统计函数。

- AVG(<数值表达式>)：求数值表达式的平均值。
- CNT()：统计表中指定范围内满足条件的记录个数。
- MAX(<表达式>)：求表达式的最大值，表达式可以是数值型、日期型或字符型。
- MIN(<表达式>)：求表达式的最小值，表达式可以是数值型、日期型或字符型。
- SUM(<数值表达式>)：求表达式之和。
- STD(<数值表达式>)：求数值表达式的标准偏差。
- VAR(<数值表达式>)：求数值表达式的均方差。

例如：求图书表(Book)中图书价格的最大值、最小值、平均值、总和，在命令窗口输入如下命令：

```
USE BOOK
CALCULATE MAX(PRICE),MIN(PRICE),AVG(PRICE),SUM(PRICE)
```

执行结果为：

```
MAX(price)   MIN(price)   AVG(price)   SUM(price)
        90           23        48.23       339.00
```

对于上述的 SUM、AVERAGE、CALCULATE 三个统计命令，VFP 默认其统计结果在主窗口中显示。用户可以通过结果显示控制命令 SET TALK ON | OFF 来进行设置，默认为 ON，表示要显示；若选择 OFF，则不显示。

4. 分类汇总

格式：`TOTAL ON<关键字表达式> TO <文件名> [FIELDS<数值型字段名表>][<范围>][FOR <条件>][WHILE<条件>]`

功能：对已排序或已索引过的表，将指定范围内符合条件的记录，按<关键字表达式>进行分类统计，并把统计结果存放在<文件名>指定的表中。

说明：

(1) 选用 FIEIDS<数值型字段名表>子句时，将具体指出要汇总的数值型字段，省略则对表中所有的数值型字段进行汇总。

(2) 省略<范围>时，默认值是 All。

(3) 分类汇总是把所有具有相同关键字表达式值的记录合并成一条记录，对数值字段进行求和，对其他字段则取每一类中第一条记录的值。因此，为了进行分类汇总，必须对当前表按<关键字表达式>进行排序或建立索引文件。

(4) 如果分类汇总的值超过字段所能容纳的宽度时，VFP 系统会在这个字段上放入若干个*号，为了避免这种情况，可以利用 MODIFY STRUCTURE 命令增加当前表中该字段的宽度，使其能容纳分类汇总之和。

【实例 4-20】 对图书表(Book)，按出版社对价格 PRICE 进行汇总。

```
USE BOOK
INDEX ON PUBLISH TAG XBZH
TOTAL ON  PUBLISH TO HZ
USE HZ
BROWSE
```

正确执行以上命令后，显示结果如图 4-41 所示。

Hz

Bookid	Bookname	Editor	Price	Publish	Pubdate	Qty
000008	大学英语	赵乐楚	34	北京外国语出版社	06/18/14	18
000005	计算机网络基础	刘峰	30	北京邮电出版社	08/12/12	20
000002	VB程序设计	刘艺华	78	高等教育出版社	08/02/09	136
000003	计算机审计基础	张浩	90	机械工业出版社	04/02/10	42
000001	数据库应用技术	车蕾	36	清华大学出版社	02/01/10	5
000004	大学语文	谭一阔	23	水电出版社	10/12/11	34
000009	计算机网络基础	谭玉龙	48	水利水电出版社	03/12/13	40

图 4-41　按出版社汇总的结果

提示： 分类汇总之前必须按分类汇总字段进行索引或排序。

4.7　数据表的过滤

VFP 通过设置一个称为“过滤器”的工具来筛选表的显示输出，类似于 BROWSE 等命令含有 FOR 和 FIELDS 子句，但使用命令时只能生效一次。过滤器分为以下两种：

- 记录过滤器：记录过滤器可以将符合条件的记录保留下来，将不符合条件的记录过滤掉。过滤和删除是两个完全不同的概念，过滤只是为用户提供一个用户视图进行操作，不满足条件的记录仍然存在，只是当时不参与操作。操作完毕后，只要取消过滤器便可恢复被过滤掉的那些记录。
- 字段过滤器：字段过滤器将指定的字段留下来，将其他字段过滤掉，在以后的命令中可以不再指定字段名，只对留下来的字段进行操作。

4.7.1　记录过滤

设置“记录过滤”可以通过菜单操作和 SET FILTER TO 命令两种方式来实现。

1. 菜单操作

以实例 4-21 为例说明操作方法。

【实例 4-21】 从读者表(Reader)中提取出“信息工程学院”的读者信息。

操作步骤如下：

(1) 打开表的“浏览”窗口，选择“表”|“属性”菜单命令，打开“工作区属性”对话框，如图 4-42 所示。

(2) 在“工作区属性”对话框中单击“数据过滤器”文本框右边的...按钮，打开“表达式生成器”对话框，如图 4-43 所示。

(3) 在“SET FILTER 表达式”编辑框中生成表达式“Reader.dept="信息工程学院"”如图 4-43 所示，单击“确定”按钮，返回到“工作区属性”对话框，再单击“确定”按钮，此时，“浏览”窗口中的记录只显示符合过滤条件的记录，如图 4-44 所示。

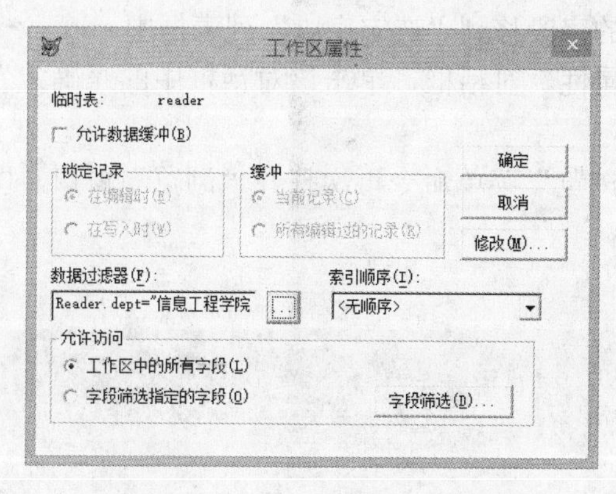

图 4-42　“工作区属性”对话框

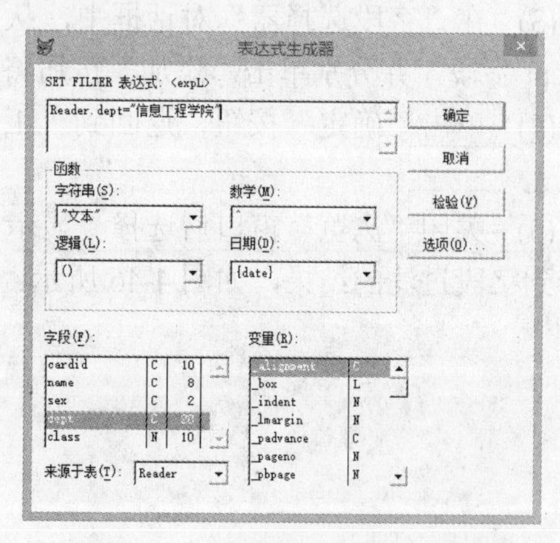

图 4-43　“表达式生成器”对话框

Reader

Cardid	Name	Sex	Dept	Class
stu000001	张晓峰	女	信息工程学院	1
stu000003	李小燕	女	信息工程学院	2

图 4-44　实例 4-21 的显示结果

提示： 过滤掉的记录只是暂时隐藏起来，可以用 SET FILTER TO 命令取消过滤。

2. 命令方式

格式：SET FILTER TO [<条件>]

功能：从当前表中过滤出符合指定条件的记录，随后的操作仅限于这些记录。

说明：省略<条件>时表示取消所设置的过滤器。

例如：用命令实现实例 4-21，在命令窗口输入以下命令：

```
USE READER
SET FILTER TO DEPT='信息工程学院'
```

4.7.2　字段过滤

设置“字段过滤”可以通过菜单操作和 SET FIELDS TO 命令两种方式来实现。

1. 菜单操作

以实例 4-22 为例说明操作方法。

【实例 4-22】 指定访问读者表(Reader)的读者号(Cardid)、姓名(Name)和所属学院(Dept)。

操作步骤如下：

(1) 打开表的“浏览”窗口，选择“表”|“属性”菜单命令，打开“工作区属性”对话框。

(2) 在“工作区属性”对话框中的“允许访问”选项组中选择“字段筛选指定的字段”单选按钮，单击“字段筛选”按钮打开“字段选择器”对话框，如图 4-45 所示。

(3) 在“字段选择器”对话框中，从“所有字段”列表框中依次选取 cardid、name、和 dept 字段，并分别单击“添加”按钮将选取的字段移到“选定字段”列表框中。

(4) 单击“确定”按钮，返回到“工作区属性”对话框，单击该对话框中的“确定”按钮。

(5) 关闭“浏览”窗口后选择“显示”|“浏览”菜单命令再次打开“浏览”窗口，即可看到字段过滤的结果，如图 4-46 所示。

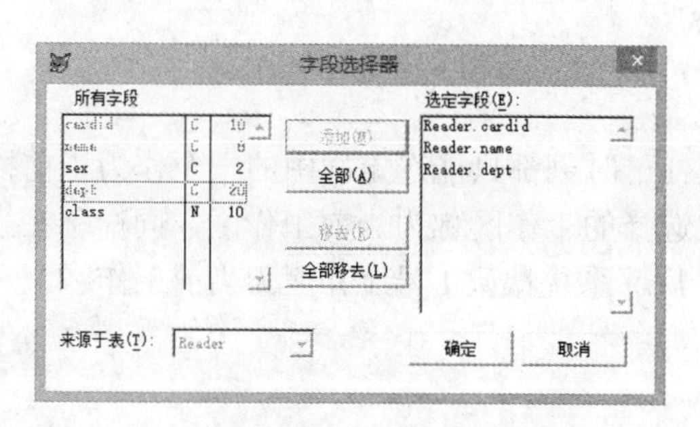

图 4-45　“字段选择器”对话框

Reader

Cardid	Name	Dept
stu000001	张晓峰	信息工程学院
stu000002	赵琳	建筑工程学院
stu000003	李小燕	信息工程学院
stu000004	刘一阔	能环学院
stea000001	王建军	教务处
stea000002	赵军	建筑工程学院
stu000005	藏天佑	机械学院
stu000006	龙飞	煤炭学院
stea000003	梁峰	人事处
stu000007	张哲	人文学院
stu000015	司马相如	计算机学院

图 4-46　实例 4-22 的显示结果

提示： 过滤掉的字段只是暂时隐藏起来，当把该表关闭并再次打开后，字段过滤器失效。

2. 命令方式

格式：`SET FIELDS TO [<字段名表>|ALL]`

功能：为当前表设置字段过滤器。

说明：

(1) <字段名表>是希望访问的字段名称列表，各字段之间用“,”分隔，ALL 选项表示所有字段都在字段表中。

(2) 命令 SET FIELDS ON|OFF 用于决定字段名表是否有效。当设置字段过滤器时，SET FIELDS 自动设置为 ON，表示只能访问字段名表指定的字段；将 SET FIELDS 设置为 OFF，表示取消字段过滤器，恢复原来状态。

4.8 多表操作

前面介绍的表操作都是针对一张表进行的，在解决实际问题时，往往需要对多张表进行相关的操作。在 VFP 中，是通过工作区和表间的关联来实现多表操作的。

4.8.1 工作区的概念

工作区是 VFP 在内存中开辟的有编号的内存区域，可以用它来标识一个打开的表。每个工作区中一次只能打开一个表文件。若要同时打开多个表，就需要在内存中开辟多个工作区，并在每个工作区分别打开不同的数据表。

1. 工作区编号及别名

VFP 提供了 32767 个工作区，分别用数字 1～32767 来表示。其中，为可能经常使用的 1～10 号工作区还规定了别名 A～J。每个工作区还有另外一个别名，就是用户自己定义的名称(表别名)。打开表并为其指定别名的命令如下：

格式：`USE [<表名>][ALIAS<别名>|IN 工作区号]`

功能：在打开表的同时为表指定一个别名，若省略 ALIAS<别名>子句，默认表名与表的别名相同。

2. 当前工作区及当前表

用户虽然可以同时使用多个工作区，但在任一时刻都只能选定其中的一个作为当前操作的工作区，称为当前工作区。用户最后一次选择的工作区称为当前工作区，同样称在当前工作区中打开的表文件为当前表。启动 VFP 后，系统默认 1 号工作区为当前工作区。

4.8.2 工作区的选择及数据引用

1. 当前工作区的选择

格式：SELECT <工作区号>|<别名>

功能：选择<工作区号>作为当前工作区，或选择表别名代表的表打开时所在的工作区为当前工作区。

说明：

(1) 命令 SELECT 0 表示选择尚未使用的编号最小的工作区为当前工作区。

(2) 通过工作区编号或别名均可选择当前工作区。

(3) 当前工作区被改变，不会改变各工作区已打开表的记录指针的位置。

2. 引用其他工作区的表数据

在 VFP 中，引用打开表的字段名变量的正确格式如下：

<别名>.<字段名>或<别名>-><字段名>

4.8.3 工作区的使用规则

工作区的使用规则如下：

(1) 每个工作区只能打开一个表文件(可以同时打开与此表文件相关的若干个辅助文件)，每一时刻只能选择一个工作区进行操作。

(2) 同一表文件能在多个工作区中打开。

(3) 当前选择的工作区称为主工作区，在其内打开的数据表为主表；其他工作区称为别名工作区，在其内打开的数据表称为别名表。

(4) 各工作区中打开的数据表都有各自的记录指针，若各表之间未建立逻辑关联，则对主工作区进行的各种操作都不影响其他工作区中数据表记录指针的位置。

(5) SELECT()函数可以返回当前工作区编号。

4.8.4 数据工作期

数据工作期是多表操作的动态工作环境，每个数据工作期都包含有相应的一组工作区，这些工作区含有打开的表、表的索引、表的结构和表之间的关系。在“数据工作期”窗口中单击“打开”按钮可以将需要的表打开；单击“浏览”按钮，可以浏览该表；单击“属性”按钮可以修改表的结构。利用“数据工作期”窗口可以方便地了解数据工作期的当前状态。

选择“窗口”|“数据工作期”菜单命令或在命令窗口中输入 SET 命令，将打开如图 4-47 所示的“数据工作期”窗口，并将显示在当前数据工作期中所有正在使用的工作区。

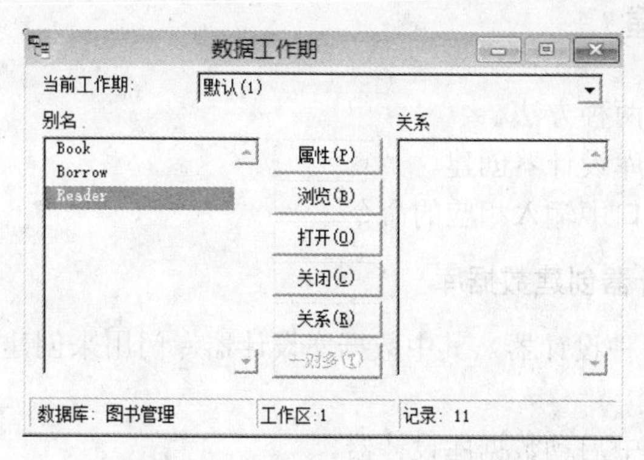

图 4-47　“数据工作期”窗口

4.8.5　工作区操作示例

【实例 4-23】 引用在其他工作区打开表的字段。查看读者“张晓峰”所在的学院及所借图书的书名、作者、出版社。

```
SELE 1
USE READER
LOCATE FOR NAME='张晓峰'                  &&查找姓名为“张晓峰”的读者
SELE 2
USE BORROW
LOCATE FOR CARDID=A.CARDID               &&通过读者号 CARDID 在借阅表(BORROW)
                                         &&中查找“张晓峰”所借阅图书的记录
SELE 3
USE BOOK
LOCATE FOR BOOKID=B.BOOKID               &&通过图书号 BOOKID 在图书表(BOOK)中
                                         &&查找“张晓峰”所借阅图书的信息
DISP A.NAME,A.DEPT,BOOKNAME,EDITOR,PUBLISH
```

执行结果如图 4-48 所示。

记录号	A->NAME	A->DEPT	BOOKNAME	EDITOR	PUBLISH
1	张晓峰	信息工程学院	数据库应用技术	车蕾	清华大学出版社

图 4-48　实例 4-23 的执行结果

提示：在当前工作区引用其他工作区打开表的字段时，需要在字段名前加表名。

4.9　数据库操作

数据库作为一种容器，包含一个或多个表、表之间的关系、基于表的视图与查询以及有效管理数据库的存储过程等。要创建数据库，首先要创建数据库容器，然后将其中包含的对象添加进去。

数据库对应于磁盘上的一个扩展名为.dbc 的文件。在创建数据库文件时，系统自动生成同名的扩展名为.dct 和.dcx 的数据库备注文件和数据库索引文件。

4.9.1 数据库的创建

创建数据库主要有两种方法。

方法一：利用数据库设计器创建。

方法二：在命令窗口中输入相应的命令。

1. 利用数据库设计器创建数据库

VFP 6.0 提供了多种设计器，其中数据库设计器专门用来创建数据库。数据库设计器的启动方式有两种。

(1) 在项目管理器中启动数据库设计器。

打开一个项目文件，如“图书管理”，在项目管理器中选择 “数据”选项卡中的“数据库”选项，再单击项目管理器右侧的“新建”按钮，打开“新建数据库”对话框。单击“新建数据库”按钮打开“创建”对话框，在“创建”对话框中选择数据库存放的位置如“E:\图书管理”，输入数据库的名称如“图书管理系统”，单击“保存”按钮，打开数据库设计器窗口，如图 4-49 所示。

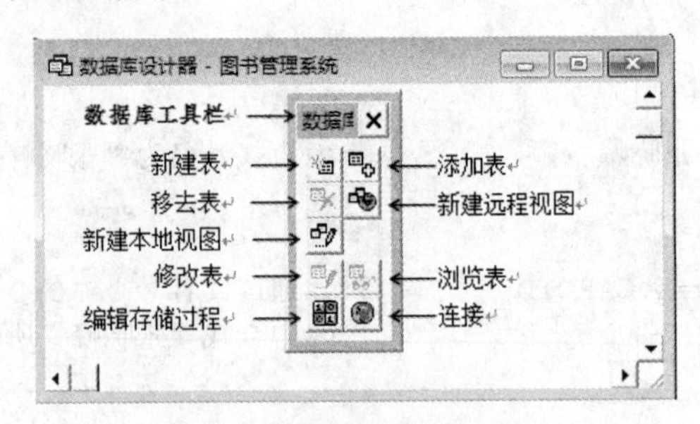

图 4-49 “数据库设计器”窗口

(2) 通过菜单或工具按钮启动数据库设计器，操作步骤如下：

选择“文件”|“新建”菜单命令(或单击常用工具栏上的“新建”按钮)，打开“新建”对话框，在“文件类型”对话框中选中“数据库”单选按钮，单击“新建文件”按钮，打开“创建”对话框，在“创建”对话框中选择保存位置并输入数据库的名称后，单击“保存”按钮，打开如图 4-49 所示的数据库设计器窗口。

2. 用命令建立数据库

格式：`CREATE DATABASE [<数据库名>|?]`

功能：创建由数据库名指定的数据库，若选“?”或不指定<数据库名>，执行此命令时会打开“创建”对话框，然后输入数据库名。

说明：

如果新建的数据库在指定位置上已存在，并且已设置 SAFETY 为 ON，则会弹出如图 4-50 所示的提示对话框，提示数据库已经存在，是否改写。单击“是”按钮，以前创建的数据库被覆盖。如果 SAFETY 设置为 OFF，则不提示而直接覆盖。

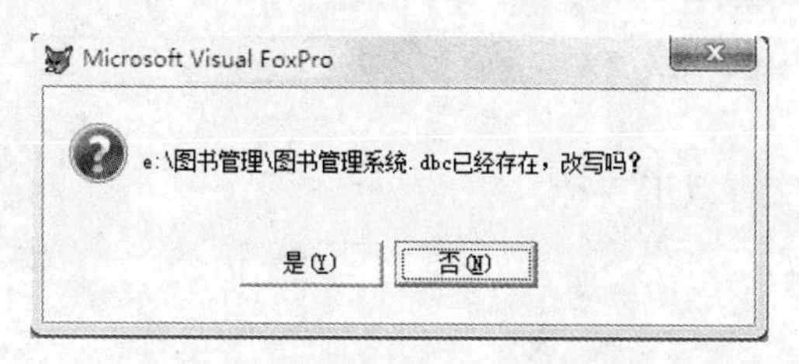

图 4-50　文件已经存在提示框

使用命令建立数据库后不打开数据库设计器窗口，数据库只是处于打开状态。这时，可以用命令 MODIFY DATABSE 打开数据库设计器窗口，也可以不打开数据库设计器窗口，而继续以命令方式操作。

【实例 4-24】 建立“图书管理系统”数据库。

在命令窗口输入：

```
CREATE DATABASE 图书管理系统 &&在当前文件夹下建立一个名为“图书管理系统”的数据库
```

提示：
- 此时建立的数据库只是一个空的数据库，没有任何数据，也不能直接往设计器中输入数据，但可以向数据库中添加表、视图等对象。
- 利用设计器创建数据库后，菜单栏上会自动增加“数据库”菜单。
- 还可以使用向导创建数据库，使用向导建立的数据库不是空的数据库。

4.9.2　在项目中添加数据库

用户可以在项目中建立数据库，也可以将已有的数据库添加到某项目中。

例如：将已建立的“图书管理系统”数据库添加到“图书管理”项目中。

操作步骤如下：

(1) 打开项目文件“图书管理”。

(2) 在项目管理器中切换到“数据”选项卡，选中“数据库”选项。

(3) 单击“添加”按钮，在“打开”对话框中选择“图书管理系统”数据库，如图 4-51 所示，单击“确定”按钮。

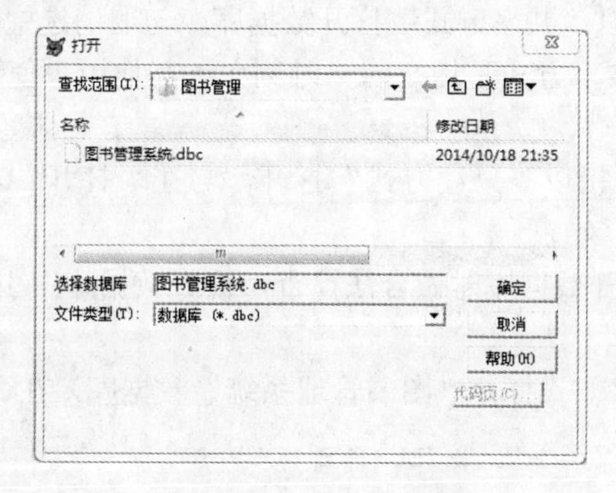

图 4-51　“打开”对话框

4.9.3 数据库的基本操作

1. 数据库的打开

打开已存在的数据库有以下三种方法。

1) 用菜单打开

操作步骤如下：

(1) 选择“文件”|“打开”菜单命令或工具栏上的“打开”按钮，弹出“打开”对话框。

(2) 在“文件类型”下拉列表框中选择“数据库”选项，这时可在文件列表框中看到“图书管理系统.dbc”数据库文件，将其选定。

(3) 单击“确定”按钮。

2) 在项目管理器中打开数据库

使用该方法的前提是数据库已经添加到项目管理器中。

例如：在“图书管理”项目中打开“图书管理系统”数据库。

操作步骤如下：

(1) 打开项目文件“图书管理”。

(2) 在项目管理器中选择“数据”选项，然后单击“数据库”左边的“+”，再单击“图书管理系统”。

(3) 单击“修改”按钮。

3) 在命令窗口中用 OPEN DATABASE 命令打开

格式：OPEN DATABASE [数据库名|?][EXCLUSIVE|SHARED][NOUPDATE][VALIDATE]

功能：以指定方式打开一个已经存在的数据库。

说明：

(1) 命令中的数据库名用于指定被打开的数据库，如果用“?”，会弹出“打开”对话框，然后在“打开”对话框中选择要打开的数据库。

(2) EXCLUSIVE 是指以“独占方式”打开数据库，与选中“打开”对话框中的“独占”复选框是等效的。所谓独占方式，是指在同一时刻不允许其他用户使用数据库，可以对数据库进行修改操作。

(3) SHARED 是指以“共享方式”打开数据库，与取消选中“打开”对话框中的“独占”复选框是等效的。共享方式是指在同一时刻允许其他用户使用数据库，不可以对数据库进行修改操作。

(4) NOUPDATE 是指以“只读方式”打开，与在“打开”对话框中选中“以只读方式打开”复选框等效。

VALIDATE 指明打开数据库时做合法检查，检查数据库中引用的对象(如表、索引等)是否存在。

例如：以只读、独占方式打开“图书管理系统”数据库，在命令窗口输入以下命令：

```
OPEN DATABASE 图书管理系统 EXCLUSIVE NOUPDATE
```

2. 数据库的关闭

关闭数据库有以下两种方法。

(1) 如果数据库是在项目管理器中打开的，则在项目管理器中选中要关闭的数据库，单击项目管理器右侧的“关闭”按钮即可。

(2) 用 CLOSE 命令关闭。

格式：`CLOSE DATABASE [ALL]`

功能：关闭当前数据库及所有数据库表。若使用 ALL 子句，关闭所有打开的数据库和数据库表。

3. 数据库的修改

前面介绍过，在创建数据库时会同时产生*.dbc、*.dct、*.dcx 三个文件，由于不能直接修改这三个文件，因此修改数据库的方法是：打开数据库设计器，对库中相关的对象逐一进行修改，包括对库中对象的建立、删除和修改；或通过数据库菜单、数据库设计器工具栏进行相应的操作。当利用项目管理器或“文件”菜单打开数据库时都可以打开数据库设计器；而用 OPEN DATABASE 命令打开数据库时，数据库设计器并不会被打开，要打开数据库设计器需要使用 MODIFY DATABASE 命令。

格式：`MODIFY DATABASE [<数据库名>|?][NOEDIT][NOWAIT]`

功能：打开数据库设计器，使用户能够交互地修改当前使用的数据库。在修改数据库之前必须以“独占方式”打开数据库。

说明：

(1) 使用子句 NOEDIT 打开数据库时，禁止对数据库进行修改。

(2) NOWAIT 子句在程序方式下有效，打开数据库设计器后，程序继续执行。省略此参数，打开数据库后，程序暂停执行，当数据库设计器关闭后则继续执行，在交互方式下 NOWAIT 无效，将继续执行其后的操作命令。

4. 数据库的删除

格式：`DELETE DATEBASE <数据库名>|? [DELETE TABLES][RECYCLE]`

功能：从磁盘上删除<数据库名>指定的数据库，被删除的数据库必须处于关闭状态。

说明：

(1) 选择[DELETE TABLES]子句表示在删除数据库的同时也从磁盘上将数据库表删除。

(2) 选择[RECYCLE]子句表示将删除的数据库与表放入 Windows 回收站中。

提示：删除数据库时应先将数据库中的表移去，否则会影响表的使用。

4.9.4　数据库对表的管理

数据库作为一种容器，可以包含表和视图等对象，当其为空时，没有任何意义。与数据库有关联的表就是数据库表。数据库表有两个来源，一是在数据库中创建表，创建的表自然就与数据库有了关联；二是将已有的自由表添加到数据库中，使表与数据库建立关联。

1. 为数据库添加表

1) 建立新表

- 单击“数据库设计器”工具栏中的“新建表”按钮，或选择“数据库”|“新建表”菜单命令，像前面新建自由表一样建立一个属于数据库的表，具体操作参照4.1节的内容。
- 用命令方式建表。打开数据库后用CREATE命令建表。

【实例4-25】 CREATE命令的应用。

建立一个名为“管理”的数据库。在数据库中建一个“读者”表，表的结构为读者号C(10)、姓名C(8)、性别C(2)、系别C(20)、等级N(10)。命令如下：

```
CREATE DATABASE 管理
CREATE TABLE 读者(读者号 C(10)，姓名 C(8)，性别 C(2)，系别 C(20)，等级 N(10))
APPEND    &&输入数据
LIST
CLOSE ALL
```

提示：新建的表为数据库表。

2) 将自由表添加到数据库中

- 用菜单方式添加表。选择“数据库”|“添加表”菜单命令，或是在数据库设计器窗口的空白处右击，在弹出的快捷菜单中选择“添加表”命令，然后在弹出的“打开”对话框的文件列表框中选择一个要添加的表文件，单击“确定”按钮即可。
- 用“数据库设计器”工具栏中的“添加表”按钮添加表。单击“数据库设计器”工具栏中的“添加表”按钮，在弹出的“打开”对话框的文件列表框中选择一个要添加的表文件，单击“确定”按钮即可。
- 在“项目管理器”对话框中展开“数据库”选项，选中“表”选项，然后单击“添加”按钮，如图4-52所示，在弹出的“打开”对话框的文件列表框中选定一个要添加的表文件，单击“确定”按钮即可。

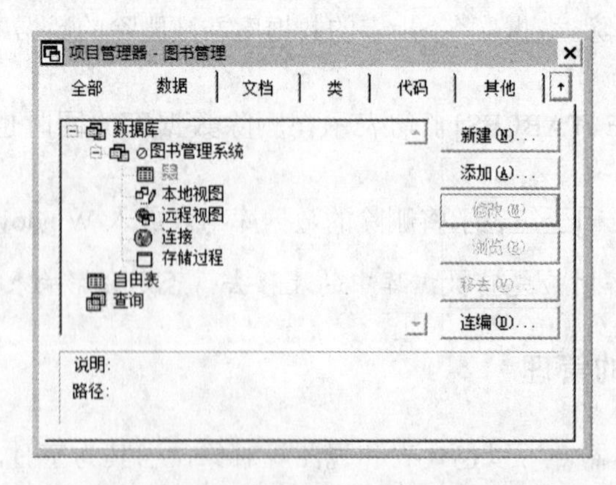

图4-52 “项目管理器”中的“数据库”选项

3)　用命令方式添加表

格式：`ADD TABLE <表名>|?[NAME <表名>]`

功能：向当前数据库添加一个由<表名>指定的自由表。

说明：

(1) 选择“?”项将弹出“打开”对话框，供用户选定一个自由表。

(2) NAME<表名>用于指定表的长名。长表名可为 1～128 个字符，用来取代扩展名为.DBF 的短表名。

例如：打开“图书管理系统”数据库，并向其中添加自由表 READER.DBF 的命令如下：

```
OPEN DATABASE 图书管理系统
ADD TABLE READER
```

这时 READER.DBF 表就成为数据库表。

2. 数据库表的移出与删除

1)　数据库表的移出

- 在“数据库设计器”中，将鼠标指向该表并右击，在弹出的快捷菜单中选择“删除”命令，弹出如图 4-53 所示的信息提示框。单击“移去”按钮，则数据库表变为自由表；若单击“删除”按钮，则将此表从磁盘删除。

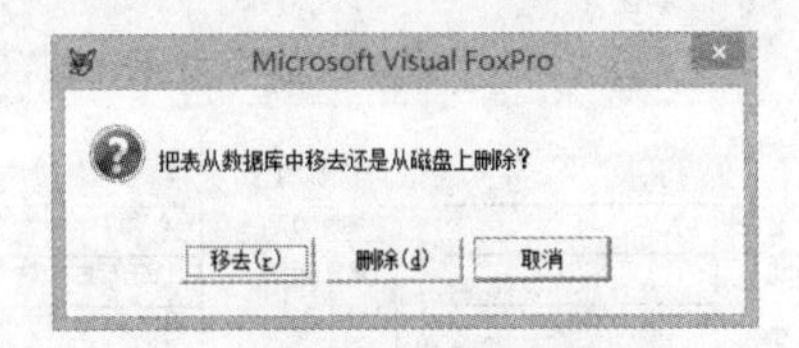

图 4-53　移去确认对话框

- 在“项目管理器”对话框中展开“数据库”选项，选中要移去的表，单击“移去”按钮，弹出如图 4-53 所示的信息提示框。单击“移去”按钮，数据库表变为自由表；若单击“删除”按钮，此表从磁盘删除。
- 使用 REMOVE TABLE 命令。

格式：`REMOVE TABLE[<表文件名>|?][DELETE][RECYCLE]`

功能：从当前数据库中移去由表文件名指定的表。若选 DELETE 子句，在将表移出的同时从磁盘上删除；若选 RECYCLE 子句，将表放入 Windows 回收站。

例如：打开“图书管理系统”数据库，将其中的数据库表 READER.DBF 移出，在命令窗口输入以下命令：

```
OPEN DATABASE 图书管理系统
REMOVE TABLE READER
```

这时 READER.DBF 表就成为自由表。

2)　数据表的删除

(1) 用键盘删除数据库表。

在上面介绍的从数据库中移出表的操作时，在如图 4-53 所示的对话框中单击“删除”

按钮，即可将数据库删除。另一个简单的方法就是在数据库设计器中，直接选中要删除的数据库表，按 Delete 键来删除。

(2) 用命令删除数据库表。

格式：DROP TABLE<表名>[RECYCLE]

功能：在当前数据库中，移出并删除由<表名>指定的数据库表。若选择 RECYCLE 子句，则将表放入 Windows 回收站。该命令也可以删除磁盘上的自由表。

4.9.5 数据库表的基本操作

将自由表添加到一个数据库后，便可以获得许多自由表没有的高级属性，包括字段属性、字段及记录的有效性规则、触发器等。这些属性将作为数据库的一部分被保存，直到表被移出数据库。

要设置数据库表的字段属性，应首先打开数据库表的“表设计器”。打开数据库表的“表设计器”的一般方法是，在数据库设计器窗口中选择表并右击，在弹出的快捷菜单中选择“修改”命令，即可打开该数据库表的“表设计器”，如图 4-54 所示。

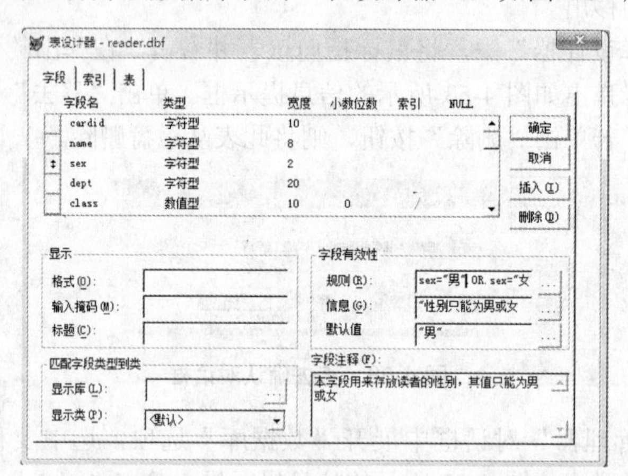

图 4-54 数据库表的“表设计器”对话框

1. 设置数据库表的字段属性

数据库表的字段属性包括字段的字段名、显示格式、输入掩码、标题、注释及字段的有效性规则等。

1) 字段名

数据库表设计器支持长字段名，字段名最长可达 128 个字符，当表移出数据库成为自由表时，字段名被截成 10 个字符(自由表的字段名最长为 10 个字符)。若长字段名的前 10 个字符在表中不唯一，则取字段名前几个字符后，在后面追加顺序号，共同组成长度为 10 个字符的字段名。设置字段名的方法是：在数据库表设计器中，单击选中某字段直接修改其字段名即可。

2) 显示属性

- 格式：即输出掩码，用于决定字段在浏览窗口、报表或表单中的数据显示风格(只是显示样式，不改变存储格式)。

- 输入掩码：它是数据库表字段的一种属性，用于控制用户输入的格式，减少人为的数据输入错误。
- 标题：在浏览窗口和表单上显示的字段的标题。具体设置方法如下：

单击选中某字段，如 cardid 字段，然后在“显示”框的“标题”文本框中输入要显示的字段标题，如“读者编号”，单击“确定”按钮，则浏览表时显示的是设置的字段标题“读者编号”而不是字段变量名。为字段设置标题，只是为了显示需要，并不改变原字段的变量名，在对表操作时，必须使用字段名而不是字段标题。

3)　字段注释

字段注释主要起解释作用，说明字段的含义。当在项目管理器中选择了表中的某个字段时，在项目管理器底部会出现该字段的注释内容。例如，在读者表(Reader)设计器中选中 sex 字段，然后在字段注释框中输入“本字段用来存放读者的性别，其值只能为男或女”，如图 4-54 所示。

4)　字段有效性

有效性规则只存在于数据库中，是一个与字段相关的表达式，通过这个表达式对用户输入的数据进行约束、验证。

(1)　规则。

“规则”文本框用于输入针对字段数据的有效性规则。如读者的性别只能是“男”或“女”的有效性规则的设置方法是：在“表设计器”中单击选中 sex 字段，然后在规则框中输入逻辑表达式(也可单击规则框右边的“…”启动表达式生成器来完成)：sex='男' OR sex= '女'。设置好后，当对 sex 字段进行编辑操作时，数据必须符合有效性规则，否则系统将拒绝该数据并显示出错信息。

(2)　信息。

当用户输入的信息不满足有效性规则时出现的提示信息，如读者表(Reader)中 sex 字段的有效性规则设置为：“性别只能为男或女，请重新输入”。

(3)　默认值。

指创建新记录时自动输入的字段值，根据字段的类型来确定，如要设置 sex 字段的默认值为“男”，则在默认值文本框中输入"男"即可。

设置 sex 字段的有效性规则如图 4-54 所示，当 sex 字段输入的数据不满足规则时，系统会弹出信息提示框，如图 4-55 所示。

图 4-55　提示信息框

2．设置表属性

数据库表不但具有字段属性，而且数据库表及表中的记录也有许多特性。在数据库表设计器中的“表”选项卡中可以设置表的有关属性，如图 4-56 所示。

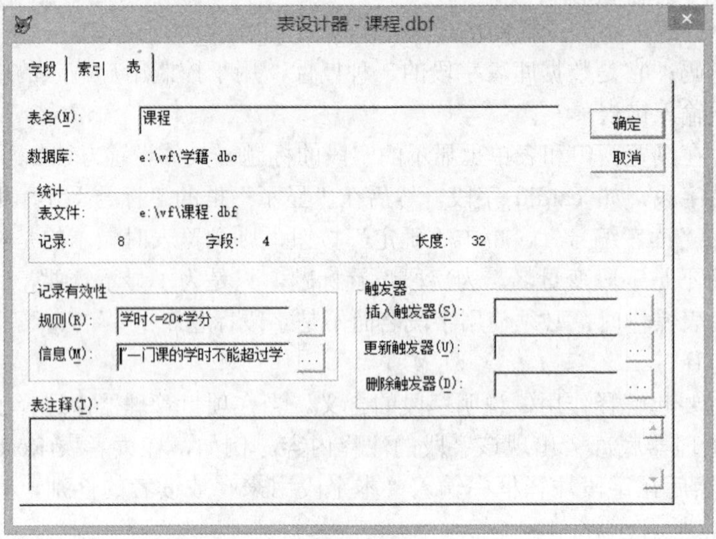

图 4-56　数据库表设计器中的“表”选项卡

1)　表名

数据库表的表名最长可以为 128 个字符，当表被移出数据库时，长表名被截为系统要求的短表名。

2)　记录有效性

(1)　规则。用于控制输入到数据库表中的数据是否合法有效。对记录进行修改或输入数据时，若光标离开当前记录则会对整个记录进行检查。例如：在“课程”表中要求“学时”字段的取值小于或等于“20*学分”，可输入表达式“学时<=20*学分”，在“信息”文本框中输入“一门课的学时不能超过学分的 20 倍”，具体设置如图 4-56 所示。

(2)　信息。设置了记录的有效性规则后，一旦输入或修改的记录不符合规则时显示的提示信息。

3)　触发器

触发器是当用户对数据库表中的记录进行插入、更新或删除时运行的一个逻辑表达式或存储过程，主要用来保证数据库中数据的完整性。设置触发器后，对表进行操作时，触发器就会启动并检查操作是否符合触发器规则，该规则可以是逻辑表达式，也可以是用户的自定义函数。在“表”选项卡的“触发器”选项组内有“插入触发器”、“更新触发器”、“删除触发器”三个文本框，分别用来输入对应的规则。

(1)　插入触发器。

用于输入向表中插入或追加记录时触发的有效规则。每当用户向表中插入或追加记录时，将触发此规则并进行相应的检查。当表达式或自定义函数的结果为“假”时，插入的记录将不被接受。

(2)　更新触发器。

用于更新记录时触发的有效规则。每当用户对表中的记录进行修改时，将触发此规则并进行相应的检查。当表达式或自定义函数的结果为“真”时，保存修改后的记录内容；否则所做的修改将不被接受。

(3) 删除触发器。

用于删除记录时触发的有效性规则。每当用户对表中记录进行删除时，将触发此规则并进行相应的检查。当表达式或自定义函数的结果为“假”时，记录将不能被删除。如为读者表(Reader)设置一个删除触发器，但不能删除男读者的记录，设置如图 4-57 所示。则当对 sex 值为男的记录进行逻辑删除时，就会激活删除触发器，并出现如图 4-58 所示的提示对话框。

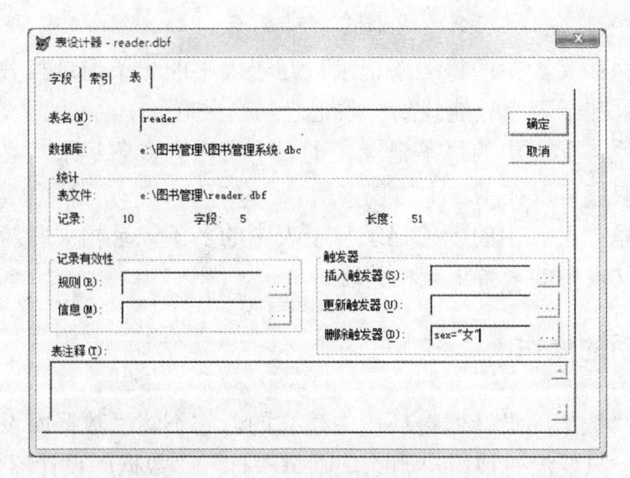

图 4-57　“删除触发器”设置

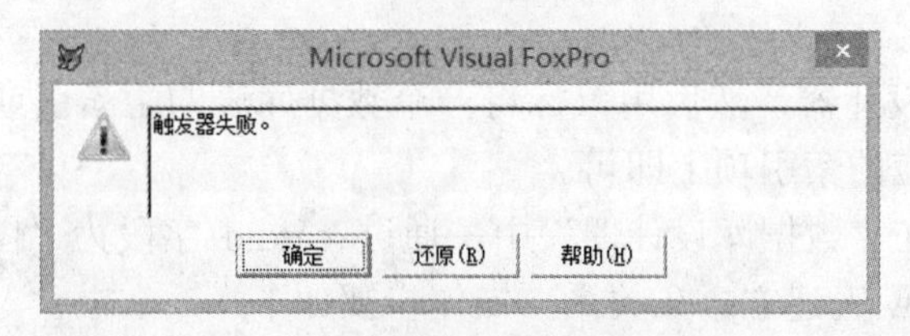

图 4-58　触发器失败警告信息

(4) 表注释。

用于输入对表的说明信息，当在项目管理器中选定一个表时，此信息会显示在项目管理器的底部。

4.10 表间关系

4.10.1 表间关系的相关知识

1. 永久关系和临时关系

表之间的关系分为临时关系和永久关系。具有永久关系的表只能是数据库表，这种关系不但在运行时存在，而且一直保留到表被移出数据库为止。永久关系是数据库表具有的一种特性，自由表只能在运行时建立临时关系，运行结束后关系就不存在了。

表之间的临时关系通常称为“关联”，是在使用时临时建立的，这种关联在关闭 VFP 时自动解除，下次使用时还需要重新建立。

2. 父表和子表

为了创建和说明永久关系，把数据库中的表分为主表(即主动去创建关系的表，也称为父表)和子表(被关系的表)，这种关系通过连接字段来实现。主表必须按主关键字建立主索引或候选索引，子表可以建立主索引、唯一索引、候选索引、普通索引中的任何一种。

3. VFP 的关系类型

永久关系分为一对一、一对多、多对多三种关系。

- 一对一关系：父表中的每一条记录只与子表中的一条记录相关联，即在父表中的每一条记录在子表中只能找到一条记录与之关联。
- 一对多关系：父表中的每条记录在子表中可以有多条记录与之关联，即每一个主关键字的取值可以在子表中出现多次。
- 多对多关系：父表中的一条记录与子表中的多条记录相关联，而且子表中的一条记录也与父表中的多条记录相关联。

4.10.2 永久关系的操作

永久关系是在“数据库设计器”环境中建立的，它不随“数据库设计器”的关闭而消失。关系一旦建立，只要没有被用户删除，则每次打开“数据库设计器”时关系都存在。

1. 建立永久关系

首先打开数据库设计器，然后用鼠标将一个数据库表的主索引或候选索引拖动到另一个数据库表的一个对应的索引项上即可。

【实例 4-26】 在“数据库设计器”中，通过 cardid 字段为“图书管理系统”数据库中的 reader 表和 borrow 表建立永久关系。操作步骤如下：

(1) 打开“图书管理系统”数据库设计器。

(2) 建立索引。以 reader 表的 cardid 字段为关键字建立主索引，以 borrow 表的 cardid 字段为关键字建立普通索引。

(3) 建立关系。在“数据库设计器”中用鼠标直接将 reader 表的 cardid 索引项拖动到 borrow 表的 cardid 索引项上，在两表之间产生一条关系连线，表明永久关系创建成功，如图 4-59 所示。

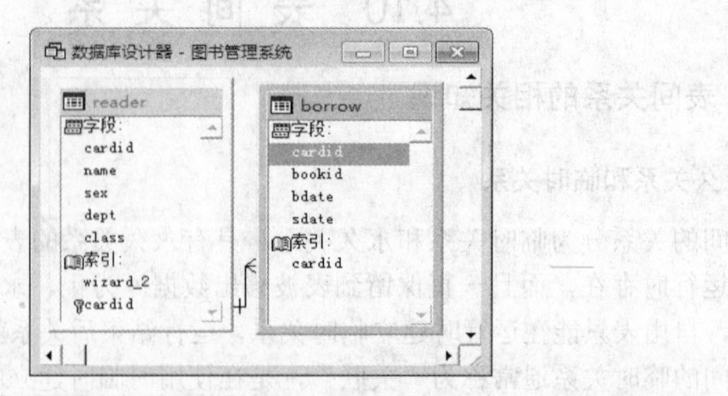

图 4-59 数据库表之间的关系连线

提示：
- VFP将根据两个相关联的索引项在各自表中的索引类型，来确定此种永久关系是“一对一”关系还是“一对多”关系。图4-59中关系的一端为一根，表示是“一对多”关系中的一方；另一端为多根，表示是“一对多”关系中的多方。
- 建立永久关系的两个表必须按公共字段建立索引，且关系中的“一”方必须建立主索引或候选索引。

2. 编辑、删除永久关系

单击关系线，此时关系线变成粗黑线，然后右击，在弹出的如图4-60所示的快捷菜单中选择“删除关系”或“编辑关系”命令即可删除或修改指定关系。

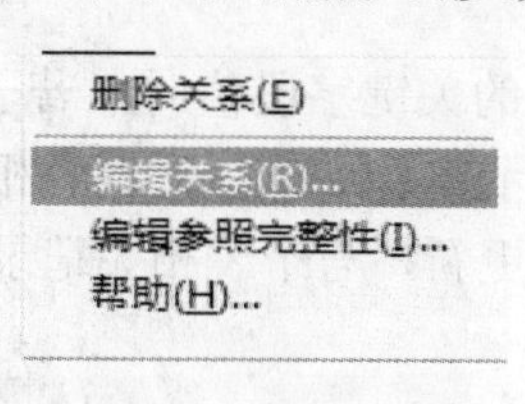

图4-60　关系快捷菜单

4.10.3　参照完整性

1. 参照完整性的概念

表之间建立永久性关系后，存在着相互之间保持一致性、完整性问题。如父表的一条记录在子表中有相对应记录。若将父表中的这条记录删除，或修改了主索引关键字，子表就找不到在父表中对应的记录，一致性与完整性就遭到破坏。再有，如果在子表中增加新的记录或修改一个与父表对应的记录的索引关键字，会导致在父表中找不到与之相对应的记录，则也会使一致性、完整性遭到破坏。为了解决这类问题，VFP 提供了参照完整性机制，从而保证了在两表建立关系后表间的关系不被破坏。

2. 参照完整性的三个规则

设置参照完整性后，将遵守以下规则。

(1)　更新规则：若主表(父表)中的数据被改变时会导致关联表(子表)中出现孤立记录，则主表(父表)中的这个数据不能被改变。

(2)　删除规则：若主表(父表)中的记录在关联表(子表)中有匹配记录，则主表(父表)中的这个记录不能被删除。

(3)　插入规则：当主表(父表)中没有相应的记录时，关联表(子表)中不得添加相关记录。

3. 设置参照完整性

参照完整性的设置是在“参照完整性生成器”中完成的，使用下列方法之一可以打开“参照完整性生成器”。

方法 1：在如图 4-60 所示的关系快捷菜单中选择“编辑参照完整性”命令。

方法 2：选择“数据库”|“编辑参照完整性”菜单命令。

方法 3：在“数据库设计器”窗口的空白处右击，在弹出的快捷菜单中选择“编辑参照完整性”命令。在如图 4-61 所示的“参照完整性生成器”对话框中，包含更新规则、删除规则和插入规则三个选项卡，通过这三个选项卡的设置可以实现参照完整性机制。

1) 更新规则

“更新规则”选项卡(如图 4-61 所示)用于设置在修改父表关键字时，如何处理子表中相关记录的规则。

- 级联：是指当修改父表中的关键字段值时，子表中与此记录相关的记录也随之改变。
- 限制：是指当修改父表中的关键字段值时，若子表中有与此记录相关的记录，则将出现“触发器失败”提示信息，禁止父表的相应修改操作。
- 忽略：是指允许父表进行更新，与子表相关记录无关。

2) 删除规则

“删除规则”选项卡用于设置在删除父表关键字时，如何处理子表中相关记录的规则。

- 级联：是指当删除父表中的关键字段值时，子表中与其相关的记录自动删除。

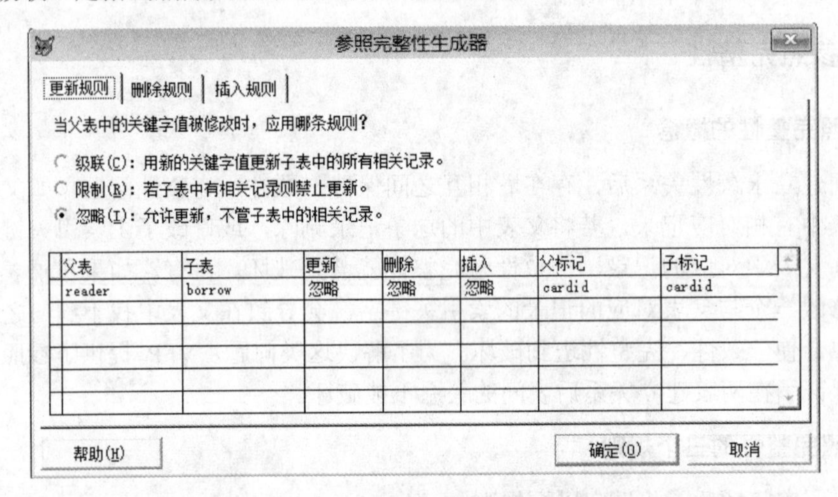

图 4-61 “参照完整性生成器”对话框

- 限制：是指当删除父表中的关键字段值时，若子表中有与其相关的记录，则将出现“触发器失败”提示信息，禁止父表的删除操作，使删除失败。
- 忽略：是指当删除父表的关键字段值时，与子表中与其相关的记录无关。

3) 插入规则

“插入规则”选项卡用于设置在子表中插入或更新记录时要遵循的规则。

- 限制：在子表中插入一条新记录或更新一条已存在的记录时，若父表的记录中没有相匹配的关键字值，则禁止插入。
- 忽略：子表记录的插入或更新与父表无关。

4.10.4　表的关联——表间的临时关系

1. 表间关联的概念

关联是指在两个表的记录指针之间建立一种临时关系，当一个表的记录指针移动时，与之关联的另一个表的记录指针也相应地移动。建立关联的两个表，一个是建立关联的表，称为父表；另一个是被关联的表，称为子表。

关联不是真正生成一个表文件，只是形成了一种联系，建立关联后，在当前工作区执行移动记录指针的命令后，将引起被关联表所在工作区记录指针的移动，从而降低了命令执行的速度。因此，在没有必要关联时，应及时取消关联。

2. 用命令建立关联

格式：SET RELATION TO[<表达式 1>] INTO<工作区号 1>|<别名 1>[,<表达式 2>INTO <工作区号 2>|<别名 2>…][ADDITIVE]

功能：以当前表作为父表与一个或多个子表建立关联。

说明：

(1) INTO<工作区号 1>|<别名 1>选项可为子表的工作区编号子表的别名。

(2) 父表可以不建立索引，但子表应按<表达式>进行索引，否则，将会造成记录数据的不一致性。

(3) <表达式>是进行关联的关键字，一般使用表间具有相同类型和宽度的同名字段，不同名的字段只要类型、宽度、数值相同也可建立关联。

(4) 进行关联后，父表记录指针移动时，子表记录指针跟着移动；但子表记录指针移动时，父表记录指针是不会跟着移动。

(5) 进行关联后，使用命令 SET SKIP TO <别名> 可建立一对多关联。

【实例 4-27】 使用命令方式建立读者表(Reader)、借阅表(Borrow)之间一对一表间关联，显示出所有读者的编号、姓名、所借图书编号、借书日期。

```
sele 1
use reader
sele 2
use borrow
index on cardid tag cid
sele 1
set relation to cardid into borrow
list cardid,name,b.bookid,b.bdate
```

执行结果如图 4-62 所示。

记录号	CARDID	NAME	B->BOOKID	B->BDATE
1	stu000001	张晓峰	000001	03/20/11
2	stu000002	赵琳	000003	09/08/12
3	stu000003	李小燕	000004	10/01/12
4	stu000004	刘一阔	000009	02/02/14
5	stea000001	王建军	000010	05/05/13
6	stea000002	赵军	000001	12/01/11
7	stu000005	藏天佑		/ /
8	stu000006	龙飞	000008	03/04/13
9	*stea000003	梁峰	000010	03/12/14
10	stu000007	张哲	000007	04/12/11
11	stu000015	司马相如		/ /

图 4-62　实例 4-27 的运行结果

提示： 关联只是临时的，当表关闭后，关联自动解除。

3. 在数据工作期窗口建立关联

下面用例子来说明表之间建立关联的方法，操作步骤如下：

(1) 打开需要关联的表。选择“窗口”|“数据工作期”菜单命令，打开“数据工作期”窗口，在数据工作期窗口中打开读者表(Reader)和借阅表(Borrow)。

(2) 为被关联的表创建排序索引。在“数据工作期”窗口中选择借阅表(borrow)，单击“属性”按钮，打开“工作区属性”对话框，然后单击“修改”按钮，打开“表设计器”对话框，选择 CARDID 字段，并在“索引”项中选择“升序”，单击“确定”按钮，关闭“表设计器”对话框。

(3) 选择索引关键字段。在返回的“工作区属性”对话框中的“索引顺序”下拉列表框中选择 Borrow:Cardid 选项，如图 4-63 所示，单击“确定”按钮回到“数据工作期”窗口。

(4) 建立关联。在“数据工作期”左侧列表中选定读者表(Reader)，单击“关系”按钮，选择另一个表——借阅表(Borrow)，弹出“表达式生成器”对话框，如图 4-64 所示，在该对话框中设置关联表达式为 cardid。

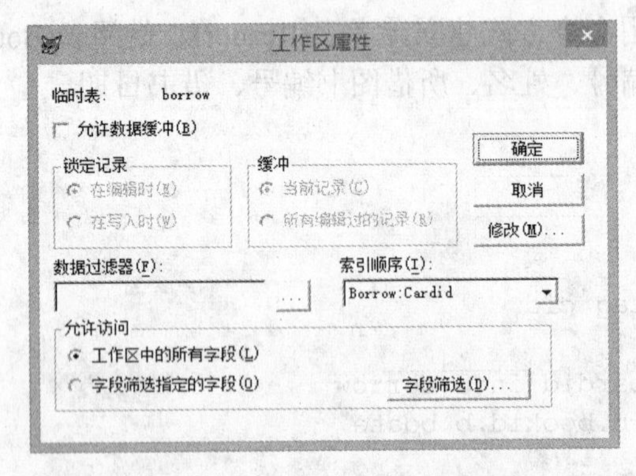

图 4-63　选择索引关键字对话框

(5) 单击“确定”按钮，得到如图 4-65 所示的两个表建立的“一对一”关联。

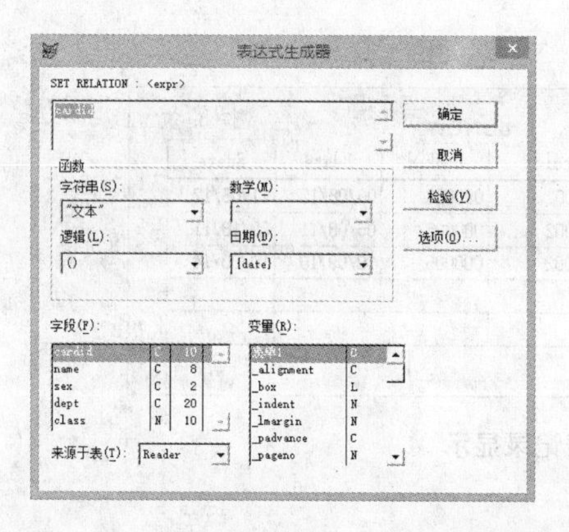

图 4-64　关联“表达式生成器”对话框

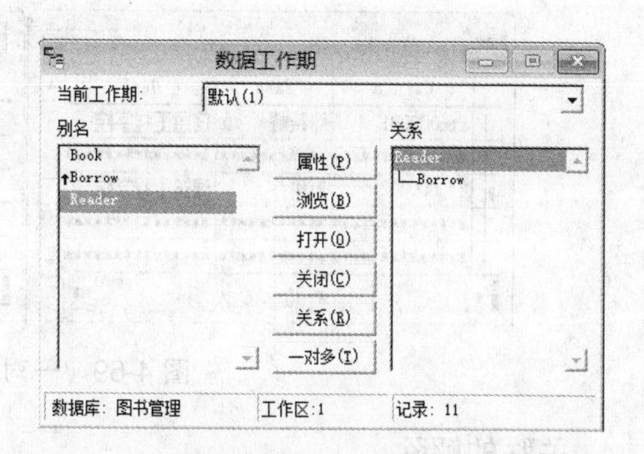

图 4-65　利用“数据工作期”建立表的关系

两表间建立了一对一临时性关联后，在“数据工作期”窗口中分别选择 Reader 表和 Borrow 表并单击“浏览”按钮，打开浏览窗口，同时浏览 Reader 表和 Borrow 表。当改变父表(Reader 表)中的当前记录时，可以看到子表(Borrow 表)的浏览窗口中只显示相关联的记录，如图 4-66 所示，这就是建立了一对一临时性关联后，两表间记录指针的联动效果。

Reader

Cardid	Name	Dept
stu000001	张晓峰	信息工程学院
stu000002	赵琳	建筑工程学院
stu000003	李小燕	信息工程学院
stu000004	刘一阔	能环学院
stea000001	王建军	教务处

Borrow

Cardid	Bookid	Bdate	Sdate
stu000003	000004	10/01/12	10/25/12
stu000003	000003	11/02/13	12/06/13
stu000003	000002	05/12/12	05/08/12

图 4-66　一对一的表记录显示

建立“一对多”关联。在“数据工作期”窗口中单击“一对多”按钮，在弹出的如图 4-67 所示的“创建一对多关系”对话框中将子表(Borrow 表)的别名移动到“选定别名”列表框中，单击“确定”按钮，返回到“数据工作期”窗口，此时就已建好 Reader 表和 Borrow 表的一对多关联关系，如图 4-68 所示。

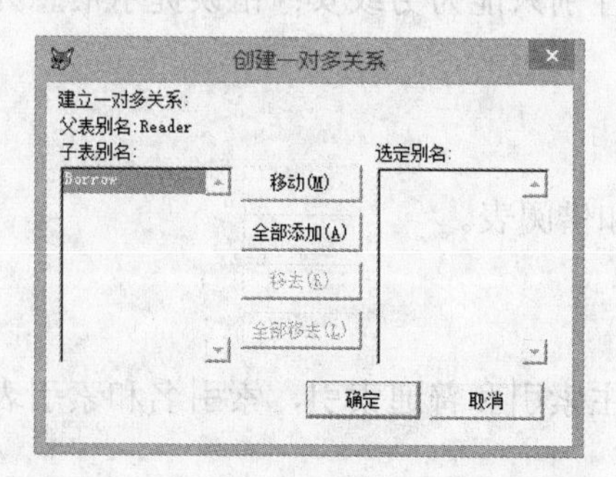

图 4-67　“创建一对多关系”对话框

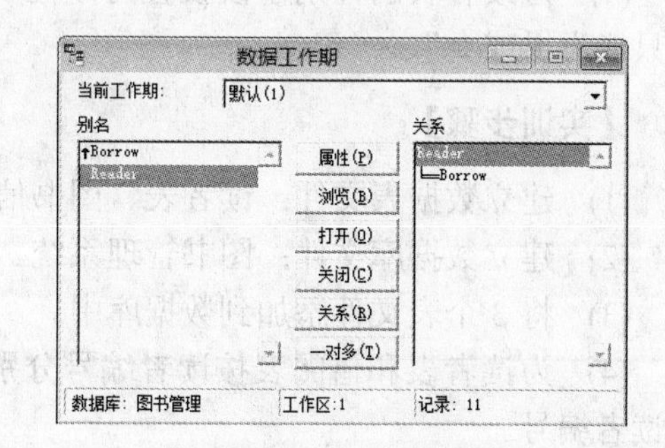

图 4-68　一对多关联

两表间建立了一对多临时性关联后，在“数据工作期”窗口中分别选择 Reader 表和 Borrow 表并单击“浏览”按钮，打开浏览窗口，同时浏览 Reader 表和 Borrow 表，可以看到父表(Reader 表)浏览窗口中有些行用“*”填充，这表明“*”行上方的一条记录在子表中有一条以上的匹配记录。当改变 Reader 表中的当前记录时，可以看到子表(Borrow 表)的浏览窗口中只显示相关联的记录，如图 4-69 所示。

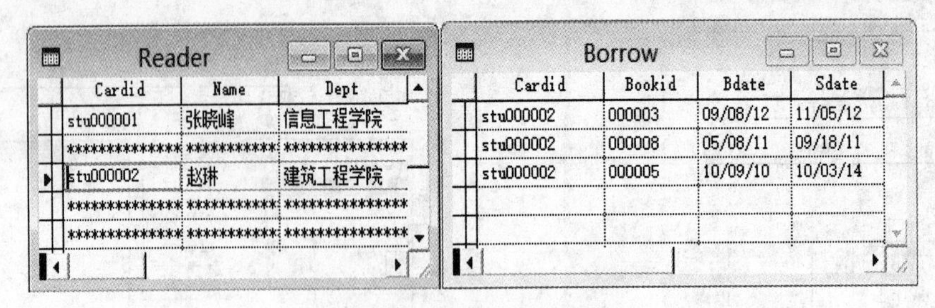

图 4-69　一对多的表记录显示

4. 关联的解除

格式：SET RELATION TO

功能：解除父表与所有子表的关联。

该命令必须在父表工作区中执行。关闭父表或子表也可解除关联。

4.11　小型案例实训

本案例主要应用本章所学的命令创建数据库和数据表。

【实训目的】掌握数据表的创建方法、数据库的创建方法。

【实训内容】

(1) 建立名为“图书管理系统”的数据库文件，将读者表、图书信息表和借阅表添加到该数据库中。

(2) 为读者表和借阅表按读者编号分别建立主索引和普通索引，索引名和索引表达式为读者编号。

(3) 为读者表和借阅表建立永久关系。

(4) 为读者表的性别字段设置有效性规则：性别只能为男或女；错误提示信息为“性别只能为男或女”。

【实训步骤】

(1) 建立数据表文件：读者表、图书信息表和借阅表。

(2) 建立数据库文件：图书管理系统。

(3) 将 3 个表文件添加到数据库中。

(4) 为读者表和借阅表按读者编号分别建立主索引和普通索引，索引名和索引表达式为读者编号。

(5) 为读者表和借阅表建立永久关系。

(6) 打开读者表的表设计器设置有效性规则。

本章小结

本章全面讲述了数据表的基本操作、数据表的索引与排序及数据库的操作。VFP 中的表分为两种，自由表和数据库表，表独立于程序，具有共享性。可以通过界面和命令两种方法操作表，由于数据表在物理排序后会产生数据冗余，因此数据表的排序与索引部分主要介绍逻辑排序，即索引的建立与使用。在 VFP 中，数据库中不存储数据，而是存储数据库表的属性、表间关联和视图，以及存储过程等。对于数据库的操作主要有：创建数据库，在数据库中添加表，移去表，建立表间永久关系，设置数据库表的有效性规则、触发器、参照完整性、字段属性等。

习　题

一、选择题

1. 物理删除某个打开的表文件的第五条记录，使用下列三条命令的正确操作顺序是(　　)。

　① DELETE　　② GO 5　　③ PACK

　A. ①，②，③　　B. ②，①，③

　C. ③，②，①　　D. ①，③，②

2. 当前表文件中包含“姓名”字段，显示姓“刘”的所有记录的命令是(　　)。

　A. DISPLAY　FOR　"刘"=姓名

　B. DISPLAY　FOR　姓名=刘

　C. DISPLAY　FOR SUBSTR(姓名,1,2)="刘"

　D. DISPLAY　FOR SUBSTR(姓名,1,1)="刘"

3. 在以下 VFP 6.0 命令中，必须首先建立索引才可执行的命令是(　　)。

　A. LOCATE　　B. SUM　　C. SEEK　　D. DELETE

4. 当前记录号为 7，执行 SKIP -1 命令后，当前记录号为(　　)。

　A. 6　　B. 7　　C. 8　　D. 不确定

5. 假设某数据表中有 20 条记录，如果此时 RECNO()函数的返回值为 21，则 EOF()函数的返回值一定是(　　)。

　A. 21　　B. 1　　C. .T.　　D. .F.

6. 关于设置数据库中的数据表之间的永久关系问题，以下说法正确的是(　　)。

　A. 父表中必须建立主索引或候选索引，子表中可以不建立索引

　B. 父表中必须建立主索引或候选索引，子表中可以建立普通索引

　C. 父表中必须建立主索引或候选索引，子表中必须建立普通索引

　D. 父表和子表中都必须建立主索引

7. 在数据表中建立索引后，将改变其数据记录的(　　)。

　A. 物理顺序　　B. 逻辑顺序

C. 记录总数　　D. 字段的排列顺序

8. 顺序执行以下命令后，当前工作区是(　　)。

```
SELECT 1
USE 学生
SELECT 0
USE 课程
SELECT 0
USE 成绩
SELECT 0
```

A. 第 1 号工作区　　B. 第 3 号工作区
C. 第 2 号工作区　　D. 第 4 号工作区

9. 打开数据库 abc 的正确命令是(　　)。

A. OPEN DATABASE abc　　B. USE abc
C. USE DATABASE abc　　D. OPEN abc

10. 在 Visual FoxPro 中，下列关于表的描述中正确的是(　　)。

A. 在数据库表和自由表中，都能给字段定义有效性规则和默认值
B. 在自由表中，能给表中的字段定义有效性规则和默认值
C. 在数据库表中，能给表中的字段定义有效性规则和默认值
D. 在数据库表和自由表中，都不能给字段定义有效性规则和默认值

二、填空题

1. 对于 VFP 数据库表，可以建立 4 种不同类型的索引，分别是：________、________、________和________。

2. 记录级有效性检查规则用于检查________之间的逻辑关系。

3. 对于用以建立主索引或候选索引的关键字段，要求该字段的各个值必须是________的，一个数据表可以建立________个主索引和________个候选索引。

4. 在建立两个数据表之间的临时关联时，________表必须创建索引。

5. 在 VFP 中，建立索引的作用是________。

第 5 章

结构化查询语言 SQL

结构化查询语言(Structured Query Language，SQL)是对数据库中的数据进行组织、管理和检索的工具。按照 ANSI(美国国家标准协会)的规定，SQL 被作为关系型数据库管理系统的标准语言。SQL 的应用十分广泛，无论是在 Oracle、Sybase、SQL Server 这些大型的数据库管理系统中，还是在 Visual FoxPro 和 PowerBuilder 这些常用的数据库开发系统中，都发挥着重要的作用，现在所有的关系数据库管理系统都支持 SQL。本章以 Visual FoxPro 为基础介绍 SQL 的基本概念及其基本应用。

本章重点

- SQL 的数据定义功能(CREATE TABLE 和 ALTER TABLE)。
- SQL 的数据操纵功能(DELETE、INSERT 和 UPDATE)。
- SQL 的数据查询功能(简单查询、嵌套查询、连接查询、分组与计算查询、集合的并运算)

学习目标

- 掌握 SQL 的定义数据的基本命令及格式。
- 掌握 SQL 对数据的操纵。
- 掌握 SQL 的综合数据查询，包括多表连接、嵌套查询、分组统计、分类汇总等。

5.1 SQL 语言概述

SQL 之所以能够为用户和业界接受，成为国际标准，是因为它是一种综合的、通用的、功能极强同时又简洁易学的语言。SQL 语言的特点介绍如下。

1. 综合统一

SQL 集数据定义语言(Data Definition Language，DDL)、数据操纵语言(Data Manipulation Language，DML)、数据控制语言(Data Control Language，DCL)的功能于一体，语言风格统一，可以独立完成数据库生命周期中的全部活动，包括定义关系模式、建立数据库、插入数据、查询、更新、维护、数据库重构、数据库安全性控制等一系列操作，就为数据库应用系统的开发提供了良好的环境。在数据库投入运行后，用户还可根据需要随时修改模式，而不会影响数据库的运行。

2. 高度非过程化

非关系数据模型的数据操纵语言是面向过程的语言，用其完成某项请求时，必须指定存取路径。用 SQL 进行数据操作，只需提出“做什么”，而不必指明“怎么做”，因此无须了解存取路径，存取路径的选择以及 SQL 语句的操作过程由系统自动完成。这不但大大减轻了用户的负担，而且有利于提高数据的独立性。

3. 面向集合的操作方式

SQL 采用集合操作方式，不仅操作对象、查找结果可以是元组的集合，而且插入、删除、更新操作的对象也可以是元组的集合。

非关系数据模型采用的是面向记录的操作方式，任何一个操作的对象都是一条记录。例如，查询所有年龄在 20 岁以上的学生姓名，用户必须说明完成该请求的具体处理过程，即如何用循环结构按照某条路径一条一条地把满足条件的学生记录找出来。

4．以同一种语法结构提供两种使用方式

SQL 既是自含式语言，又是嵌入式语言。作为自含式语言，它能够独立地用于联机交互的使用方式，用户可以在终端键盘上直接输入 SQL 命令对数据库进行操作；作为嵌入式语言，SQL 语句能够嵌入到高级语言(如 C、COBOL 及 FORTRAN)程序中，供程序员设计程序时使用。而在两种不同的使用方式下，SQL 的语法结构基本上是一致的。这种以统一的语法结构提供两种不同使用方式的做法，为用户带来了极大的灵活性与方便性。

5．语言简洁、易学易用

SQL 的功能极强，但由于设计巧妙，语言十分简洁，因此完成数据查询、数据定义、数据操纵及数据控制的核心功能只用了 9 个动词，如表 5-1 所示。另外 SQL 的语法也非常简单，它很接近英语这种自然语言，因此容易学习和掌握。

表 5-1　SQL 功能的命令动词

SQL 功能	命令动词
数据查询	SELECT
数据定义	CREATE、DROP、ALTER
数据操纵	INSERT、UPDATE 、DELETE
数据控制	GRANT、REVOKE

5.2　SQL 的数据定义功能

SQL 使用数据定义语言实现其数据定义功能，可对数据库用户、基本表、视图、索引进行定义和撤销。

5.2.1　基本数据类型

当用 SQL 语句定义表时，需要为表中的每一个字段设置一个数据类型，用来指定字段所存放的数据是整数、字符串、货币或其他类型的数据。下面介绍 SQL 提供的主要数据类型。

(1)　数值型：包括长整型、短整型、浮点型。

(2)　字符串型：包括长字符串型、可变长字符串型。

(3)　时间型：包括日期型、日期时间型。

(4)　二进制型：包括定长二进制型、可变长二进制型。

字段类型的说明如表 5-2 所示。

表 5-2 字段类型

字段类型	字段宽度	小 数 位	说 明
C	n	—	字符型(Character)，宽度为 n
D	—	—	日期型(Date)
T	—	—	日期时间型(DateTime)
N	n	d	数值类型(Numeric)，宽度为 n，小数位为 d
F	n	d	浮点数值型(Float)，宽度为 n，小数位为 d
I	n	—	整数类型(Integer)
B	—	d	双精度类型(Double)
Y	—	—	货币型(Currency)
L	—	—	逻辑型(Logical)
M	—	—	备注型(Memo)
G	—	—	通用型(General)

5.2.2 建立表结构

在表的操作中介绍了通过表设计器建立表的方法，在 Visual FoxPro 中也可以通过 SQL 的 CREATE TABLE 命令建立表。

格式：CREATE TABLE <表名> (<列定义 1> [,<列定义 2>] [<表约束>]…)

功能：创建数据表。

说明：

(1) <表名>是合法标识符，最多可用 128 个字符，如图书、读者、借书等，不允许重名。

(2) <列定义>的形式为<列名><数据类型>[DEFAULT][<列约束>]。

建表的同时通常还可以定义与该表有关的完整性约束条件，这些完整性约束条件被保存在系统的数据库字典中。当用户操作表中的数据时，由 DBMS 自动检查该操作是否违背了这些完整性约束条件。如果完整性约束条件涉及该表的多个属性列，则必须定义在表级上，否则既可定义在列级也可定义在表级。

若是某字段设置有默认值，当该字段未被输入数据时，则以该默认值自动填入字段。

CREATE TABLE 命令的完整格式所包含的短语较多，下面通过例子加以说明。

【实例 5-1】 创建图书基本情况表，命名为 book。

```
CREATE TABLE book(bookid char(8) primary key,bookname char(60) not
null,editor char(8),price numeric(5,0),publish char(30),pubdate date,qty
int(4))
```

此例创建了一个图书表(book)，在表中定义了 7 个字段。其中，bookid 字段为字符型，长度为 8，是主键，取值不能为空；bookname 字段为字符型，长度为 60，取值不能为空；editor 字段为字符型，长度为 8；price 字段为数值型，取值范围共 5 位，小数点后面有 0 位(即取整)；publish 字段为字符型，长度为 30；pubdate 字段为日期型；qty 字段为整型。

提示：
- primary key：用于定义数据表的主键。
- not null：字段值不能为空。

【实例 5-2】 创建读者表(reader)。

```
CREATE TABLE reader(cardid char(8) primary key, name char(8),sex char(2)
default '男',dept char(20),class int(1) check( class =1 or class=2))
```

此例创建了一个读者表(reader)，在表中定义了 5 个字段。其中，cardid 字段为字符型，长度为 8，是主键，取值不能为空；name 字段为字符型，长度为 8，取值不能为空；sex 字段为字符型，长度为 2，默认值为“男”；dept 字段为字符型，长度为 20，class 字段为整型，长度为 1，只能取 1 或 2。

提示：
- default：设置字段的默认值。
- check：字段的约束条件。

【实例 5-3】 创建借书表(borrow)。

```
CREATE TABLE borrow(cardid char(8),bookid char(8),bdate date,sdate date,
foreign key cardid tag cardid references reader,foreign key bookid tag
bookid references book)
```

提示：
- foreign key：该表中 cardid 和 bookid 是外部关键字，分别参照表 reader 中的 cardid 和表 book 中的 bookid。
- 命令 foreign key…references…短语，分别说明了 book 表、reader 表、borrow 表之间的联系。

5.2.3　修改数据表

当应用环境和应用需求发生变化时，经常需要修改基本表的结构。例如，增加新的列和完整性约束，修改原有的列定义和完整性约束。SQL 语句使用 ALTER TABLE 命令来修改数据表的结构。

格式：
```
ALTER TABLE<表名>
    [ADD<新列定义><数据类型>[列约束]]
    [ALTER<列名><数据类型>]
    [DROP  [COLUMN] <字段名>]
    [RENAME COLUMN <原字段名> to <目标字段名>]
```

功能：修改表的结构。

说明：ADD 用于增加新的列和完整性约束：ALTER 用于修改某些列：DROP 用于删除完整性约束。

【实例 5-4】 在图书表(book)中增加出版社地址 address 列。

```
ALTER TABLE  book  ADD address char (40)
```

使用此方式增加的新列自动填充 NULL 值，所以不能为新列指定 NOT NULL 约束。

提示：新增加列时必须定义列名和数据类型。

【实例 5-5】 在借书表(borrow)中增加完整性约束定义，使借书日期(bdate)小于还书日期(sdate)。

```
ALTER TABLE borrow ALTER bdate set CHECK (bdate<sdate) ERROR "借书日期必须小于还书日期！"
```

提示：使用 CHECK 检查完整性约束条件。

【实例 5-6】 把借书表(borrow)中的 bookname 字段加宽到 40 个字符。

```
ALTER TABLE book ALTER COLUM bookname char (40)
```

提示：增加字段的宽度，实质是修改该列。

【实例 5-7】 把借书表(borrow)中的 address 字段名改为“地址”。

```
ALTER TABLE book RENAME "address" to "地址"
```

提示：目标列名最好不失去字段本意。

【实例 5-8】 把借书表(borrow)中修改后的“地址”字段删除。

```
ALTER TABLE book ALTER DORP 地址
```

提示：对于不能为空的列，当表中有记录时，不能删除该列。

5.2.4 删除数据表

当某个数据表无用时，可以将它删除。使用 DROP TABLE 命令可以直接从磁盘上删除指定的表文件。如果指定的表文件是数据库中的表并且相应的数据库是当前数据库，则应从数据库中删除表，否则虽然从磁盘上删除了表文件，但是记录在数据库文件中的信息却没有删除，从而会出现错误提示。所以要删除数据库中的表时，最好使此数据库成为当前打开的数据库，然后在数据库中进行操作。

格式：DROP TABLE <表名>

功能：删除数据表。

【实例 5-9】 删除读者表(reader)。

```
DROP TABLE reader
```

提示：数据表一旦被删除是无法恢复的。

5.3 SQL 的数据操纵功能

SQL 的数据操纵功能是指插入、删除、更新记录，分别用：INSERT(插入)、DELETE(删除)和 UPDATE(修改)命令来完成。

5.3.1　插入记录

Visual FoxPro 支持两种插入命令，格式分别为：

格式 1：INSERT INTO <表名> [(<字段名 1>] [,<字段名 2>][,…])] VALUES(<表达式 1> [, <表达式 2>] [,…])

功能：在指定的表尾添加一条新记录，其值为 VALUES 后面表达式的值。

说明：当需要插入表中所有字段的数据时，表名后面的字段名可以缺省，但插入数据的格式及顺序必须与表的结构完全吻合；若只需要插入表中某些字段的数据，则需要列出插入数据的字段名。

【实例 5-10】 向读者表(reader)中添加记录，Cardid 为“stu000011”，Name 为“赵学东”，Sex 为“女”，Dept 为“能环学院”，Class 为“2”。

```
INSERT INTO  reader  VALUES ("stu000011", "赵学东" , "女" , "能环学院" , 2)
```

提示：向表中添加记录时，VALUES 后面表达式的顺序必须与前面字段的顺序一致，并且类型要匹配。

格式 2：INSERT INTO <表名> FROM ARRAY <数组名> | [FROM MEMVAR]

功能：在指定的表尾添加一条新记录，其值来自于数组或对应的同名内存变量。

【实例 5-11】 已经定义数组 a，a(1)=“stu000006”，a(2)=“000006”，a(3)={^2011-07-06}，a(4)={^2011-09-06}，利用数组向 borrow 表中添加记录。

```
INSERT  INTO borrow(cardid,bookid,bdate,sdate)FROM  ARRAY  a
```

提示：数组元素必须和字段类型匹配，并一一对应。

5.3.2　删除记录

在 Visual FoxPro 中，DELETE 可以为数据表中的记录添加删除标记。

格式：DELETE FROM[<数据库名>!] <表名> [WHERE<条件表达式>]

功能：从指定表中，根据指定的条件逻辑删除记录。

说明：如果要物理删除记录，在该命令后还必须用 PACK 命令。使用 RECALL 命令可以恢复逻辑删除的记录。

【实例 5-12】 将读者表(reader)中所有男读者的记录逻辑删除。

```
DELETE  FROM  reader  WHERE  sex= "男"
```

提示：
- DELETE 只对表中的记录做逻辑删除，即添加删除标记，物理上并没有删除。
- PACK 命令对做逻辑删除的记录，从物理上删除。

5.3.3　更新记录

使用命令 UPDATE 可以更新存储在表中的记录，也可以对 SELECT 语句选出的记录进行数据更新。

格式：UPDATE [<数据库名>!]<数据表> SET <字段名 1>=<表达式 1>[, <字段名 2> =<表达式 2>…][WHERE<逻辑表达式>]

【实例 5-13】 将图书表(book)中 bookname 字段为“计算机审计基础”记录的定价改为 48。

```
UPDATE  book  SET  price=48  WHERE  bookname ="计算机审计基础"
```

提示：

- UPDATE 一次只能对一个表中满足条件的记录进行更新。
- 一次可以更新一个字段，也可以更新多个字段。
- 作为更新条件的字段，不可以更新。

5.4 数据查询

SQL 语言提供了 SELECT 语句进行数据库的查询，基本形式是 SELECT-FROM-WHERE 这样的查询块，多个查询块可以嵌套执行。Visual FoxPro 中的 SQL SELECT 命令的基本语法格式如下：

```
SELECT  [ALL | DISTINCT]  <目标列表达式> [, …, n] &&需要查找的列
INTO <新表>                                     &&把查询结果保存到新表
FROM <数据源>                                   &&来自哪些表
[WHERE <检索条件表达式>]                         &&根据什么条件筛选元组
[GROUP BY <分组依据列>]                          &&根据什么分组
[HAVING <分组提取条件>]                          &&根据什么筛选分组
[ORDER BY <排列依据列> [排列方式]]               &&根据什么分组
```

说明：

(1) SELECT 子句说明要查询的数据列，ALL 表示不去掉重复元组，DISTINCT 表示去掉重复元组，默认为 ALL。

(2) INTO 子句说明把查询结果保存到新表，这个新表是查询语句在执行过程中创建的。

(3) FROM 子句说明查询结果来源于哪些数据表，可以基于单张表和多张表进行查询。

(4) WHERE 子句说明查询条件，即元组选择的条件。

(5) GROUP BY 子句用于对查询结果进行分组，可以利用它进行分组汇总。

(6) HAVING 子句用于限定分组必须满足的条件，必须与 GROUP BY 子句一起使用。

(7) ORDER BY 子句用于对查询结果进行排序。

SELECT 语句既可以完成简单的单表查询，也可以完成复杂的联接查询和嵌套查询。本节我们将以第 4 章“图书管理系统”数据库中的三个表，即图书表(Book)、读者表(Reader)、借书表(Borrow)为例介绍各种查询操作，三张表分别如图 5-1～图 5-3 所示。

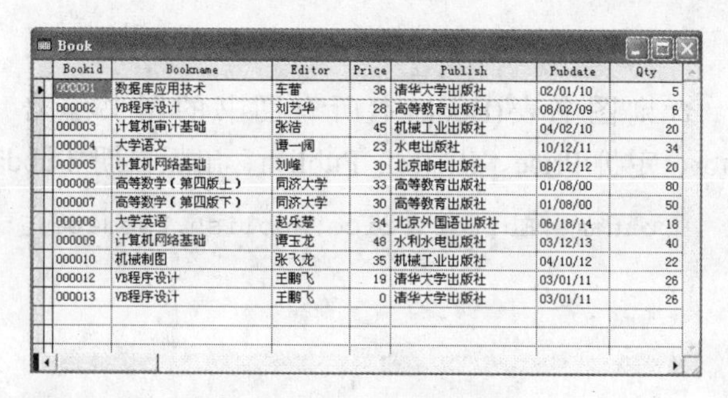

Bookid	Bookname	Editor	Price	Publish	Pubdate	Qty
000001	数据库应用技术	车蕾	36	清华大学出版社	02/01/10	5
000002	VB程序设计	刘艺华	28	高等教育出版社	08/02/09	6
000003	计算机审计基础	张洁	45	机械工业出版社	04/02/10	20
000004	大学语文	谭一阔	23	水电出版社	10/12/11	34
000005	计算机网络基础	刘峰	30	北京邮电出版社	08/12/12	20
000006	高等数学（第四版上）	同济大学	33	高等教育出版社	01/08/00	80
000007	高等数学（第四版下）	同济大学	30	高等教育出版社	01/08/00	50
000008	大学英语	赵乐楚	34	北京外国语出版社	06/18/14	18
000009	计算机网络基础	谭玉龙	48	水利水电出版社	03/12/13	40
000010	机械制图	张飞龙	35	机械工业出版社	04/10/12	22
000012	VB程序设计	王鹏飞	19	清华大学出版社	03/01/11	26
000013	VB程序设计	王鹏飞	0	清华大学出版社	03/01/11	26

图 5-1　图书表(Book)

Cardid	Name	Sex	Dept	Class
stu000001	张晓峰	女	信息工程学院	1
stu000002	赵琳	男	建筑工程学院	2
stu000003	李小燕	女	信息工程学院	2
stu000004	刘一阔	男	能环学院	1
stea000001	王建军	男	教务处	1
stea000002	赵军	男	建筑工程学院	2
stu000005	藏天佑	女	机械学院	1
stu000006	龙飞	男	煤炭学院	1
stea000003	梁峰	男	人事处	1
stu000007	张哲	女	人文学院	2

图 5-2　读者表(Reader)

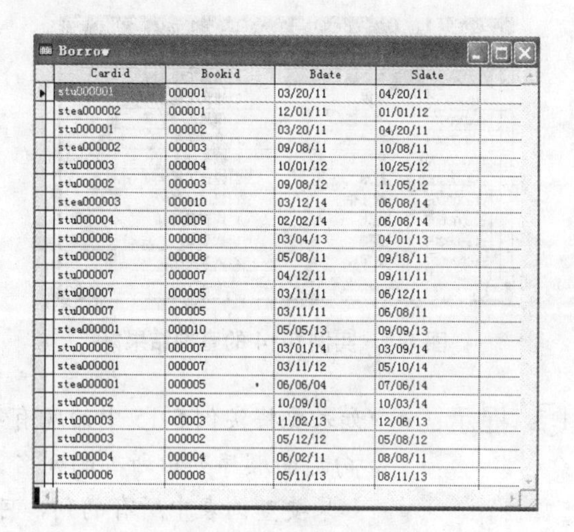

Cardid	Bookid	Bdate	Sdate
stu000001	000001	03/20/11	04/20/11
stea000002	000001	12/01/11	01/01/12
stu000001	000002	03/20/11	04/20/11
stea000002	000003	09/08/11	10/08/11
stu000003	000004	10/01/12	10/25/12
stu000002	000003	09/08/12	11/05/12
stea000003	000010	03/12/14	06/08/14
stu000004	000009	02/02/14	06/08/14
stu000006	000008	03/04/13	04/01/13
stu000002	000008	05/08/11	09/18/11
stu000007	000007	04/12/11	09/11/11
stu000007	000005	03/11/11	06/12/11
stu000007	000005	03/11/11	06/08/11
stea000001	000010	05/05/13	09/09/13
stu000006	000007	03/01/14	03/09/14
stea000001	000007	03/11/12	05/10/14
stea000001	000005	06/06/04	07/06/14
stu000002	000005	10/09/10	10/03/14
stu000003	000003	11/02/13	12/06/13
stu000003	000002	05/12/12	05/08/12
stu000004	000004	06/02/11	08/08/11
stu000006	000008	05/11/13	08/11/13

图 5-3　借书表(Borrow)

5.4.1　单表查询

单表查询是指基于一个表的查询，可以有简单的查询条件，也可以没有条件，由 SELECT、FROM、WHERE 命令实现。

1. 选择表中若干列

1)　查询指定列

在很多情况下，用户只对表中的一部分属性列感兴趣，此时就可以通过在 SELECT 子句的<目标列表达式>中指定要查询的属性。

【实例 5-14】　查询读者表(Reader)中的读者编号 Cardid、读者姓名 Name、读者类别 Class 和读者所在的部门 Dept。

```
SELECT  Cardid, Name, Class, Dept  FROM  Reader
```

查询结果如图 5-4 所示。

提示：
- <目标列表达式>中各列的先后顺序可以与表中的顺序不一致。用户可以根据应用的需要改变列的显示顺序。
- <数据源>为要查询的表。

2) 查询全部列

【实例 5-15】 查询图书表(Book)中所有图书的图书编号 Bookid、图书名称 Bookname、主编 Editor、定价 Price、出版社 Publish、出版日期 Pubdate 和库存量 Qty。

```
SELECT  Bookid ,Bookname,Editor,Price,Publish,Pubdate,Qty FROM Book
```

等价于：

```
SELECT  *  FROM  Book
```

查询结果如图 5-5 所示。

查询

Cardid	Name	Class	Dept
stu000001	张晓峰	1	信息工程学院
stu000002	赵琳	2	建筑工程学院
stu000003	李小燕	2	信息工程学院
stu000004	刘一阔	1	能环学院
stea000001	王建军	1	教务处
stea000002	赵军	2	建筑工程学院
stu000005	藏天佑	1	机械学院
stu000006	龙飞	1	煤炭学院
stea000003	梁峰	1	人事处
stu000007	张哲	2	人文学院

图 5-4 实例 5-14 的查询结果

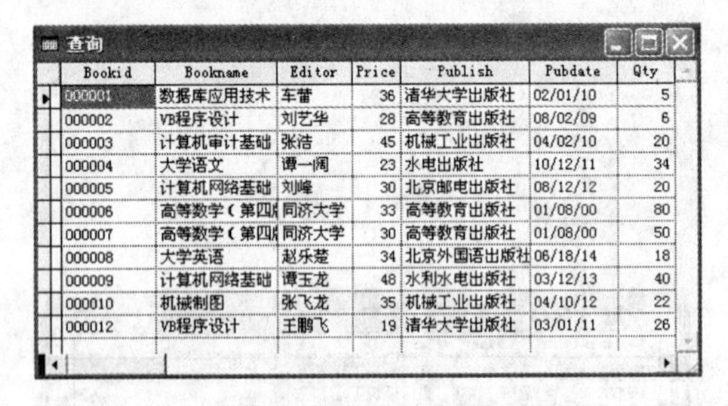

查询

Bookid	Bookname	Editor	Price	Publish	Pubdate	Qty
000001	数据库应用技术	车蕾	36	清华大学出版社	02/01/10	5
000002	VB程序设计	刘艺华	28	高等教育出版社	08/02/09	6
000003	计算机审计基础	张浩	45	机械工业出版社	04/02/10	20
000004	大学语文	谭一阔	23	水电出版社	10/12/11	34
000005	计算机网络基础	刘峰	30	北京邮电出版社	08/12/12	20
000006	高等数学（第四版	同济大学	33	高等教育出版社	01/08/00	80
000007	高等数学（第四版	同济大学	30	高等教育出版社	01/08/00	50
000008	大学英语	赵乐楚	34	北京外国语出版社	06/18/14	18
000009	计算机网络基础	谭玉龙	48	水利水电出版社	03/12/13	40
000010	机械制图	张飞龙	35	机械工业出版社	04/10/12	22
000012	VB程序设计	王鹏飞	19	清华大学出版社	03/01/11	26

图 5-5 实例 5-15 的查询结果

提示：
- 如果要将实例 5-15 中的所有字段按不同顺序列出来，可以在 SELECT 子句后面顺序列出所有的列名。
- 如果要查询表中所有的列，可以简单地将<目标列>指定为 “*”。

3) 查询经过计算的列

SELECT 子句的<目标列表达式>不仅可以是表中的属性列，也可以是算术表达式、字符串常量、函数等。

【实例 5-16】 从图书表(Book)中找出图书的图书编号 Bookid、图书名称 Bookname、主编 Editor 和出版年份 Pubdate。

```
SELECT  Bookid as 图书编号,Bookname as 图书名称 ,Editor as 主编, year(Pubdate)
as 出版年份 FROM Book
```

查询结果如图 5-6 所示。

查询

图书编号	图书名称	主编	出版年份
000001	数据库应用技术	车蕾	2010
000002	VB程序设计	刘艺华	2009
000003	计算机审计基础	张浩	2010
000004	大学语文	谭一阔	2011
000005	计算机网络基础	刘峰	2012
000006	高等数学（第四版上）	同济大学	2000
000007	高等数学（第四版下）	同济大学	2000
000008	大学英语	赵乐楚	2014
000009	计算机网络基础	谭玉龙	2013
000010	机械制图	张飞龙	2012
000012	VB程序设计	王鹏飞	2011

图 5-6 实例 5-16 的查询结果

提示： 经过计算的列、函数产生的列和常量列在显示结果中都没有列标题，通过定义列名可以改变查询结果的列标题，这对于含算术表达式、常量、函数名的目标列尤为有用。

2. 选择表中若干元组

1)　去除取值相同的行

【实例 5-17】 查询向图书馆借过书的读者编号。

```
SELECT  Cardid  FROM  Borrow
```

查询结果如图 5-7 所示。

Cardid
stu000001
stea000002
stu000001
stea000002
stu000003
stu000002
stea000003
stu000004
stu000006
stu000002
stu000007
stu000007
stu000007
stea000001
stu000006
stea000001
stea000001
stu000002
stu000003
stu000003
stu000004
stu000006

图 5-7　实例 5-17 的查询结果(一)

从本例可以看出，多个本来并不完全相同的元组，投影到指定的某些列后，就可能变成相同的行了。例如，本例的结果集中出现了 2 行 stu00001，3 行 stu000007 等。本例要查询的向图书馆借过书的读者编号，取值相同的行在结果中是没有意义的，因此应该去掉。使用 DISTINCT 关键字可以解决该问题，将重复的行去掉。本例应该用如下代码实现：

```
SELECT  DISTINCT  Cardid  FROM  borrow
```

查询结果如图 5-8 所示。

Cardid
stea000001
stea000002
stea000003
stu000001
stu000002
stu000003
stu000004
stu000006
stu000007

图 5-8　实例 5-17 的查询结果(二)

提示：DISNTCT 关键字必须紧跟在 SELECT 关键字的后面。

2) 查询满足条件的元组

查询满足指定条件的元组可以通过 WHERE 子句来实现。WHERE 子句常用的查询条件如表 5-3 所示。

表 5-3 常用的查询条件

查询条件	谓 词
比较	=,>,<,>=,<=,!=,<>, NOT+上述比较运算符
确定范围	BETWEEN AND，NOT BETWEEN AND
确定集合	IN, NOT IN
字符匹配	LIKE, NOT LIKE
空格	IS NULL, IS NOT NULL
逻辑查询	AND, OR , NOT

【实例 5-18】 在图书表(Book)中，查询“清华大学出版社”所有图书的信息。

```
SELECT * FROM Book WHERE Publish='清华大学出版社'
```

查询结果如图 5-9 所示。

提示：若没有满足条件的记录，则没有记录显示。

【实例 5-19】 在借书表(Borrow)中，查询借书时间超过 50 天的所有借书信息。

```
SELECT * FROM Borrow WHERE (Sdate-Bdate)>50
```

查询结果如图 5-10 所示。

查询

Bookid	Bookname	Editor	Price	Publish	Pubdate	Qty
000001	数据库应用技术	车蕾	36	清华大学出版社	02/01/10	5
000012	VB程序设计	王鹏飞	19	清华大学出版社	03/01/11	26

图 5-9 实例 5-18 的查询结果

查询

Cardid	Bookid	Bdate	Sdate
stu000002	000003	09/08/12	11/05/12
stea000003	000010	03/12/14	06/08/14
stu000004	000009	02/02/14	06/08/14
stu000002	000008	05/08/11	09/18/11
stu000007	000007	04/12/11	09/11/11
stu000007	000005	03/11/11	06/12/11
stu000007	000005	03/11/11	06/08/11
stea000001	000010	05/05/13	09/09/13
stea000001	000007	03/11/12	05/10/14
stu000002	000005	10/09/10	10/03/14
stu000004	000004	06/02/11	08/08/11
stu000006	000008	05/11/13	08/11/13

图 5-10 实例 5-19 的查询结果

提示：对于要求具体两个日期相差多少天，可以通过两个时间做时间差来求解。

【实例 5-20】 在图书表(Book)中，查询“清华大学出版社”出版的图书库存量大于 10 本的所有图书信息。

```
SELECT * FROM Book WHERE Publish='清华大学出版社' AND Qty>10
```

查询结果如图 5-11 所示。

查询

Bookid	Bookname	Editor	Price	Publish	Pubdate	Qty
000012	VB程序设计	王鹏飞	19	清华大学出版社	03/01/11	26

图 5-11　实例 5-20 的查询结果

提示： 对于用 AND 连接的多个条件表达式，只有当全部的布尔表达式值均为 True 时，整个表达式的结果才为 True。

【实例 5-21】 在图书表(Book)中，查询出版社为“清华大学出版社”，或者为“北京邮电大学出版社”或为“高等教育出版社”的所有图书信息。

```
SELECT * FROM book WHERE Publish='清华大学出版社' OR Publish='北京邮电大学
出版社' OR Publish='高等教育出版社'
```

查询结果如图 5-12 所示。

查询

Bookid	Bookname	Editor	Price	Publish	Pubdate	Qty
000001	数据库应用技术	车蕾	36	清华大学出版社	02/01/10	5
000002	VB程序设计	刘艺华	28	高等教育出版社	08/02/09	6
000006	高等数学（第四版_	同济大学	33	高等教育出版社	01/08/00	80
000007	高等数学（第四版	同济大学	30	高等教育出版社	01/08/00	50
000012	VB程序设计	王鹏飞	19	清华大学出版社	03/01/11	26

图 5-12　实例 5-21 的查询结果

提示： 对于用 OR 连接的多个条件表达式，只要有一个布尔表达式的值为 True，则整个表达式的结果就为 True。

【实例 5-22】 在图书表(Book)中，查询出版社为“高等教育出版社”，并且库存数量大于 50 或者小于 10 的所有图书信息。

```
SELECT * FROM Book WHERE Publish='高等教育出版社' AND ( Qty>50 OR Qty<10)
```

查询结果如图 5-13 所示。

查询

Bookid	Bookname	Editor	Price	Publish	Pubdate	Qty
000002	VB程序设计	刘艺华	28	高等教育出版社	08/02/09	6
000006	高等数学（第四版_	同济大学	33	高等教育出版社	01/08/00	80

图 5-13　实例 5-22 的查询结果

提示： AND 和 OR 一起使用时，有括号先算括号，若没有括号，则先执行 AND 后执行 OR 运算。

【实例 5-23】 在图书表(Book)中，查询图书的定价在 25 元到 35 元之间的所有图书信息。

```
SELECT * FROM Book WHERE Price BETWEEN 25 AND 35
```

等价于：

```
SELECT * FROM Book WHERE Price >= 25 AND Price <=35
```

查询结果如图 5-14 所示。

查询

Bookid	Bookname	Editor	Price	Publish	Pubdate	Qty
000002	VB程序设计	刘艺华	28	高等教育出版社	08/02/09	6
000005	计算机网络基础	刘峰	30	北京邮电出版社	08/12/12	20
000006	高等数学（第四版	同济大学	33	高等教育出版社	01/08/00	80
000007	高等数学（第四版	同济大学	30	高等教育出版社	01/08/00	50
000008	大学英语	赵乐蓬	34	北京外国语出版社	06/18/14	18
000010	机械制图	张飞龙	35	机械工业出版社	04/10/12	22

图 5-14　实例 5-23 的查询结果

提示：
- BETWEEN 后面是范围的下线(即最小值)，AND 后面是范围的上线(即最大值)。
- BETWEEN…AND 的一般格式为列名|表达式 BETWEEN 下限值 AND 上限值。
- NOT BETWEEN…AND 的一般格式为列名|表达式 NOT BETWEEN 下限值 AND 上限值。

注意： BETWEEN…AND 和 NOT BETWEEN…AND 一般用于对数值型数据和日期型数据进行比较。

【实例 5-24】在借书表(Borrow)中，查询还书日期在 2010-12-01 之前和还书日期在 2011-05-31 之后所有的借书记录。

```
SELECT * FROM Borrow WHERE Sdate NOT BETWEEN {^2012-01-01} AND
{^2013-12-31}
```

等价于：

```
SELECT * FROM borrow WHERE Sdate < {^2012-01-01} OR Sdate > {^2013-
12-31}
```

查询结果如图 5-15 所示。

查询

Cardid	Bookid	Bdate	Sdate
stu000001	000001	03/20/11	04/20/11
stu000001	000002	03/20/11	04/20/11
stea000002	000003	09/08/11	10/08/11
stea000003	000010	03/12/14	06/08/14
stu000004	000009	02/02/14	06/08/14
stu000002	000008	05/08/11	09/18/11
stu000007	000007	04/12/11	09/11/11
stu000007	000005	03/11/11	06/12/11
stu000007	000005	03/11/11	06/08/11
stu000006	000007	03/01/14	03/09/14
stea000001	000007	03/11/12	05/10/14
stea000001	000005	06/06/04	07/06/14
stu000002	000005	10/09/10	10/03/14
stu000004	000004	06/02/11	08/08/11

图 5-15　实例 5-24 的查询结果

提示：
- BETWEEN…AND 的条件表达式等价于条件表达式：(列名|表达式>=下限值)　AND (列名|表达式<=上限值)。
- NOT BETWEEN…AND 的条件表达式等价于条件表达式：(列名|表达式<下限值) OR (列名|表达式>上限值)。

【实例 5-25】 在图书表(Book)中，查询图书的出版社为“水电出版社”、“机械工业出版社”、“高等教育出版社”的所有图书信息。

```
SELECT * FROM  Book WHERE Publish IN ('水电出版社','机械工业出版社','高等教育出版社' )
```

等价于：

```
SELECT * FROM  Book WHERE Publish='水电出版社' OR Publish='机械工业出版社' OR Publish='高等教育出版社'
```

查询结果如图 5-16 所示。

查询

Bookid	Bookname	Editor	Price	Publish	Pubdate	Qty
000002	VB程序设计	刘艺华	28	高等教育出版社	08/02/09	6
000003	计算机审计基础	张浩	45	机械工业出版社	04/02/10	20
000004	大学语文	谭一阔	23	水电出版社	10/12/11	34
000006	高等数学（第四版上）	同济大学	33	高等教育出版社	01/08/00	80
000007	高等数学（第四版下）	同济大学	30	高等教育出版社	01/08/00	50
000010	机械制图	张飞龙	35	机械工业出版社	04/10/12	22

图 5-16　实例 5-25 的查询结果

提示：
- 当列值(或表达式)与 IN 集合中的某个常量值相等时，则结果为 True。
- 当列值(或表达式)与 IN 集合中的任何一个常量值不相等时，则结果为 False。
- IN 的条件表达式等价于下面的条件表达式：

```
(列名|表达式=常量 1)OR (列名| 表达式=常量 2)OR…(列名|表达式=常量 n) OR
```

【实例 5-26】 在图书表(Book)中，查询图书的出版社不为“水电出版社”、“机械工业出版社”、“高等教育出版社”的所有图书信息。

```
SELECT * FROM Book WHERE Publish NOT IN ('水电出版社','机械工业出版社','高等教育出版社' )
```

等价于：

```
SELECT * FROM Book WHERE Publish!='水电出版社' OR Publish!='机械工业出版社' OR Publish!='高等教育出版社'
```

查询结果如图 5-17 所示。

查询

Bookid	Bookname	Editor	Price	Publish	Pubdate	Qty
000001	数据库应用技术	车蕾	36	清华大学出版社	02/01/10	5
000005	计算机网络基础	刘峰	30	北京邮电出版社	08/12/12	20
000008	大学英语	赵乐楚	34	北京外国语出版社	06/18/14	18
000009	计算机网络基础	谭玉龙	48	水利水电出版社	03/12/13	40
000012	VB程序设计	王鹏飞	19	清华大学出版社	03/01/11	26

图 5-17　实例 5-26 的查询结果

提示：● 当列值(或表达式)与 IN 集合中的任何一个常量值不相等时，则结果为 True。
● 当列值(或表达式)与 IN 集合中的某个常量值相等时，则结果为 False。
● 使用 NOT IN 的条件表达式等价于下面的条件表达式：

(列名|表达式<>常量1)AND(列名|表达式<>常量2)AND…列名|表达式<>常量n) AND

【实例 5-27】 在图书表(Book)中，查询图书主编 Editor 的名字中第二个汉字为“玉”的所有图书信息。

```
SELECT * FROM Book WHERE Editor LIKE '_玉%''
```

查询结果如图 5-18 所示。

查询

Bookid	Bookname	Editor	Price	Publish	Pubdate	Qty
000009	计算机网络基础	谭玉龙	48	水利水电出版社	03/12/13	40

图 5-18 实例 5-27 的查询结果

提示：● 匹配串可以包含常规字符和通配符。
● 匹配过程中常规字符必须与字符串中指定的字符完全匹配。
● 通配符可以与字符串的任意部分相匹配。

【实例 5-28】 在图书表(Book)中，查询 Address 为空值的所有图书信息。

```
SELECT * FROM Book WHERE Address is NULL
```

查询结果如图 5-19 所示。

查询

Bookid	Bookname	Editor	Price	Publish	Pubdate	Qty	Address
000004	大学语文	谭一阔	23	水电出版社	10/12/11	34	.NULL.
000006	高等数学(第四版	同济大学	33	高等教育出版社	01/08/00	80	.NULL.
000007	高等数学(第四版	同济大学	30	高等教育出版社	01/08/00	50	.NULL.

图 5-19 实例 5-28 查询结果

提示：● 空值一般表示数据未知、不使用或将在以后添加数据，用 NULL 表示。
● 空值不同于空白或零值。

3. 对查询结果进行排序

用户可以用 ORDER BY 子句对查询结果按照一个或多个属性列的升序(ASC)或降序(DESC)排序，省略则为升序。

ORDER BY 子句的一般格式如下：

```
ORDER BY <列名1> [ASC|DESC][,<列名2> [ASC|DESC],…]
```

虽然对 ORDER BY 子句中的列数没有限制，但是排列操作所需的中间工作表的行大小限制为 8060 个字节，因此也限制了在 ORDER BY 子句中指定的列的总大小。

【实例 5-29】 查询借书表(Borrow)中的所有信息，要求查询结果首先按借书日期(bdate)降序排列，同一借书日期再按还书日期升序排列。

```
SELECT * FROM borrow ORDER BY bdate DESC, sdate ASC
```

查询结果如图 5-20 所示。

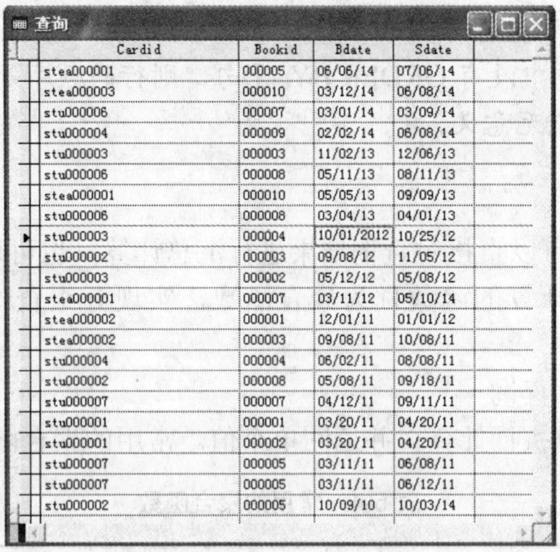

查询

Cardid	Bookid	Bdate	Sdate
stea000001	000005	06/06/14	07/06/14
stea000003	000010	03/12/14	06/08/14
stu000006	000007	03/01/14	03/09/14
stu000004	000009	02/02/14	06/08/14
stu000003	000003	11/02/13	12/06/13
stu000006	000008	05/11/13	08/11/13
stea000001	000010	05/05/13	09/09/13
stu000006	000008	03/04/13	04/01/13
stu000003	000004	10/01/2012	10/25/12
stu000002	000003	09/08/12	11/05/12
stu000003	000002	05/12/12	05/08/12
stea000001	000007	03/11/12	05/10/14
stea000002	000001	12/01/11	01/01/12
stea000002	000003	09/08/11	10/08/11
stu000004	000004	06/02/11	08/08/11
stu000002	000008	05/08/11	09/18/11
stu000007	000007	04/12/11	09/11/11
stu000001	000001	03/20/11	04/20/11
stu000001	000002	03/20/11	04/20/11
stu000007	000005	03/11/11	06/08/11
stu000007	000005	03/11/11	06/12/11
stu000002	000005	10/09/10	10/03/14

图 5-20　实例 5-29 的查询结果

提示：当为升序排列时，ASC 是可以省略的。

4. 使用 TOP 限制结果集

在使用 SELECT 语句进行查询时，有时我们只希望列出结果集中的前几个结果，而不是全部。例如，查询图书库存数量最多的前 5 种图书，这时就可以使用 TOP 关键字来限制输出的结果。其语法格式如下：

```
TOP (n) [PERCENT]
```

说明：

(1) n 为非负整数。

(2) TOP(n)PERCENT 表示取查询结果的前 n%行。

(3) TOP 关键字写在 SELECT 的后边(如果有 DISTINCT，则 TOP 写在 DISTINCT 的后边)，查询列表的前边。

【实例 5-30】 在图书表(Book)中，查询图书库存数量最多的前 3 种图书的所有详细信息。

```
SELECT TOP (3) * FROM Book ORDER BY Qty DESC
```

查询结果如图 5-21 所示。

查询

Bookid	Bookname	Editor	Price	Publish	Pubdate	Qty
000006	高等数学（第四版上）	同济大学	33	高等教育出版社	01/08/00	80
000007	高等数学（第四版下）	同济大学	30	高等教育出版社	01/08/00	50
000009	计算机网络基础	谭玉龙	48	水利水电出版社	03/12/13	40

图 5-21　实例 5-30 的查询结果

提示：● 如果查询中包含 ORDER BY 子句，则将返回按 ORDER BY 子句排序的前 n 行或 n%的行。

● 如果查询中没有 ORDER BY 子句，则行的顺序是随意的，此时获得的结果可能毫无意义。

5．分组与汇总查询

SQL SELECT 查询可以直接对查询结果进行汇总计算，也可以对查询结果进行分组计算。在查询中完成汇总计算的函数称为聚合函数，实现分组查询的子句为 GROUP BY 子句。

1)　聚合函数与汇总查询

聚合函数将对一组值执行计算，并返回单个值。常用的聚合函数如表 5-4 所示。

表 5-4　常用的聚合函数

聚合函数	含　义
COUNT(*)	统计元组个数
COUNT([DISTINCT | ALL]<列名|表达式>)	统计一列中值的个数
SUM ([DISTINCT | ALL]<列名|表达式>)	计算一列值的总和(此列必须为数值型)
AVG ([DISTINCT | ALL]<列名|表达式>)	计算一列值的平均值(此列必须为数值型)
MAX ([DISTINCT | ALL]<列名|表达式>)	求一列值中的最大值
MIN ([DISTINCT | ALL]<列名|表达式>)	求一列值中的最小值

说明：如果指定 DISTINCT 关键字，则表示在统计时要取消指定列的重复值。如果不指定 DISTINCT 关键字和指定 ALL 关键字(默认选项)，则表示不取消重复值。除 COUNT(*)外，聚合函数都会忽略空值。

【实例 5-31】 在图书表(Book)中，查询图书总类数。

```
SELECT COUNT( * ) FROM Book
```

查询结果如图 5-22 所示。

提示：“*”表示以任何一列统计都可以。

【实例 5-32】 查询借过书的读者总人数。

```
SELECT  COUNT(DISTINCT Cardid)  FROM  Borrow
```

查询结果如图 5-23 所示。

图 5-22　实例 5-31 的查询结果

图 5-23　实例 5-32 的查询结果

提示：DISTINCT 表示去掉重复的记录。

【实例 5-33】 在图书表(Book)中，查询所有图书的总数及每种图书的平均库存量。

```
SELECT SUM(Qty),AVG(Qty)  FROM Book
```

查询结果如图 5-24 所示。

提示：SUM AVG 函数中的<列名|表达式>必须为数值型数据。

【实例 5-34】 查询图书表(Book)中，库存量最多和库存量最少的图书数量。

```
SELECT MAX(Qty), MIN(Qty)  FROM Book
```

查询结果如图 5-25 所示。

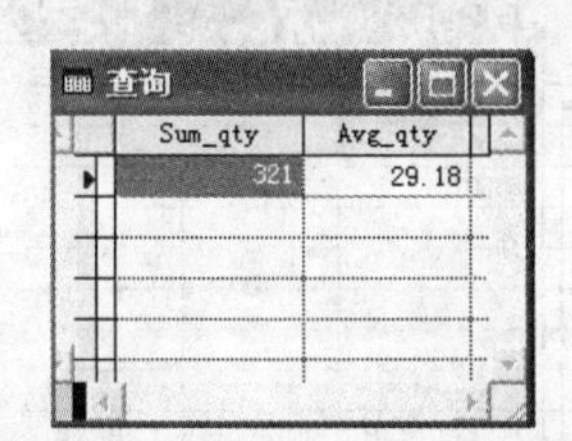

图 5-24　实例 5-33 的查询结果

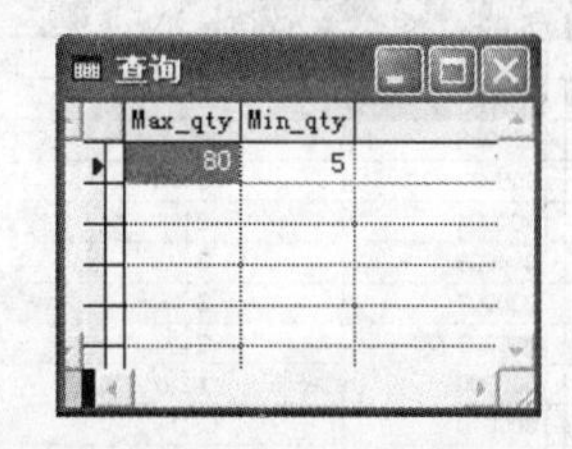

图 5-25　实例 5-34 的查询结果

提示：MAX，MIN 函数中的<列名|表达式>可以是字符型数据。

2)　GROUP BY 分组查询与计算

聚合函数经常与 SELECT 语句的分组子句一起使用。在 SQL 标准中，分组子句是 GROUP BY，GROUP BY 分组查询的一般语法格式如下：

```
SELECT <分组依据列> [,…,n],<聚合函数> [,…,n]
FROM <数据源>
[WHERE <检索条件表达式>]
GROUP BY <分组依据列>[,...,n]
[HAVING <检索条件表达式>]
```

说明：

(1) 在 Visual FoxPro 查询窗口中，分行书写一条 SQL 语句时，需要在每行后加“;”，将多行连接起来。

(2) SELECT 子句和 GROUP BY 子句中的<分组依据列>[,...,n]是相对应的，说明按什么字段进行分组。分组依据列可以只有一列，也可以有多列。分组依据列不能是 text、

image 和 bit 类型的列。

(3) WIIERE 子句中的<检索条件表达式>与分组无关，用来做筛选条件 FROM 子句中指定的数据源所产生的行。执行查询时，先从数据源中筛选出满足<检索条件表达式>的元组，然后再对满足条件的元组进行分组。

(4) GROUP BY 子句用来对 WHERE 子句的输出进行分组。

(5) HAVING 子句用来从分组的结果中筛选行。

【实例 5-35】 统计借阅每种图书的读者总数。

```
SELECT Bookid ,COUNT(DISTINCT Cardid) C_cardid FROM Borrow GROUP BY
Bookid
```

查询结果如图 5-26 所示。

提示：用 GROUP BY 进行分组时，要查询显示的列只能为分组的依据列和聚合函数。

【实例 5-36】 统计借书人数超过 2 人的图书号和读者总数。

```
SELECT Bookid ,COUNT(DISTINCT Cardid) C_Cardid FROM Borrow GROUP BY
Bookid HAVING C_Cardid>2
```

查询结果如图 5-27 所示。

查询

Bookid	C_cardid
000001	2
000002	2
000003	3
000004	2
000005	3
000007	3
000008	2
000009	1
000010	2

图 5-26 实例 5-35 的查询结果

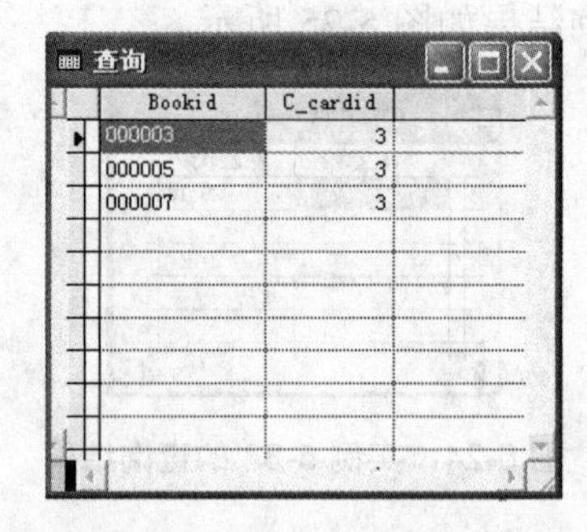

查询

Bookid	C_cardid
000003	3
000005	3
000007	3

图 5-27 实例 5-36 的查询结果

提示：
- HAVING 子句中 C_Cardid>2 是分组后的元组应该满足的条件。
- HAVING 与 GROUP BY 子句必须一起使用，不可以单独使用。

6. 保存查询结果的输出定向子句

在用 SELECT 语句进行查询时，默认的输出结果都在屏幕上，需要改变输出结果可以使用下列命令：

```
SELECT 子句 INTO <目标> | [TO FILE<文件名> [ADDITIVE]| TO PRINTER]
```

命令中各子句的含义如下：

(1) <目标>有如下 3 种形式。

- ARRAY<数组名>。将输出结果存到指定数组名的内存变量数组中。
- CURSOR<临时表>。将输出结果存到一个临时表，这个表的操作与其他表一样，不同的是，一旦被关闭就删除。

- DBF<新表名>| TABLE 新表名。将输出结果存到一个新表，如果该表已经打开，则系统自动关闭它。

(2) TO FILE<文件名>[ADDITIVE]表示将结果输出到指定文本文件，ADDITIVE 表示将结果添加到文件后面。

(3) TO PRINTER 表示将结果送至打印机输出。

【实例 5-37】 统计借出去书的图书号和每本书的读者总数，保存在一个新表 C_cardid_T 中。

```
SELECT Bookid ,COUNT(DISTINCT Cardid)  C_Cardid  INTO TABLE  C_cardid_T
FROM Borrow GROUP BY  Bookid
```

查询结果如图 5-28 所示。

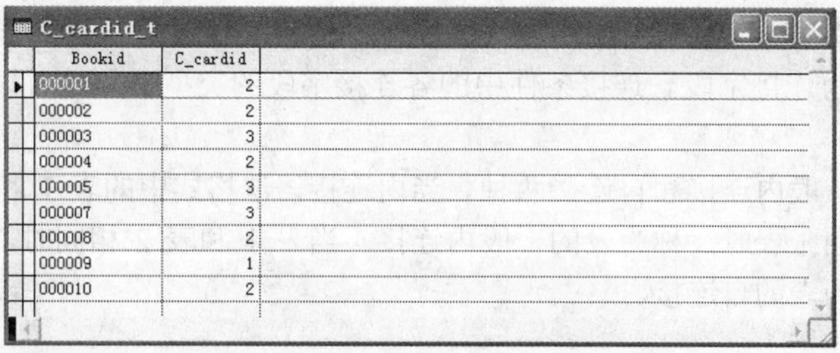

C_cardid_t

Bookid	C_cardid
000001	2
000002	2
000003	3
000004	2
000005	3
000007	3
000008	2
000009	1
000010	2

图 5-28　实例 5-37 的查询结果

提示：INTO TABLE 新表名，这个新表可以是已经存在的，也可以是新建的。

5.4.2　连接查询

前面介绍的查询都是针对一张表进行的，当查询结果的数据涉及多张表时需要使用连接查询。连接查询是关系数据库中最主要的查询，主要包括内连接、外连接和交叉连接等。由于交叉连接的查询结果在实际应用中意义不大，因此我们只介绍内连接和外连接。

1. 表别名

SQL 允许在 FROM 子句中为表定义表别名。就像列别名是给列定义的另外一个名字一样，表别名是表的另一个名字。表别名的作用主要体现在两个方面：一是可以简化表名的书写，特别是当表名比较长或者以中文表示时；二是在自连接中要求必须为表名指定别名。其格式如下：

```
<表名> [as] <表别名>
```

说明：

(1) 表别名最多可以有 30 个字符，但短一些更好。

(2) 如果在 FROM 子句中表别名被用于指定的表，那么在整个 SELECT 语句中都要使用表别名。

(3) 表别名应该是有意义的。

(4) 表别名只对当前的 SELECT 语句有效。

2．内连接

内连接是一种最常用的连接类型。使用内连接时，如果两张表的相关字段都满足连接条件，则可以从这两张表中提取数据并组合成新的记录，即内连接指定返回所有匹配的行，放弃两张表中不匹配的行。

常用的内连接语法格式如下：

```
FROM 表1  [INNER ]  JOIN  表2  ON <连接条件>
```

连接查询中用来连接两张表的条件称为连接条件。连接条件可在 FROM 或 WHERE 子句中指定，但一般在 FROM 子句中指定。其一般格式如下：

```
[<表名1>. ]<列名1><比较运算符>[<表名2>. ]<列名2>
```

其中，当比较运算符为“=”时，称为等值连接；使用其他运算符称为非等值连接。连接条件中的列名称为连接字段。连接条件中的各连接字段的类型必须是可以比较的，但不必是相同的。

内连接包括一般内连接和自连接两种。当内连接语法格式中的表 1 和表 2 不相同时，即连接不相同的两张表时，称为表的一般内连接。当表 1 和表 2 相同时，即一张表与其自己进行连接，称为表的自连接。

1)　一般内连接

【实例 5-38】 对两张表连接查询，查询所有读者及其借书情况。

分析：读者的基本情况存放在读者表(Reader)中，读者借书情况存放在借书表(Borrow)中，所以本查询实际上涉及(Reader)和(Borrow)两张表。两张表间的联系是通过公共属性 Cardid 实现的。

```
SELECT * FROM Reader JOIN Borrow ON Reader.Cardid=Borrow.Cardid
```

查询结果如图 5-29 所示。

查询

Cardid_a	Name	Sex	Dept	Class	Cardid_b	Bookid	Bdate	Sdate
stu000001	张晓峰	女	信息工程学院	1	stu000001	000001	03/20/11	04/20/11
stea000002	赵军	男	建筑工程学院	2	stea000002	000001	12/01/11	01/01/12
stu000001	张晓峰	女	信息工程学院	1	stu000001	000002	03/20/11	04/20/11
stea000002	赵军	男	建筑工程学院	2	stea000002	000003	09/08/11	10/08/11
stu000003	李小燕	女	信息工程学院	2	stu000003	000004	10/01/12	10/25/12
stu000002	赵琳	男	建筑工程学院	2	stu000002	000003	09/08/12	11/05/12
stea000003	梁峰	男	人事处	1	stea000003	000010	03/12/14	06/08/14
stu000004	刘一阔	男	能环学院	1	stu000004	000009	02/02/14	06/08/14
stu000006	龙飞	男	煤炭学院	1	stu000006	000008	03/04/13	04/01/13
stu000002	赵琳	男	建筑工程学院	2	stu000002	000008	05/08/11	09/18/11
stu000007	张哲	女	人文学院	2	stu000007	000007	04/12/11	09/11/11
stu000007	张哲	女	人文学院	2	stu000007	000005	03/11/11	06/12/11
stu000007	张哲	女	人文学院	2	stu000007	000005	03/11/11	06/08/11
stea000001	王建军	男	教务处	1	stea000001	000010	05/05/13	09/09/13
stu000006	龙飞	男	煤炭学院	1	stu000006	000007	03/01/14	03/09/14
stea000001	王建军	男	教务处	1	stea000001	000007	03/11/12	05/10/14
stea000001	王建军	男	教务处	1	stea000001	000005	06/06/14	07/06/14
stu000002	赵琳	男	建筑工程学院	2	stu000002	000005	10/09/10	10/03/14
stu000003	李小燕	女	信息工程学院	2	stu000003	000003	11/02/13	12/06/13
stu000003	李小燕	女	信息工程学院	2	stu000003	000002	05/12/12	05/08/12
stu000004	刘一阔	男	能环学院	1	stu000004	000004	06/02/11	08/08/11
stu000006	龙飞	男	煤炭学院	1	stu000006	000008	05/11/13	08/11/13

图 5-29　实例 5-38 的查询结果(一)

从如图 5-29 所示的查询结果可以看出，两张表的连接结果中包含了两张表的全部列。

Cardid 列有两个，一个来自 Reader 表，另一个来自 Borrow 表。因此，在写多表连接查询的语句时应该将这些重复的列去掉，方法是在 SELECT 子句中直接写出所需要的列，而不是写成*。为了去掉重复列，查询语句改为如下：

```
SELECT reader.Cardid,Name,Sex,Dept,Class,Bookid,Bdate,Sdate FROM Reader
JOIN Borrow ON Reader.Cardid=Borrow.Cardid
```

查询结果如图 5-30 所示。

查询

Cardid	Name	Sex	Dept	Class	Bookid	Bdate	Sdate
stu000001	张晓峰	女	信息工程学院	1	000001	03/20/11	04/20/11
stea000002	赵军	男	建筑工程学院	2	000001	12/01/11	01/01/12
stu000001	张晓峰	女	信息工程学院	1	000002	03/20/11	04/20/11
stea000002	赵军	男	建筑工程学院	2	000003	09/08/11	10/08/11
stu000003	李小燕	女	信息工程学院	2	000004	10/01/12	10/25/12
stu000002	赵琳	男	建筑工程学院	2	000003	09/08/12	11/05/12
stea000003	梁峰	男	人事处	1	000010	03/12/14	06/08/14
stu000004	刘一阔	男	能环学院	1	000009	02/02/14	06/08/14
stu000006	龙飞	男	煤炭学院	1	000008	03/04/13	04/01/13
stu000002	赵琳	男	建筑工程学院	2	000008	05/08/11	09/18/11
stu000007	张哲	女	人文学院	2	000007	04/12/11	09/11/11
stu000007	张哲	女	人文学院	2	000005	03/11/11	06/12/11
stu000007	张哲	女	人文学院	2	000005	03/11/11	06/08/11
stea000001	王建军	男	教务处	1	000010	05/05/13	09/09/13
stu000006	龙飞	男	煤炭学院	1	000007	03/01/14	03/09/14
stea000001	王建军	男	教务处	1	000007	03/11/12	05/10/14
stea000001	王建军	男	教务处	1	000005	06/06/14	07/06/14
stu000002	赵琳	男	建筑工程学院	2	000005	10/09/10	10/03/14
stu000003	李小燕	女	信息工程学院	2	000003	11/02/13	12/06/13
stu000003	李小燕	女	信息工程学院	2	000002	05/12/12	05/08/12
stu000004	刘一阔	男	能环学院	1	000004	06/02/11	08/08/11
stu000006	龙飞	男	煤炭学院	1	000008	05/11/13	08/11/13

图 5-30　实例 5-38 的查询结果(二)

```
FROM 表1 [INNER ] JOIN 表2 ON <连接条件>
```

等价于：

```
FROM 表1，表2 WHERE <连接条件>
```

即，实例 5-38 的查询结果(二)的命令可以改写为

```
SELECT reader.Cardid,Name,Sex,Dept,Class,Bookid,Bdate,Sdate FROM
reader,borrow WHERE reader.Cardid=borrow.Cardid
```

查询结果和实例 5-38 的查询结果(二)完全相同。

提示：
- 进行一般连接的两张表必须有相关联的字段。
- 当在查询结果中出现不同表中的相同列名时，可以通过在列名前添加表名前缀的格式区分：表名.列名。

【实例 5-39】 对三张表进行连接查询，查询读者李小燕的借书情况，要列出读者姓名、图书名称、借书日期、还书日期。

```
SELECT Name,Bookname,Bdate,Sdate FROM reader JOIN borrow ON
reader.Cardid=borrow.Cardid JOIN book ON borrow.bookid=book.bookid WHERE
Name="李小燕"
```

查询结果如图 5-31 所示。

Name	Bookname	Bdate	Sdate
李小燕	VB程序设计	05/12/12	05/08/12
李小燕	计算机审计基础	11/02/13	12/06/13
李小燕	大学语文	10/01/12	10/25/12

图 5-31　实例 5-39 的查询结果

提示：● 进行连接的两张表必须有相关联的字段。

● 不同表中的相同列名，可以通过在列名前添加表名前缀的格式来区分：表名.列名。

2)　自连接

一张表与其自身进行连接，称为表的自连接。

【实例 5-40】 在 Borrow 表中，查询同一个读者在不同借书记录当中，还书日期(sdate)小于借书日期(bdate)的读者编号(cardid)。

```
SELECT DISTINCT b2.Bookid  FROM  borrow  b1, borrow b2 WHERE
b1.Cardid=b2.Cardid  AND  b1.sdate <b2.bdate
```

查询结果如图 5-32 所示。

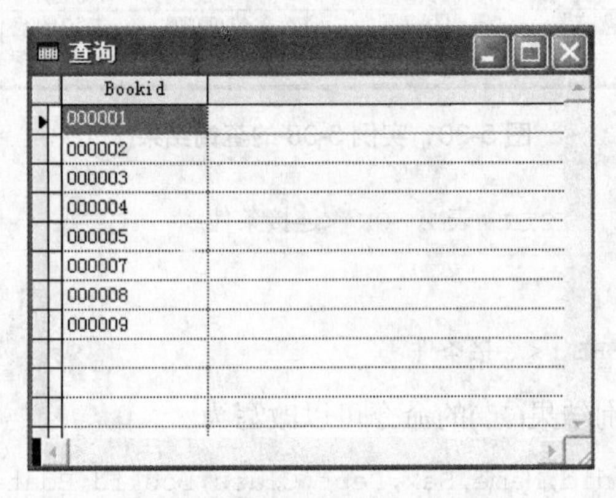

Bookid
000001
000002
000003
000004
000005
000007
000008
000009

图 5-32　实例 5-40 的查询结果

提示：● 自连接也可以理解为一张表的两个副本之间的连接。

● 使用自连接时必须为表指定两个别名，使之在逻辑上成为两张表。

3．外连接

外连接的语法格式如下：

```
FROM  表 1  LEFT | RIGHT | FULL [OUT] JOIN 表 2  ON <连接条件>
```

从语法格式可以看出，外连接又分为左(外)连接(LEFT)、右(外)连接(RIGHT)、全(外)连接(FULL)三种，其中 OUT 可以省略。

外连接与前面介绍的内连接不同。内连接是只有满足连接条件，相应的结果才会出现在结果表中；而外连接可以使不满足连接条件的元组也出现在结果表中。

- 左外连接的含义是不管表 1 中的元组是否满足连接条件，均输出表 1 的元组；在表 2 中若有与连接条件相匹配的元组，则表 2 返回相应值，否则表 2 返回空值。
- 右外连接的含义是不管表 2 中的元组是否满足连接条件，均输出表 2 的元组；如果是在连接条件上匹配的元组，则表 1 返回相应值，否则表 1 返回空值。
- 全外连接的含义是不管表 1 和表 2 中的元组是否满足连接条件，均输出表 1 和表 2 的内容；如果是在连接条件上匹配的元组，则该表返回相应值，否则该表返回空值。
- 外连接操作一般只在两张表上执行。

【实例 5-41】 用左连接或右连接实现。查询读者及其借书情况，包括借书的读者和没有借书的读者，列出读者编号(Cardid)、读者姓名(Name)、性别(Sex)、读者类别(Class)、图书编号(Bookid)、借书日期(Bdate)、还书日期(Sdate)。

```
SELECT reader.Cardid,Name,Sex,Class,Bookid,Bdate,Sdate FROM reader LEFT
JOIN borrow ON reader.Cardid=borrow.Cardid
```

查询结果如图 5-33 所示。

该查询也可以用右连接实现，代码如下：

```
SELECT reader.Cardid,Name,Sex,Class,Bookid,Bdate,Sdate FROM borrow RIGHT
JOIN reader ON reader.Cardid=borrow.Cardid
```

查询

Cardid	Name	Sex	Class	Bookid	Bdate	Sdate
stu000001	张晓峰	女	1	000001	03/20/11	04/20/11
stu000001	张晓峰	女	1	000002	03/20/11	04/20/11
stu000002	赵琳	男	2	000003	09/08/12	11/05/12
stu000002	赵琳	男	2	000008	05/08/11	09/18/11
stu000002	赵琳	男	2	000005	10/09/10	10/03/14
stu000003	李小燕	女	2	000004	10/01/12	10/25/12
stu000003	李小燕	女	2	000003	11/02/13	12/06/13
stu000003	李小燕	女	2	000002	05/12/12	05/08/12
stu000004	刘一阔	男	1	000009	02/02/14	06/08/14
stu000004	刘一阔	男	1	000004	06/02/11	08/08/11
stea000001	王建军	男	1	000010	05/05/13	09/09/13
stea000001	王建军	男	1	000007	03/11/12	05/10/14
stea000001	王建军	男	1	000005	06/06/14	07/06/14
stea000002	赵军	男	2	000001	12/01/11	01/01/12
stea000002	赵军	男	2	000003	09/08/11	10/08/11
stu000005	藏天佑	女	1	.NULL.	.NULL.	.NULL.
stu000006	龙飞	男	1	000008	03/04/13	04/01/13
stu000006	龙飞	男	1	000007	03/01/14	03/09/14
stu000006	龙飞	男	1	000008	05/11/13	08/11/13
stea000003	梁峰	男	1	000010	03/12/14	06/08/14
stu000007	张哲	女	2	000007	04/12/11	09/11/11
stu000007	张哲	女	2	000005	03/11/11	06/12/11
stu000007	张哲	女	2	000005	03/11/11	06/08/11

图 5-33　实例 5-41 的查询结果

提示：从查询结果看，在读者编号为 STU000005 的数据中，图书编号、借书日期、还书日期的值均为 NULL，表明该读者没有借过书，他不满足连接条件，因此在相应列上用空值代替。

注意：在用左连接和右连接实现表的连接时，JOIN 关键字两边表的位置是不能随意交换的。而用内连接实现两张表的连接时，JOIN 关键字两边表的位置是可以交换的。

5.4.3 子查询

子查询是一个嵌套在 SELECT、INSERT、UPDATE 或 DELETE 语句或其他子查询中的查询。子查询也称为内部查询或内部选择，而包含子查询的语句则称为外部查询或外部选择。

嵌套在外部 SELECT 语句中的子查询有以下组件：

- 包含一个或多个表或视图名称的常规 FROM 子句。
- 可选的 WHERE 子句。
- 可选的 GROUP BY 子句。
- 可选的 HAVING 子句。

子查询总是使用圆括号括起来。任何可以使用表达式并且返回值是单个值的地方都可以使用子查询。

包含子查询的外部查询的条件语句通常采用以下格式中的一种：

- `WHERE 表达式 [NOT] IN (子查询)`
- `WHERE 表达式 比较运算 [ANY | ALL] (子查询)`
- `WHERE [NOT] EXISTS (子查询)`

这里介绍常见的两种类型：使用 IN 运算符的子查询和使用比较运算符的子查询。

1. 使用 IN 运算符的子查询

使用 IN 运算符的子查询的语法格式如下：

```
WHERE 表达式  [NOT] IN  (子查询)
```

使用 IN 运算符的子查询的执行顺序是：先执行子查询，然后在子查询的结果基础上再执行外层查询。

【实例 5-42】 查询与读者“张哲”的读者类别(Class)相同的读者姓名(Name)和读者类别(Class)。

分析：先分步骤来完成此查询，然后再构造子查询。

(1) 查询读者“张哲”的读者类别。

```
SELECT Class FROM reader WHERE Name="张哲"
```

(2) 查询读者类别与“张哲”相同的读者姓名和读者类别。

```
SELECT Name,Class FROM reader WHERE Class IN  (1)  AND Name!="张哲"
```

语句中的(1)代表第(1)步的查询结果，此语句仅仅用于分析，不能执行。

将第(1)步的查询语句嵌入第(2)步查询的条件中，构成子查询，SQL 语句如下：

```
SELECT Name,Class FROM reader WHERE Class IN (SELECT Class FROM reader
WHERE Name="张哲") AND Name!="张哲"
```

查询结果如图 5-34 所示。

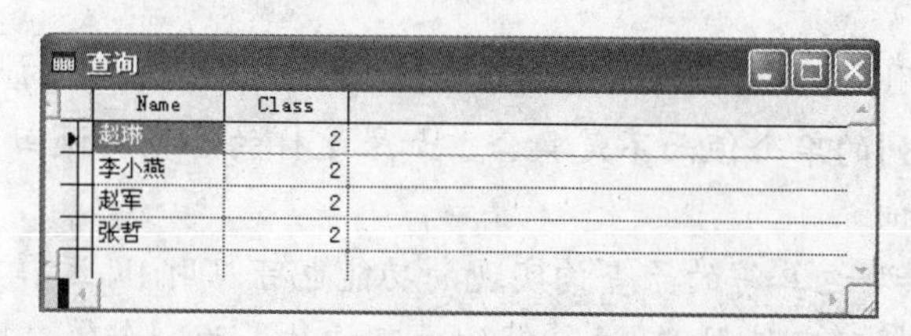

Name	Class
赵琳	2
李小燕	2
赵军	2
张哲	2

图 5-34 实例 5-42 的查询结果

提示：
- 子查询返回的结果是仅包含单个列的集合，外层查询就是在这个集合上使用 IN 运算符进行比较。
- 子查询中的 SELECT 子句里只能有一个目标列表达式，并且外层查询中使用的 IN 运算符的列要与该目标列表达式的数据类型相同。

【实例 5-43】 查询没有借过书的读者姓名、读者性别及所在部门。

```
SELECT  Name,Sex,Dept FROM reader WHERE Cardid  NOT IN (SELECT DISTINCT
Cardid FROM borrow)
```

查询结果如图 5-35 所示(本实例的知识点和提示与实例 5-42 相同)。

Name	Sex	Dept
藏天佑	女	机械学院

图 5-35 实例 5-43 的查询结果

2. 使用比较运算符的子查询

使用比较运算符的子查询的语法格式如下：

```
WHERE  表达式  比较运算符  （子查询）
```

比较运算符可以有=、>、<、>=、<= 等，子查询一定要在比较运算符的后面。用比较运算符的子查询的执行顺序是：先执行子查询，然后在子查询的结果上再执行外层查询。

【实例 5-44】 使用等号子查询，查询与读者“张哲”的读者类别(Class)相同的读者姓名(Name)和读者类别(Class)。

```
SELECT Name,Class FROM reader WHERE Class =(SELECT Class from reader
WHERE Name="张哲") AND Name!="张哲"
```

查询结果如图 5-36 所示。

Name	Class
赵琳	2
李小燕	2
赵军	2

图 5-36 实例 5-44 的查询结果

提示：
- 与使用 IN 运算符的子查询不同，使用比较运算符的子查询返回的必须是单个列的单个值而不是集合。如果这样的子查询返回多个值，则属于错误的查询。
- 用“=”运算符的子查询实现的功能也可以用 IN 运算符的子查询来实现。若能够确定使用 IN 运算符的子查询结果为一个值，则该子查询也可以用“=”运算符的子查询实现。

5.5 小型案例实训

本案例主要应用本章所学的 SQL 命令进行综合数据查询。

【实训目的】掌握 SQL 的综合数据查询、多表连接、嵌套查询的方法。

【实训内容】在“图书管理系统”数据库中，查询哪几种图书从来没有借出过，并计算每种图书的总价值(总价值=单价*数量)，显示图书名、作者、类别、出版社、库存数量、单价及总价值。

【实训步骤】

(1) 先查找借书表中，借出去的图书有哪几种。

```
SELECT DISTINCT bookid FROM borrow
```

(2) 利用谓词 NOT IN 在图书表中查找图书编码不属于指定 IN 集合的元组。

```
SELECT *  FROM book WHERE  bookid NOT IN (SELECT DISTINCT bookid  FROM
borrow )
```

(3) 显示图书名、作者、类别、出版社、库存数量、单价及总价值。

```
SELECT bookname,editor,class,publish,qty,price,(qty*price) AS zjz FROM
book where bookid  NOT IN (SELECT DISTINCT bookid FROM borrow )
```

本 章 小 结

结构化查询语言 SQL 具有语言简洁、高度非过程化等特点，是目前广泛使用的数据库标准语言。本章概述了 SQL 的基本概念，并详细讲解了 SQL 的数据定义、操纵、查询等功能的命令格式及用法。

习　　题

一、选择题

1. SQL 语句中的条件语句的关键字是(　　)。

   A. IF　　B. FOR　　C. WHILE　　D. WHERE

2. 从数据库中删除表的命令是(　　)。

   A. DROP TABLE　　B. ALTER TABLE

C. DELETE TABLE　　D. CREATE TABLE

3. 建立表结构的 SQL 命令是(　　)。

A. CREATE CURSOR　　B. CREATE TABLE

C. CREATE INDEX　　D. CREATE VIEW

4. SQL 语句 DELETE FROM SS WHERE 年龄>60 的功能是(　　)。

A. 从 SS 表中彻底删除年龄大于 60 岁的记录

B. 在 SS 表中将年龄大于 60 岁的记录加上删除标记

C. 删除 SS 表

D. 删除 SS 表中的“年龄”字段

5. 只有满足连接条件的记录才包含在查询结果中，这种连接为(　　)。

A. 左连接　　B. 右连接　　C. 内部连接　　D. 完全连接

6. 在 SQL SELECT 语句中为了将查询结果存储到临时表应该使用短语(　　)。

A. TO CURSOR　　B. INTO CURSOR　　C. INTO DBF　　D. TO DBF

7. SQL 的 SELECT 语句中，“HAVING <条件表达式>”用来筛选满足条件的(　　)。

A. 列　　B. 行　　C. 关系　　D. 分组

8. 以下有关 SELECT 短语的叙述中，错误的是(　　)。

A. SELECT 短语中可以使用别名

B. SELECT 短语中只能包含表中的列及其构成的表达式

C. SELECT 短语规定了结果集中列的顺序

D. 如果 FROM 短语引用的两个表有同名的列，则 SELECT 短语引用它们时必须用表名前缀加以限定

9. 在 SQL 语句中，与表达式“年龄 BETWEEN 12 AND 46”的功能相同的表达式是(　　)。

A. 年龄 >= 12 OR <= 46　　B. 年龄 >= 12 AND <= 46

C. 年龄 >= 12 OR 年龄 <= 46　　D. 年龄 >= 12 AND 年龄 <= 46

10. 假设“图书”表中有 C 型字段“图书编号”，要求将图书编号以字母 A 开头的图书记录全部打上删除标记，可以使用的 SQL 命令是(　　)。

A. DELETE FROM 图书 FOR 图书编号=“A”

B. DELETE FROM 图书 WHERE 图书编号=“A%”

C. DELETE FROM 图书 FOR 图书编号=“A*”

D. DELETE FROM 图书 WHERE 图书编号 LIKE “A%”

11. 消除 SQL SELECT 查询结果中的重复记录，可采取的方法是(　　)。

A. 通过指定主关键字　　B. 通过指定唯一索引

C. 使用 DISTINCT 短语　　D. 使用 UNIQUE 短语

12. 假设成绩字段的默认值是空值，检索还未确定成绩的学生选课信息，正确的 SQL 命令是(　　)。

A. SELECT 学生.学号，姓名，选课.课程号 FROM 学生 JOIN 选课 WHERE 学生.学号=选课.学号 AND 选课.成绩 IS NULL

B. SELECT 学生.学号，姓名，选课.课程号 FROM 学生 JOIN 选课 WHERE 学生.学号=选课.学号 AND 选课.成绩=NULL

C. SELECT 学生.学号，姓名，选课.课程号 FROM 学生 JOIN 选课 ON 学生.学号=选课.学号 WHERE 选课.成绩 IS NULL

D. SELECT 学生.学号，姓名，选课.课程号 FROM 学生 JOIN 选课 ON 学生.学号=选课.学号 WHERE 选课.成绩=NULL

13. 删除 student 表中的“平均成绩”字段的 SQL 命令是(　　)。

A. DELETE TABLE student DELETE COLUMN 平均成绩

B. ALTER TABLE student DELETE COLUMN 平均成绩

C. ALTER TABLE student DROP COLUMN 平均成绩

D. DELETE TABLE student DROP COLUMN 平均成绩

14. 查询尚未归还书(还书日期为空值)的图书编号和借书日期，正确的 SQL 语句是(　　)。

A. SELECT 图书编号,借书日期 FROM 借阅 WHERE 还书日期=“”

B. SELECT 图书编号,借书日期 FROM 借阅 WHERE 还书日期=NULL

C. SELECT 图书编号,借书日期 FROM 借阅 WHERE 还书日期 IS NULL

D. SELECT 图书编号,借书日期 FROM 借阅 WHERE 还书日期

15. 数据库表“教师表”中有“职工号”、“姓名”和“工龄”等字段，其中“职工号”为主关键字，建立“教师表”的 SQL 命令是(　　)。

A. CREATE TABLE 教师表(职工号 C(10) PRIMARY,姓名 C(20),工龄 I)

B. CREATE TABLE 教师表(职工号 C(10) FOREIGN,姓名 C(20),工龄 I)

C. CREATE TABLE 教师表(职工号 C(10) FOREIGN KEY,姓名 C(20),工龄 I)

D. CREATE TABLE 教师表(职工号 C(10) PRIMARY KEY,姓名 C(20),工龄 I)

二、填空题(写出正确的 SQL 语句)

1. 设有订单表 order(订单号，客户号，职员号，签订日期，金额)，查询 2011 年所签订单的信息，并按金额降序排序，正确的 SQL 命令是：__________。

2. 设有学生表 S(学号，姓名，性别，年龄)，查询所有年龄小于等于 18 岁的女同学，并按年龄进行降序排序生成新的表 WS，正确的 SQL 命令是：__________。

3. 设有学生表 S(学号，姓名，性别，年龄)、课程表 C(课程号，课程名，学分)和学生选课表 SC(学号，课程号，成绩)，检索学号、姓名和学生所选课程的课程名和成绩，正确的 SQL 命令是：__________。

4. 设有学生(学号，姓名，性别，出生日期)和选课(学号，课程号，成绩)两个表，计算刘明同学选修的所有课程的平均成绩，正确的 SQL 语句是：__________。

5. 设有学生(学号，姓名，性别，出生日期)和选课(学号，课程号，成绩)两个表，并假定学号的第 3、4 位为专业代码。要计算各专业学生选修课程号为 101 的平均成绩，正确的 SQL 语句是：__________。

6. 设有学生(学号，姓名，性别，出生日期)和选课(学号，课程号，成绩)两个表，查询选修课程号为 101 的得分最高的同学，正确的 SQL 语句是：__________。

7. 设有选课(学号，课程号，成绩)表，插入一条记录到“选课”表中，学号、课程号和成绩分别是 02080111、103 和 80，正确的 SQL 语句是：______________________。

8. 设有歌手表(歌手号，姓名，最后得分)和评分表(歌手号，分数，评委号)，每个歌手的最后得分是所有评委给出的分数的平均值，则计算歌手“最后得分”的 SQL 语句是：__________________。

9. 假设所有的选课成绩都已确定。显示"101"课程号成绩中最高的 10%记录信息，正确的 SQL 命令是：______________________。

10. “教师表”中有“职工号”、“姓名”、“工龄”和“系号”等字段，“学院表”中有“系名”和“系号”等字段，求教师总数最多的系的教师人数，正确的 SQL 语句是：______________。

第6章

查询和视图

视图和查询在许多方面是类似的，区别在于：查询只能检索本地磁盘的数据，而视图则能够检索本地磁盘和远程服务器上的数据；视图是在数据库表(不是自由表)的基础上创建的一种表，虽然它是虚拟表，但却有着广泛的应用，而查询既可对数据库表也可以对自由表进行操作。

Visual FoxPro 提供了查询设计器和视图设计器，用户可通过设计器来进行数据查询，同时可查看由设计器自动生成的 SQL 语句。

本章重点

- 设计查询，查询结果输出重定向，查询结果的排序、查询分组和统计。
- 设计与操作视图，视图与查询、表的不同。

学习目标

- 掌握利用查询设计器来查询数据的方法。
- 掌握视图的概念、特点、类型及视图设计器。
- 掌握视图常用的基本操作。

6.1 查 询 设 计

使用查询设计器创建的查询可以从指定的表或视图中筛选出满足指定条件的记录，并可以对筛选出来的记录进行排序和分类汇总。查询设计器可以将查询结果输出到不同的目的地，方便用户使用。

6.1.1 查询设计器

1. 启动查询设计器

常用的启动查询设计器建立查询的方法有：

- 选择“文件”|“新建”菜单命令，或单击常用工具栏上的“新建”按钮，打开“新建”对话框，然后选中“查询”单选按钮并单击“新建文件”按钮，打开查询设计器建立查询。
- 用 CREATE QUERY 命令打开查询设计器建立查询。

使用以上两种方法建立查询，都要首先进入“添加表或视图”对话框，如图 6-1 所示。

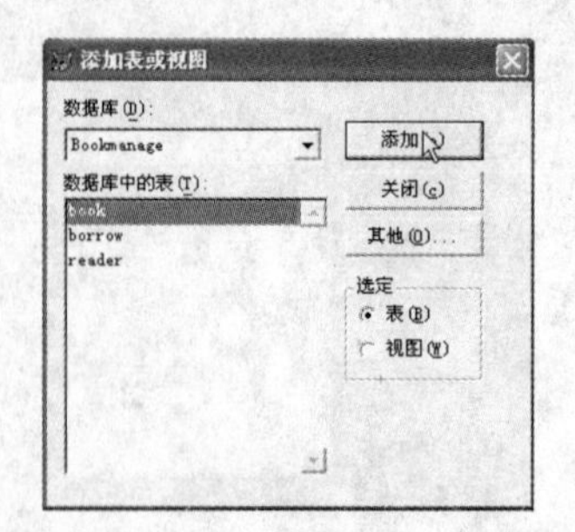

图 6-1 “添加表或视图”对话框

在“添加表或视图”对话框中选择用于建立查询的表或视图，然后在“选定”选项组中选中“表”或“视图”单选按钮，最后单击“添加”按钮。如果单击“其他”按钮还可以选择自由表。当选择完表或视图后，单击“关闭”按钮，可以打开“查询设计器”，如图 6-2 所示。

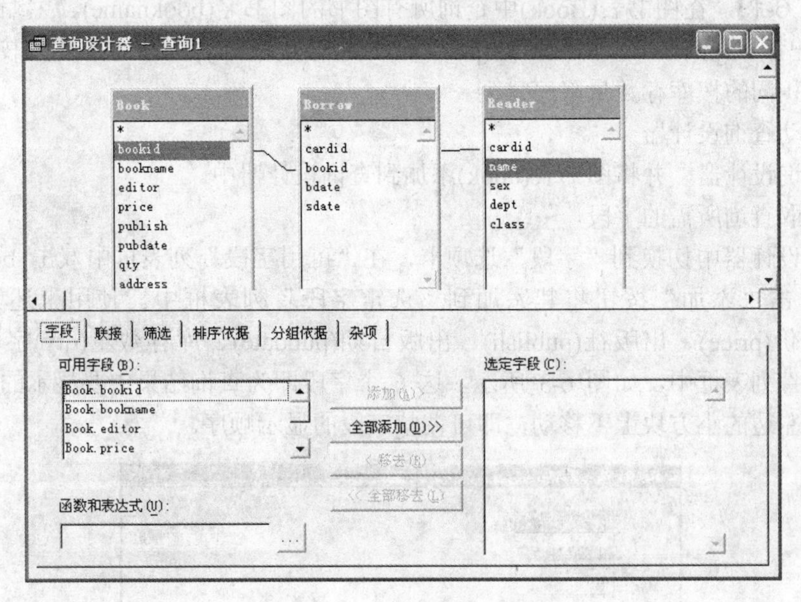

图 6-2　“查询设计器”窗口

2. 查询设计器的选项卡

“查询设计器”中有 6 个选项卡，其功能和 SQL 命令的各子句是相对应的。

1)　“字段”选项卡

在“字段”选项卡中设置查询结果中要包含的字段，对应于 SELECT 命令中的输出字段。双击“可用字段”列表框中的字段，选定的字段就自动移到右边的“选定字段”列表框中。如果要选择全部字段，单击“全部添加”按钮。在“函数和表达式”文本框中，输入或由“表达式生成器”生成一个计算表达式，如 AVG(price)，作为输出字段。

2)　“联接”选项卡

如果要查询多个表，可以在“联接”选项卡中设置表间的连接条件，对应于 JOIN ON 子句。如果数据库中多个表已经建立好永久关系，则这里的条件会利用数据库中的设置自动设置好。

3)　“筛选”选项卡

在“筛选”选项卡中设置查询条件，对应于 WHERE 子句的表达式。

4)　“排序依据”选项卡

在“排序依据”选项卡中指定排序的字段和排序方式，对应于 ORDER BY 子句。

5)　“分组依据”选项卡

在“分组依据”选项卡中设置分组条件，对应于 GROUP BY 子句和 HAVING 子句。

6)　“杂项”选项卡

在“杂项”选项卡中设置有无重复记录以及查询结果中显示的记录数等。

由此可见，查询设计器实际上是 SELECT 命令的图形化界面。

6.1.2 建立查询示例

【实例 6-1】 在图书表(Book)中查询所有图书的图书名(bookname)、主编(editor)、定价(price)、出版社(publish)、出版日期(pubdate)、库存数量(qty)，查询结果按书的定价升序排列，定价相同的按库存数量降序排列。

1) 启动查询设计器

启动查询设计器，并将图书表(book)添加到查询设计器中。

2) 选取查询所需的字段

在查询设计器中切换到“字段”选项卡，在“可用字段”列表框中双击 bookname 字段或通过单击“添加”按钮将其添加到“选定字段”列表框中。使用上述方法将主编(editor)、定价(price)、出版社(publish)、出版日期(pubdate)、库存数量(qty)字段也添加到“选定字段”列表框中，如图 6-3 所示，这 6 个字段即为查询结果中要显示的字段。用鼠标拖动字段左边的小方块上下移动，即可调整字段的显示顺序。

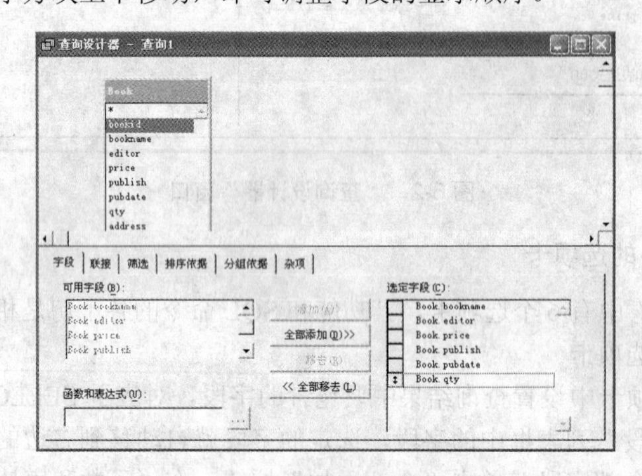

图 6-3 字段选择

3) 建立排序查询

如果在“排序依据”选项卡中不设置排序条件，则显示结果按表中的记录顺序显示。现要求记录按“定价(price)”的升序显示，因此在“排序依据”选项卡的“选定字段”列表框中选择“定价(price)”字段，再单击“添加”按钮，将其添加到“排序条件”列表框中，再选择“排序选项”选项组中的“升序”单选按钮；按相同的方法添加“库存数量(qty)”字段，如图 6-4 所示。

4) 保存查询文件

查询设计完成后，选择“文件”|“另存为”菜单命令，或单击常用具栏上的“保存”按钮，打开“另存为”对话框。选定查询文件将要保存的位置，输入查询文件名，并单击“保存”按钮，如图 6-5 所示。

5) 关闭查询设计器

单击“关闭”按钮，关闭查询设计器。完成查询操作后，单击“查询设计器”工具栏

中的 SQL 按钮，或选择“查询”|“查看 SQL”菜单命令，可以看到查询文件的内容，如图 6-6 所示。

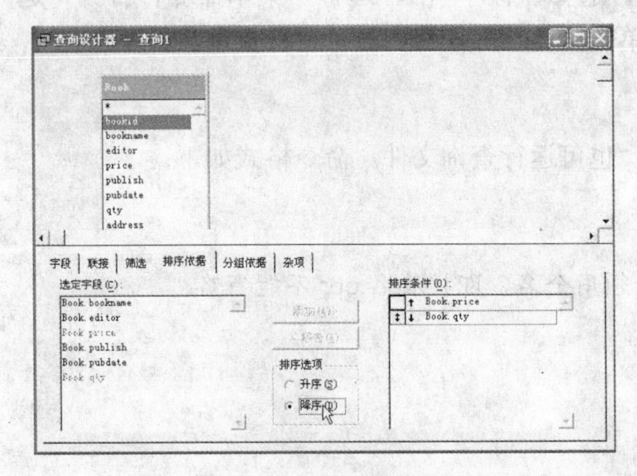

图 6-4　设置排序依据

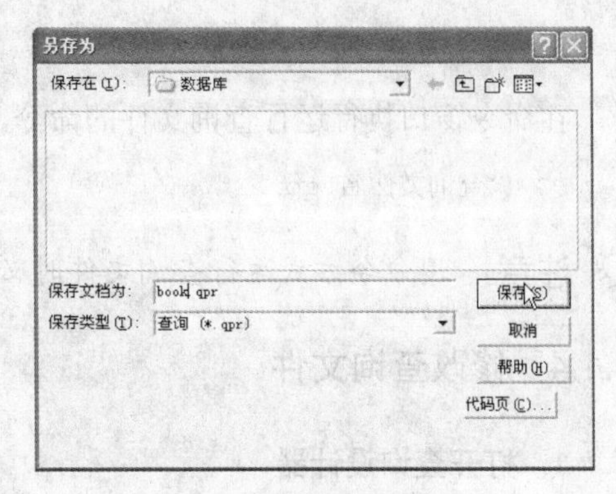

图 6-5　保存查询文件

图 6-6　查询文件内容

提示：对于多表查询，需要先将多个表建立关联。

6.1.3　运行查询文件

使用查询设计器设计查询时，每设计一步，都可运行查询，查看运行结果，这样可以边设计、边运行，如果对结果不满意可以再设计、再运行，直至达到满意的效果为止。

1．在查询设计器中直接运行

在“查询设计器”窗口中，选择“查询”　|“运行查询”菜单命令，或单击常用工具栏中的“运行”按钮，即可运行查询。在实例 6-1 中建立的查询，运行结果如图 6-7 所示。

查询

Bookname	Editor	Price	Publish	Pubdate	Qty
VB程序设计	王鹏飞	19	清华大学出版社	03/01/11	26
大学语文	谭一阔	23	水电出版社	10/12/11	34
VB程序设计	刘艺华	28	高等教育出版社	08/02/09	6
高等数学（第四版下）	同济大学	30	高等教育出版社	01/08/00	50
计算机网络基础	刘峰	30	北京邮电出版社	08/12/12	20
高等数学（第四版上）	同济大学	33	高等教育出版社	01/08/00	80
大学英语	赵乐楚	34	北京外国语出版社	06/18/14	18
机械制图	张飞龙	35	机械工业出版社	04/10/12	22
数据库应用技术	车蕾	36	清华大学出版社	02/01/10	5
计算机审计基础	张浩	45	机械工业出版社	04/02/10	20
计算机网络基础	谭玉龙	48	水利水电出版社	03/12/13	40

图 6-7　运行查询文件

2．利用菜单命令运行

在设计查询过程中或保存查询文件后，选择“程序”|“运行”菜单命令，打开“运行”对话框，选择要运行的查询文件，再单击“运行”按钮，即可运行查询文件。

3．命令方式

在命令窗口执行运行查询文件的命令，也可运行查询文件。命令格式如下：

```
DO <查询文件名.qpr>
```

注意： 用命令方式运行查询文件时必须用全名，即扩展名.qpr 不能省略。

6.1.4 修改查询文件

1．打开查询设计器

选择“文件”|“打开”菜单命令，指定文件类型为“查询”，选择相应的查询文件，单击“确定”按钮即可。

使用命令也可以打开查询设计器，命令格式如下：

```
MODIFY QUERY <查询文件名.qpr>
```

打开指定查询文件的查询设计器，以便修改查询文件。

2．修改查询

根据查询结果的需要，可以利用 6 个查询选项卡中对不同的选项重新设置。下面根据要求，对查询文件进行修改。

1) 设置查询

使查询结果只显示“定价(price)”大于等于 30 的记录，操作步骤如下：

切换到“筛选”选项卡，在“字段名”下拉列表框中选取“Book.price”，在“条件”下拉列表框中选择“>=”；在“实例”输入框中单击，显示输入提示符后输入“30”。此时设置的条件即为“price >=30”，如图 6-8 所示。

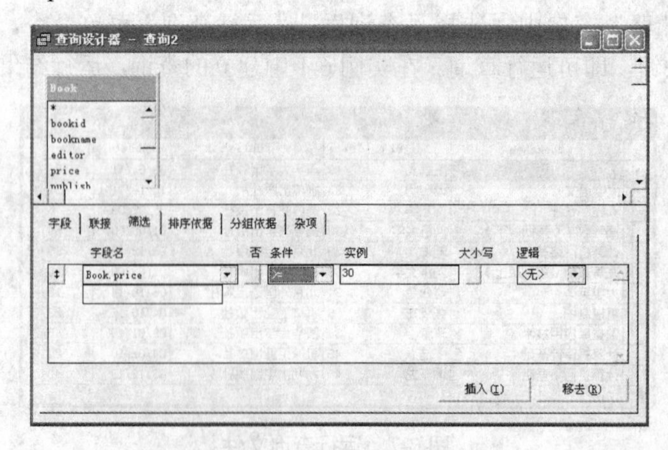

图 6-8 设置筛选条件

2)　修改排列顺序

将排列顺序改为按“定价”降序排列，操作步骤如下：

切换到“排序依据”选项卡，选择排序条件中的“Book.price”，在“排序选项”选项组中选中“降序”单选按钮。

3．运行查询文件

单击常用工具栏上的“运行”按钮，运行查询文件。单击“关闭”按钮，关闭浏览窗口。

4．保存修改结果

选择“文件”|“保存”菜单命令，或单击常用工具栏上的“保存”按钮，保存对文件的修改。单击 “关闭”按钮，关闭查询设计器。

6.1.5　定向输出查询文件

系统默认将查询的结果显示在“浏览”窗口中，也可以选择其他输出去向，例如，输出到临时表、表、图形、屏幕、报表和标签，如图 6-9 所示。查询结果的去向及其含义如表 6-1 所示。

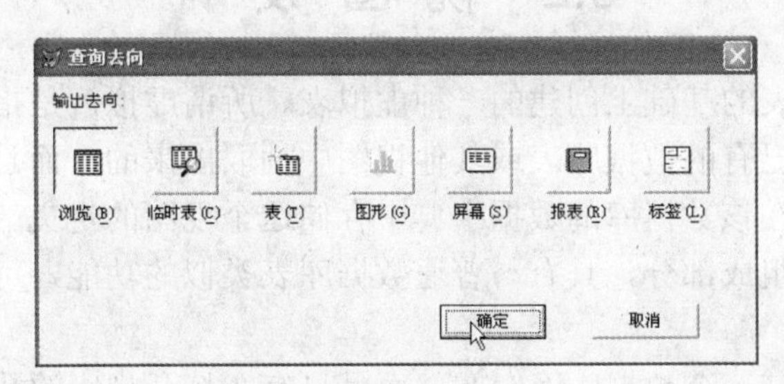

图 6-9　查询去向

表 6-1　查询的去向及含义

查询去向	含　义
浏览	在“浏览”窗口中显示查询结果
临时表	将查询结果存储在一个临时只读表中
表	将查询结果存储在一个指定的表中
图形	将查询结果输送给 Microsoft Graph 程序以绘制图表，该查询结果中只能有一个字符型字段和若干个数值型字段
屏幕	在 Visual FoxPro 的主窗口或当前活动输出窗口中显示查询结果
报表	将查询结果输送给一个报表文件(.frx)
标签	将查询结果输送给一个标签文件(.lbx)

下面将查询文件的查询结果输出到临时表，具体操作步骤如下：

(1)　打开查询设计器。

(2)　选择“查询”|“查询去向”菜单命令，系统将显示如图 6-9 所示的“查询去向”

对话框。

(3) 单击“临时表”按钮，在“临时表名”文本框中输入临时表名，单击“确定”按钮，关闭“查询去向”对话框。

(4) 保存对查询文件的修改。单击查询设计器窗口的“关闭”按钮，关闭查询设计器。

(5) 运行该查询文件。由于将查询结果输出到了一个临时表中，因此查询结果将不在浏览窗口中显示。选择“显示”|“浏览”菜单命令，可以显示该临时表的内容。单击浏览窗口的“关闭”按钮，关闭浏览窗口。

如果用户只需浏览查询结果，可将查询结果输出到浏览窗口。浏览窗口中的表是一个临时表，关闭浏览窗口后，该临时表将被自动删除。

如果设置查询去向为“图形”，那么在运行该查询文件时，系统将启动图形向导，用户可以根据图形向导的提示进行操作，将查询结果送到 Microsoft Graph 中。需要注意的是，以图形的方式显示查询结果虽然是一种比较直观的显示方式，但它要求在查询结果中必须包含可分类的字段和数值型字段。另外，表越大图形向导处理图表的时间就越长，因此还必须考虑表的大小。

6.2 视图设计

视图是在数据库表的基础上创建的一种虚拟表。所谓虚拟，是指视图中的数据是按照用户指定的条件，从已有的数据库表或其他视图中抽取出来的，而且这些数据在数据库中并不另外保存，只是在该数据库的数据字典中存储这个视图的定义。视图一旦被定义，就成为数据库中的一个组成部分，具有与普通数据库表类似的功能，可以像数据库表一样，接受用户的访问。

视图只能依赖于某一个数据库而存在，而且只有在打开相应的数据库后，才能创建和使用视图。用户通过视图不仅可以从单个或多个数据库表中提取所需的数据，更重要的是，还可以通过视图来更新源表中的数据。视图分为本地视图与远程视图。本地视图直接从本地计算机的数据库表或其他视图中提取数据；远程视图则可以从支持开放数据库连接ODBC(Open DataBase Connectivity)的远程数据源(如网络服务器)中提取数据。我们可以将一个或多个远程视图添加到本地视图中，以便能在同一个视图中同时访问来自本地数据库和远程 ODBC 数据源中的数据。

使用视图具有以下优点：

- 提高了数据库使用的灵活性。按个人的需要来定义视图，可使不同的用户将注意力集中在各自关心的数据上。这样，同一个数据库在不同用户的眼中呈现为不同的视图，从而提高了数据库应用的灵活性。
- 简化了对数据库的操作。通过视图将各表中的相关数据集中在一起，更新视图的同时也就更新了各个表中的数据。
- 可支持网络应用。创建远程视图后，用户可直接访问网络上的远程数据库中的数据。

视图与查询一样都是从表中获取数据，其实质都是应用 SELECT 语句来完成。视图与查询的区别主要是：视图是一个虚拟表，而查询是以*.qpr 文件的形式存放在磁盘中，更新视图中数据的同时也就更新了源表中的数据，这一点与查询是完全不同的。

6.2.1　视图设计器

Visual FoxPro 提供了三种创建视图的方法。即利用视图设计器创建视图，利用视图向导创建视图，通过命令创建视图。下面介绍如何利用视图设计器创建视图。

1. 启动视图设计器

1)　菜单操作

(1)　在系统菜单中，选择“文件”|“新建”菜单命令，打开“新建”对话框。

(2)　选中“视图”单选按钮，再单击“新建文件”按钮，在打开视图设计器的同时，还会打开“添加表或视图”对话框。

(3)　将所需的表添加到视图设计器中，然后单击“关闭”按钮。

2)　命令操作

命令格式如下：

```
CREATE  VIEW
```

注意： 与查询是一个独立的程序文件不同，视图不能单独存在，它只能是数据库的一部分。在建立视图之前，首先要打开需要使用的数据库文件。

2. “视图设计器”窗口

视图设计器的界面和查询设计器基本相同，不同之处为视图设计器的选项卡有 7 个，其中 6 个选项卡的功能和用法与查询设计器完全相同。这里介绍查询设计器中没有的“更新条件”选项卡的功能和使用方法。

“更新条件”选项卡如图 6-10 所示，该选项卡用于设定更新数据的条件，其中各部分的含义如下：

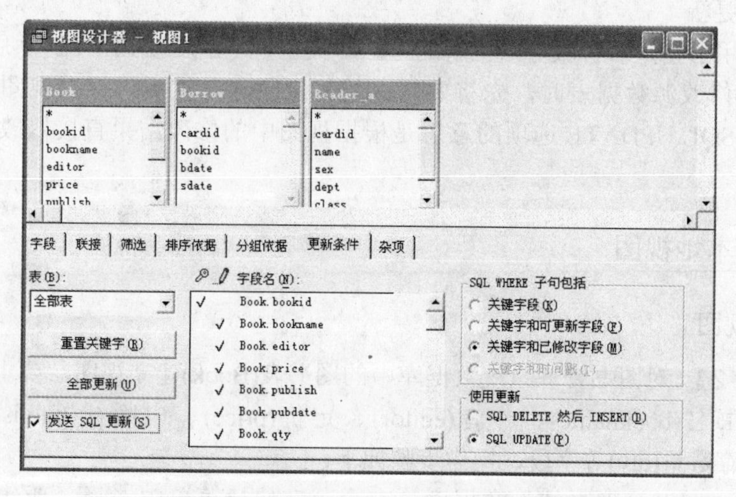

图 6-10　视图设计器“更新条件”选项卡

1)　表

在“表”下拉列表框中可以指定视图文件中允许更新的表。如选择“全部表”选项，那么在“字段名”列表框中将显示在“字段”选项卡中选取的全部字段。如果只选择其中的一个表，那么在“字段名”列表框中将只显示该表中被选择的字段。

2)　字段名

该列表框中列出了可以更新的字段。其中钥匙符号列为关键字段，若某个字段前在“钥匙”符号列出现对号(√)标记，则表示该字段为关键字段；若某个字段前在“铅笔”符号列出现对号(√)标记，则表示该字段的内容可以更新。设置时，必须要有关键字段，否则源表中的字段都不能修改。

默认情况下，非关键字段都可以更新，关键字段不可以更新，建议不要使用视图更新关键字段。

3)　发送 SQL 更新

此复选框用于指定是否将视图中的更新结果传回源表。

4)　SQL WHERE 子句

当通过视图更新源表中的数据时，其他用户可能也在通过某种方法修改源表中的数据，为了避免更新冲突，Visual FoxPro 采取的方法是：在对源表更新之前，Visual FoxPro 首先检查数据被提取到视图之后，源表中受检测的字段是否被其他用户修改过，如果修改过，就不允许将视图中的更新反映到源表中。“SQL WHERE 子句包括”选项组中的各选项的含义如下：

- 关键字段。视图中标记为“关键字段”的字段在源表中被其他用户修改后，更新失败。
- 关键字段和可更新字段。视图中任何标记为“关键字段”或“可更新字段”的字段在源表中被其他用户修改后，更新失败。
- 关键字段和已修改字段。视图中任何标记为“关键字段”或“已修改字段”在源表中被其他用户修改后，更新失败。

5)　使用更新

此复选框用于指定后台服务器更新的方法。其中，“SQL DELETE 然后 INSERT”选项的含义为在修改源数据表时，先将要修改的记录删除，然后再根据视图中的修改结果插入新记录。SQL UPDATE 选项的意思是根据视图中的修改结果直接修改源数据表中的记录。

6.2.2　创建本地视图

1．单表视图

【实例 6-2】 对图书管理系统数据库中的图书表(Book)建立视图，要求包括图书编号(bookid)、图书名(bookname)、作者(editor)、定价(price)、出版社(publish)、出版日期(pubdate)、库存数量(qty)等字段，操作步骤如下：

(1) 打开“图书管理系统”数据库，右击，在快捷菜单中选择“新建本地视图”命令，单击“新建视图”按钮，进入视图设计器。

在其中添加图书表(Book)，并在“字段”选项卡中选择 Book.bookid、Book.bookname、Book.editor、Book.price、Book.publish、Book.pubdate 和 Book.qty 字段，如图 6-11 所示。

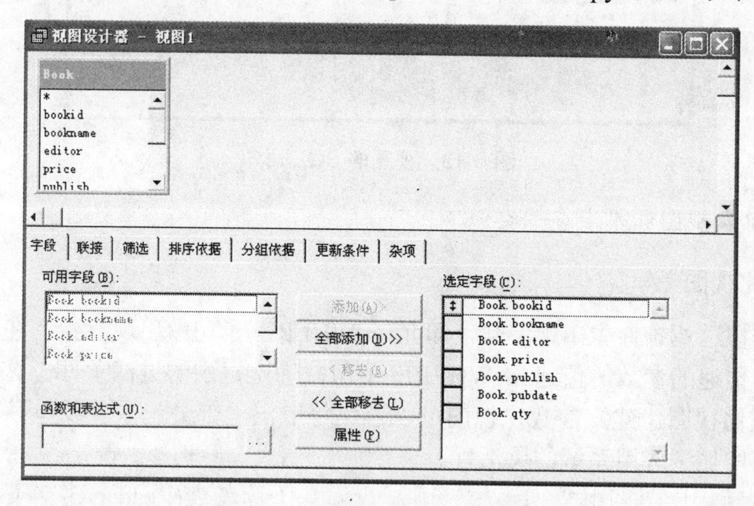

图 6-11　视图设计器——选定字段

(2) 视图设计器的“字段”选项卡中比查询设计器的“字段”选项卡多了一个“属性”按钮，单击“属性”按钮，会弹出如图 6-12 所示的“视图字段属性”对话框，用于设置数据输入的有效性规则、注释、显示主题等。其操作跟数据库中表的有效性规则设置相似。

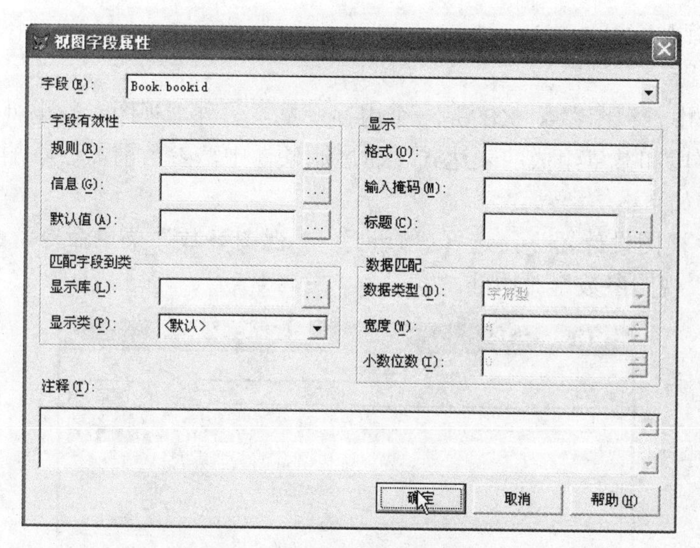

图 6-12　“视图字段属性”对话框

(3) 设置完成后，选择“文件”|“保存”菜单命令或单击常用工具栏中的“保存”按钮，保存视图。

(4) 单击视图设计器工具栏中的 SQL 按钮可以看到该视图的 SQL 语句，如图 6-13 所示。

图 6-13　视图的 SQL 语句

提示：单表视图和单表查询类似。

2. 参数化视图

视图允许在过滤条件中出现参数，即允许 WHERE 子句中出现参数，在打开视图时，系统将根据所传递的参数的值建立 WHERE 子句，确定记录的过滤条件。这种带有参数的视图称为参数化视图。建立参数化视图可以避免每取出一部分记录就要单独创建一个视图的情况，从而增加了应用系统的灵活性。

例如：在数据库“图书管理系统”中，我们基于读者表(Reader)建立了一个视图，其过滤条件是 sex 为“男”的读者。但在现实的应用中，用户还需要查看女读者的信息。在这样的情况下，使用参数化视图可以避免单独建立许多相似的视图，方法是在视图的过滤条件中增加“sex=? XB”语句，其中 XB 是一个变量，在打开视图前为 XB 传递一个值，系统将根据 XB 的值建立过滤条件。这个视图的 SQL 语句如下：

```
SELECT *;
FROM  图书管理系统! Reader;
WHERE  reader.sex =?XB
```

在这个例子中，视图参数 XB 是一个内存变量。另外，视图参数也可以是一个字段名或者由变量、字段和常量组成的表达式。在过滤条件中，参数前需要添加“？”。上面例子的具体操作步骤如下：

(1) 打开“视图设计器”，选择“查询”|“视图参数”菜单命令，此时系统弹出如图 6-14 所示的“视图参数”对话框。

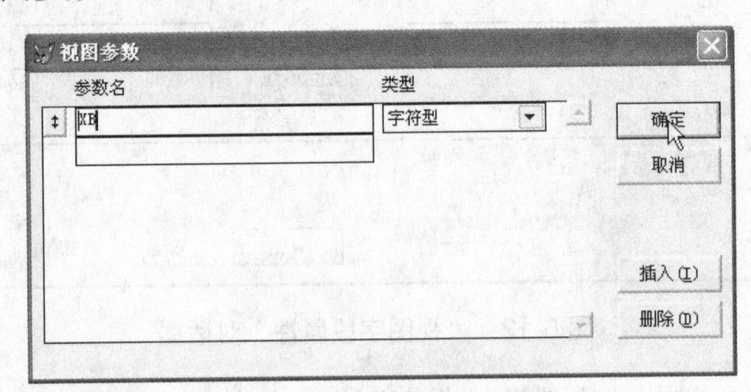

图 6-14　“视图参数”对话框

(2) 在“视图参数”对话框中输入参数名“XB”，单击“确定”按钮，就为此视图建立了一个视图参数。

(3) 在“视图设计器”的“筛选”选项卡的“实例”中输入要使用的参数，如图 6-15

所示。

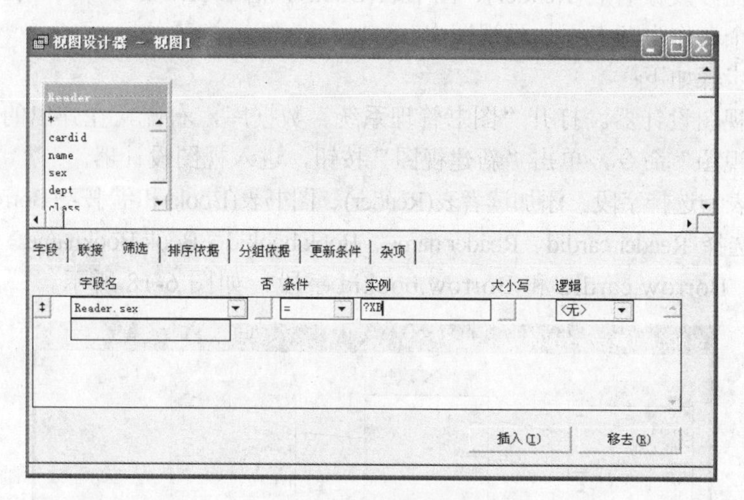

图 6-15　设置筛选条件

(4) 单击常用工具栏中的“！”按钮，运行视图，弹出如图 6-16 所示的对话框，输入“女”，单击“确定”按钮，视图运行结果如图 6-17 所示。

图 6-16　输入视图参数

Cardid	Name	Sex	Dept	Class
stu000001	张晓峰	女	信息工程学院	1
stu000003	李小燕	女	信息工程学院	2
stu000005	藏天佑	女	机械学院	1
stu000007	张哲	女	人文学院	2

图 6-17　视图运行结果

3. 多表视图及更新设计

在数据库“图书管理系统”的借阅表(Borrow)中，我们只能查看图书编号及读者编号，而与图书编号对应的图书名在图书表(Book)中，与读者编号对应的读者姓名在读者表(Reader)中，若要查看某个读者的借阅信息，包括读者编号、读者姓名及其所借图书的图书编号、图书名称等需要建立多表视图。

另外，更新数据是视图的重要特点，也是与查询最大的区别。使用“更新条件”选项卡可以把用户对视图中数据所做的修改，包括更新、删除及插入等结果返回到数据源。

【实例 6-3】 在“图书管理系统”数据库中建立视图，要求包含读者编号、读者姓名、图书编号、图书名称、借书日期、还书日期，并且可以用视图按图书编号修改源表当中的还书日期。

因为该视图涉及读者表(Reader)、图书表(Book)、借书表(Borrow)三个表，所以要把数据库中的这三个表作为源表添加到视图中。

具体操作步骤如下：

(1) 打开视图设计器。打开“图书管理系统”数据库，右击，在弹出的快捷菜单中选择“新建本地视图”命令，单击“新建视图”按钮，进入视图设计器。

(2) 添加表与选择字段。添加读者表(Reader)、图书表(Book)和借书表(Borrow)，并在“字段”选项卡中选择 Reader.cardid、Reader.name、Book.bookid、Book.Bookname、Borrow.bdate、Borrow.sdate、Borrow.cardid 和 Borrow.bookid 字段，如图 6-18 所示。

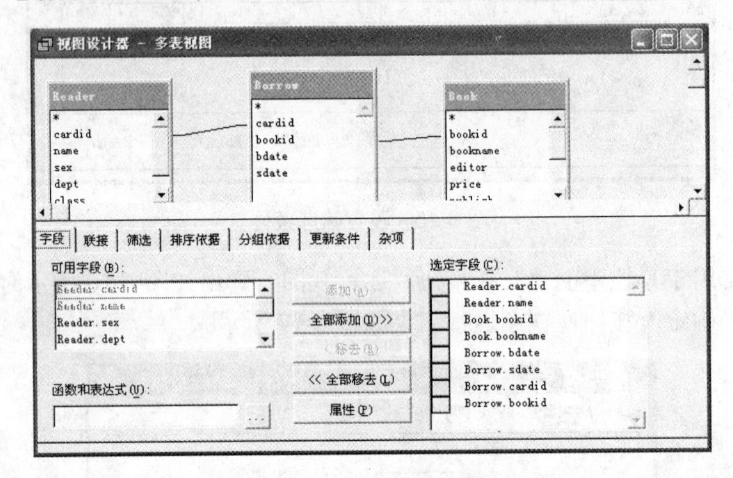

图 6-18　设计多表视图

(3) 设置联接条件。由于数据库中的这三个表已经建立好永久关系，因此这里的联接条件已经自动设置好，如图 6-19 所示。如果数据库中的表没有设置永久关系，则这里的联接条件需要手动设置。

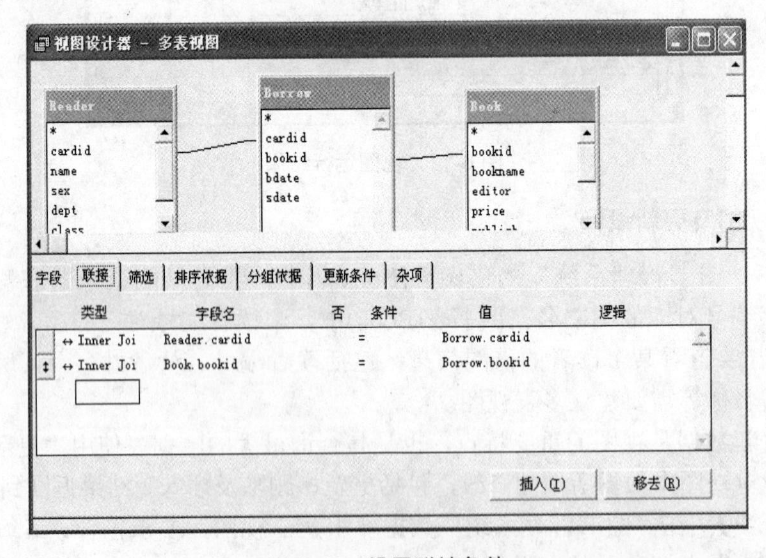

图 6-19　设置联接条件

(4) 设置筛选条件。首先在“视图参数”对话框中输入参数名“DZBH”，然后切换到“筛选”选项卡，在“字段名”下拉列表框中选择 Reader.cardid 字段，设置筛选条件为“=”，在“实例”文本框中输入“？DZBH”，如图 6-20 所示。

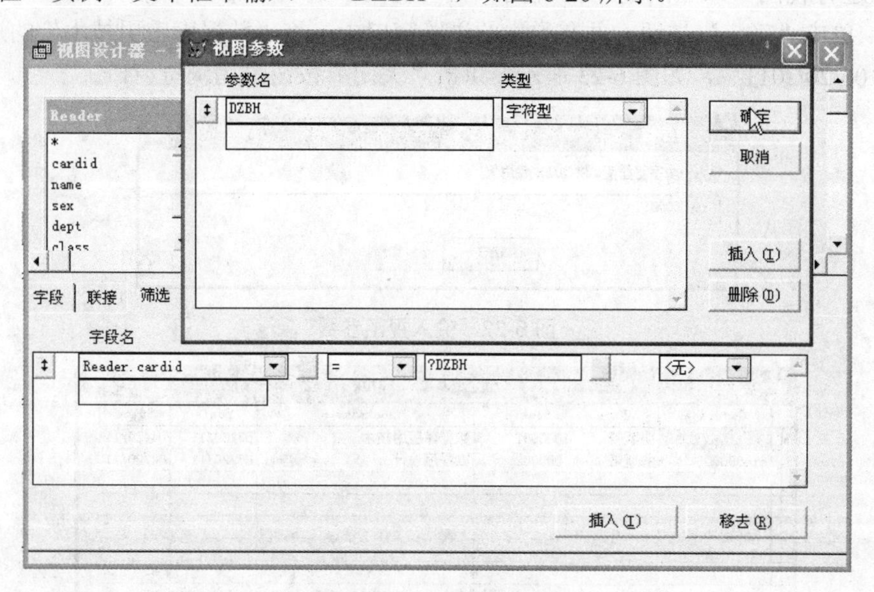

图 6-20　设置筛选条件

(5) 更新设计。因为还书日期(Sdate)字段包含在借书表(Borrow)中，所以这里只需要更新借书表。切换到“更新条件”选项卡，在“表”下拉列表框中选择 Borrow，在“SQL WHERE 子句包括”选项组中选中“关键字和已修改新字段”单选按钮，在“使用更新”选项组中选中 SQL UPDATE 单选按钮，即直接修改源记录，选中“发送 SQL 更新”复选框，把视图的修改结果返回到源表，如图 6-21 所示。

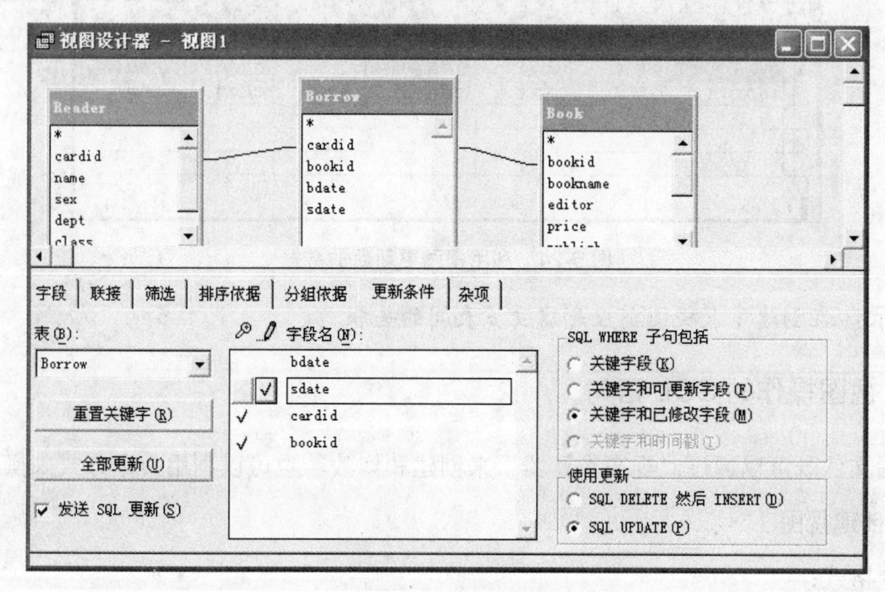

图 6-21　设置筛选条件

(6) 保存视图。选择“文件”|“保存”菜单命令或单击常用工具栏中的“保存”按钮，保存视图，然后关闭视图设计器。

(7) 运行视图。双击所建立的视图，在“视图参数”对话框中输入“stu000001”(见图 6-22)，单击“确定”按钮，并在弹出的浏览窗口中，将“数据库应用技术”的还书日期修改为“06/20/2011”，如图 6-23 所示，单击“关闭”按钮关闭浏览窗口。

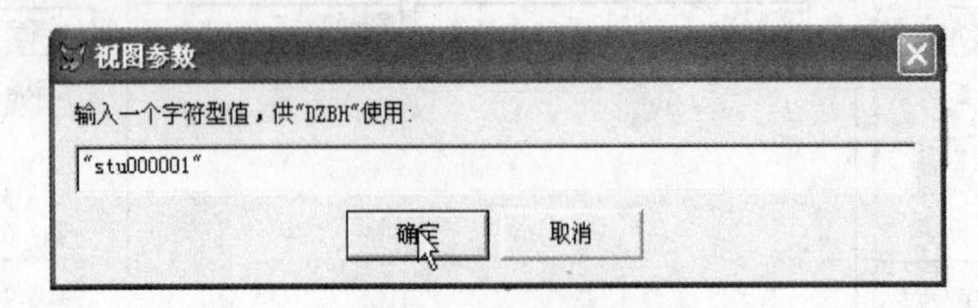

图 6-22　输入视图参数

多表视图

Cardid_a	Name	Bookid_a	Bookname	Bdate	Sdate
stu000001	张晓峰	000001	数据库应用技术	03/20/11	04/20/11
stu000001	张晓峰	000002	VB程序设计	03/20/11	04/20/11

图 6-23　修改视图数据

(8) 查看源表。建立查询，查询读者编号为“stu000001”，课程名为“数据库应用技术”的还书日期，如图 6-24 所示，可以看到还书日期已经由原来的“04/20/2011”改为了“06/20/2011”。

查询

Cardid_a	Name	Bookid_a	Bookname	Bdate	Sdate
stu000001	张晓峰	000001	数据库应用技术	03/20/11	06/20/11
stu000001	张晓峰	000002	VB程序设计	03/20/11	04/20/11

图 6-24　利用视图更新后的数据

提示：在创建多表视图前应先建立多表间的关联。

6.2.3　视图操作的 SQL 语句

视图文件既可以通过“视图设计器”来创建和修改，也可以利用命令方式来操作。

1. 创建视图

命令格式：

```
CREATE VIEW[<视图名>] [AS  SELECT 命令]
```

功能：按照 AS 子句中的 SELECT 命令查询数据，创建本地或远程的视图。

2．维护视图

视图的维护主要包括重命名、修改和删除等操作。

1)　重命名视图

命令格式：RENAME VIEW <原视图名> TO <目标视图名>

2)　修改视图

命令格式：MODIFY VIEW <视图名>

3)　删除视图

格式：DELETE　VIEW <视图名>

6.3　小型案例实训

本案例主要应用 SQL 命令来创建视图。

【实训目的】掌握数据查询的 SQL 命令与创建视图的 SQL 命令。

【实训内容】在“图书管理系统”数据库中通过 SQL 命令建立视图，要求包含读者姓名、读者性别、所在部门、图书名称、主编、出版社、出版日期、借书日期、还书日期。

【实训步骤】

(1)　先进行多表查询，查询读者姓名、读者性别、所在部门、图书名称、主编、出版社、出版日期、借书日期、还书日期。

```
SELECT name,sex,dept,bookname,editor,publish,pubdate,bdate,sdate FROM
reader JOIN Borrow ON Reader.cardid=borrow.cardid JOIN Book ON
Borrow.bookid=book.bookid
```

(2)　通过命令 CREATE VIEW[<视图名>] [AS　SELECT 命令]，创建名为 Borrow 的视图。

```
CREATE VIEW Borrow AS;
SELECT name,sex,Dept,bookname,editor,publish,pubdate,bdate,sdate FROM
Reader JOIN Borrow ON Reader.cardid=Borrow.cardid JOIN Book ON
Borrow.bookid=Book.bookid
```

本 章 小 结

查询在数据处理中的应用非常普遍，本章详细介绍了 VFP 中运用 SQL 语句、查询设计器和视图设计器来完成查询的过程。视图是存放在数据库中的虚表，它同时具备了表和查询的特点。

习　　题

一、选择题

1. 在查询设计器中，“字段”选项卡对应 SQL(　　)短语，用来指定要查询的数据。

A. SELECT　　B. FROM　　C. WHERE　　D. ORDER BY

2. 在查询设计器中，“筛选”选项卡对应(　　)短语，用来指定查询条件。

A. SELECT　　B. FROM　　C. WHERE　　D. ORDER BY

3. 在查询设计器中，选中“杂项”选项卡中的“无重复记录”复选框，与执行 SELECT 语句中的(　　)等效。

A. WHERE　　B. JOIN　ON　　C. ORDER BY　　D. DISTINCT

4. 在查询设计器中，“排序依据”选项卡对应(　　)短语，用于指定排序的字段和排序方式。

A. SELECT　　B. FROM　　C. WHERE　　D.　ORDER BY

5. SELECT 语句中的 GROUP BY 和 HAVING 短语对应查询设计器上的(　　)选项卡。

A. 字段　　B. 连接　　C. 分组依据　　D. 排序依据

6. 下列选项中，视图不能够完成的是(　　)。

A. 指定可更新的表　　B. 指定可更新的字段

C. 检查更新合法性　　D. 删除和视图相关的表

7. 下列关于查询和视图的区别，说法正确的是(　　)。

A. 视图几乎可用于一切能使用表的地方，而查询不能

B. 查询与视图的定义都保存在相同的文件中

C. 查询和视图都只能读取基表的数据

D. 查询与视图的定义和功能完全相同

8. 在 Visual FoxPro 中，视图是基于(　　)而创建的。

A. 表　　B. 视图　　C. 查询　　D. 报表

9. 修改本地视图的命令是(　　)。

A. RENAME VIEW　　B. CREATE VIEW

C. OPEN VIEW　　D. MODIFY VIEW

10. 在 Visual FoxPro 中，视图分为(　　)。

A. 本地视图和网络视图　　B. 本地视图和远程视图

C. 远程视图和网络视图　　D. 以上答案都不对

二、填空题

1. 在创建视图时，相应的数据库必须是________________状态。

2. 在查询设计器中，用于编辑连接条件的选项卡是________________。

3. 查询设计器的“筛选”选项卡用于指定查询的________________。

4. 视图一经建立，就可以像使用__________________一样来使用。

5. 当一个视图基于多个表时，这些表之间必须是 ______________。

三、操作题

在“图书管理系统”数据库中建立视图，视图中包含读者姓名、读者性别、所在部门、图书名称、图书作者、定价、出版社、借书日期、还书日期等字段。

第7章

程序设计基本概述

本章重点

- 结构化程序设计与面向对象程序设计。
- 面向对象程序设计中表单、标签、文本框、命令按钮的属性、事件与方法。
- 结构化程序设计中的顺序结构、选择结构、循环结构、子程序、过程。

学习目标

- 理解结构化程序设计与面向对象程序设计的概念。
- 掌握表单、标签、文本框和命令按钮的属性、事件与方法的用法。
- 掌握结构化程序设计中的顺序结构、选择结构和循环结构。

7.1 面向对象程序设计

7.1.1 概述

面向对象程序设计不同于结构化程序设计，它支持一种概念，即旨在使计算机问题的求解更接近于人的思维活动，使软件的开发形成一个由抽象到具体、由简单到复杂这样一个循序渐进的过程，从而克服大型软件开发中存在的效率低下、质量难以保障、调试复杂等问题。

面向对象程序设计并不是要代替结构化程序设计方法，而是从另一个角度来解决问题。在实际使用过程中，面向对象程序设计方法与结构化程序设计方法是并存的，面向对象程序设计中也大量用到了结构化程序设计的思想。

7.1.2 面向对象程序设计的基本概念

1. 对象

在面向对象程序设计中，“对象”是系统中的基本运行实体。现实世界中的任何客观事物都可以看作是对象(Object)。对象可以是具体的物件，也可以是抽象的事件。例如，一个人、一辆汽车、一把椅子、一本书、一次订货会等，均可视为一个对象。

在面向对象程序设计中，对象是用于构造应用程序的基本元素。如图 7-1 所示，在表单上建立两个对象，一个名为 Text1 的文本框和一个名为 Command1 的命令按钮。

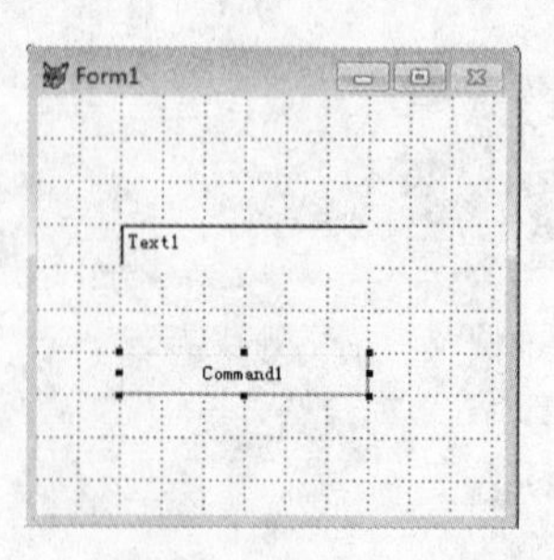

图 7-1 对象事例

2. 类

类(Class)是具有相同属性特征和行为规则的多个对象的一种统一描述。类好比一类对象的模板，类定义了对象所具有的属性、事件和方法，从而决定了对象的外表和它的行为。而对象则是类的一个实例。基于类可以生成这类对象中的任何一个具体对象，这些对象具有相同的属性，但它们的属性值可以不同，即状态可以不同，各自保持独立。例如，汽车是一个类，而一辆具体的汽车则是一个对象。

在 Visual FoxPro 中，类就像一个模板，程序设计中所需要的各类对象(如表单、按钮、文本框等)都是由相应的模板产生的，都可以看成是相应类的实例。Visual FoxPro 系统为了满足程序设计人员进行表单程序设计的需求，提供了几十个类。表 7-1 列出了 Visual FoxPro 中常用的类。

表 7-1 常用类

类 名	含 义	类 名	含 义
CheckBox	复选框	Line	线条
TextBox	文本框	ListBox	列表框
ComboBox	组合框	OleControl	OLE 容器控件
CommandButton	命令按钮	OleBoundControl	OLE 绑定控件
CommandGroup	命令按钮组	OptionButton	选项按钮
Container	容器	OptionGroup	选项按钮组
Label	标签	PageFrame	页框
EditBox	编辑框	Page	页
Form	表单	Separator	分隔符
FormSet	表单集	Shape	形状
Grid	表格	Spinner	微调控件
HyperLink	超链接	Timer	定时器
Image	图像	ToolBar	工具栏

Visual FoxPro 系统提供的类可分成容器类和控件类。由容器类创建的对象可以容纳其他对象，并允许访问所包含的对象；而由控件类创建的对象不能再容纳其他对象，不能单独使用，而只能作为容器类对象中的一个元素来使用。

例如，由 Form 类创建的表单对象属于容器类对象，可以把按钮、编辑框、文本框等放到表单中；而由 Label 和 CommandButton 类创建的标签与按钮对象则是控件类对象，因为它们不能再包含其他对象。

3. 属性

属性(Property)是对象所具有的某种特性和状态。属性有属性名和属性值，属性名表示对象某一方面的特性，属性值则表示该属性的目前取值。若改变了对象的属性值，则对象的状态亦会发生变化。例如，一个人的身高信息，“身高”即属性名，“175cm”即属性值；再如，Visual FoxPro 中的一个“登录”命令按钮，其 Caption 属性的属性值是“登录”；若将 Caption 属性的属性值改为“取消”，则按钮变成了带有“取消”文字的按钮。

4. 事件

事件是由系统预先定义的由用户或系统触发的动作，或者说是对象能够识别和响应的某种操作。事件作用于对象，能被对象识别并作出相应的反应。

事件的触发(产生)有以下三种情况：

(1) 由用户触发，例如鼠标单击会产生 Click 事件。

(2) 由系统触发，例如计时器对象会产生一个 Timer 事件。

(3) 由程序代码触发，例如代码调用事件过程。

5. 方法

对象的方法是指对象可执行的动作，或者说方法是对象本身能够完成的一些操作。Visual FoxPro 中的每个对象都有其相应的方法，而每个方法都有一段特定的或默认的代码相对应，这些代码是在创建类时定义并编写好的。例如，表单对象的 Release 方法，完成的操作是从内存中将表单对象清除，结束表单程序的运行。

我们对类、对象、属性、事件与方法的概念做一个比方。

“人”是一个类，具体的“王五”这个人是一个实例化的对象，王五的“身高”是 175cm，“体重”是 70 公斤，身高、体重就是他的属性，王五这个人被“打了一下”、“推了一把”就是事件，而王五可以“吃饭”、“走路”就是他本身具有的方法。

7.1.3 Visual FoxPro 的对象操作

1. 对象的引用

(1) 绝对引用：由包含该对象的最外层容器对象名开始，按照对象的包含关系依次表示。

例如，有一个表单 Form1，在表单中有一个文本框 Text1，如果将文本框的内容改为“你好”，则可在程序中使用绝对引用：

```
Form1.Text1.Value="你好"
```

(2) 相对引用：从当前位置指定对象。与绝对引用相比，采用相对引用方式标记要操作的对象往往比较简捷。

例如，单击文本框 Text1，使文本框的内容变为“你好”，在 Text1 的 Click 事件中，如果使用相对引用语句则为：

```
ThisForm.Text1.Value="你好"
```

或

```
This.value="你好"
```

相对引用常用的关键字如表 7-2 所示。

表 7-2　相对引用常用关键字

属性或关键字	引　用
Parent	当前对象的上一层容器对象
This	当前对象
ThisForm	包含当前对象的表单
ThisFormSet	包含当前对象的表单集

2. 对象属性的设置

格式 1：对象名.属性名=属性值

功能：执行该语句时，会将“=”右侧的属性值赋给左侧指定对象的指定属性。

说明：对象名与属性名之间用“.”符号分隔，且右侧的属性值与属性名的数据类型必须一致。

例如，设置对象的属性。

```
Form1.Caption="学生管理"                  &&设置表单的 Caption 属性值
ThisForm.Text1.Height=800                 &&给文本框的 Height 属性赋值
```

由于一个对象通常有多个属性，若需要同时为多个属性赋值，采用格式 1 则每个属性都要写出对象的层次关系，为了简化对象属性赋值，可采用格式 2 的形式：

格式 2：

```
WITH 对象引用
   .属性名 1=属性值 1
   .属性名 2=属性值 2
   ⋮
   .属性名 n=属性值 n
ENDWITH
```

功能：对同一对象同时设置多个属性值。

例如，对表单中的 Command1 命令按钮对象的多个属性同时赋值。

```
WITH ThisForm. Command1
    .Width=300                        &&设置命令按钮的宽度
    .Height=60                        &&设置命令按钮的高度
    .Caption="确定！"                  &&设置命令按钮上显示的文字
    .Fontsize=24                      &&设置命令按钮上文字的字号
ENDWITH
```

3. 对象方法的调用

创建了需要的对象后，就可以根据需要随时在程序代码中调用其方法，执行相应的操作。对方法的调用常在事件过程中出现，调用对象方法的格式如下：

格式：对象名.方法名

功能：调用“对象名”指定对象所支持的方法，实现“方法名”指定的相应操作。

例如：

```
ThisForm.Release              &&调用表单的 Release 方法将表单从内存中释放
ThisForm.Text1.SetFocus       &&调用 Text1 对象的 SetFocus 方法使其获得焦点
```

4．事件过程代码的编写

例如，当表单上的“退出”按钮对象发生了 Click 事件时，若需要结束表单的执行，则其对应的 Click 事件过程代码如下：

```
ThisForm.Release              &&调用表单的 Release 方法结束表单的运行
```

7.2 表单设计

7.2.1 创建表单

在 Visual FoxPro 中，创建表单一般使用“表单向导”和“表单设计器”。另外，在设计表单的过程中，还可以使用“表单”菜单中的“快速表单”命令调用“表单生成器”来简化表单中关于数据环境的使用。

1．利用向导创建表单

表单向导有两种：单表表单向导和一对多表单向导。单表表单向导为单个表创建操作数据的表单；一对多表单向导用于为两个相关表创建数据输入的表单，在表单的表格中显示子表的字段。

【实例 7-1】 使用单表表单向导建立表单，显示读者的编号、姓名、性别、班级等信息。

操作步骤如下。

(1) 打开“新建”对话框，选择“表单”，再单击“向导”按钮。然后在弹出的“向导选择”对话框中选择“表单向导”，单击“确定”按钮，弹出“表单向导”对话框，选择 READER 表，选定 Cardid、Name、Sex 和 Class 字段，如图 7-2 所示。

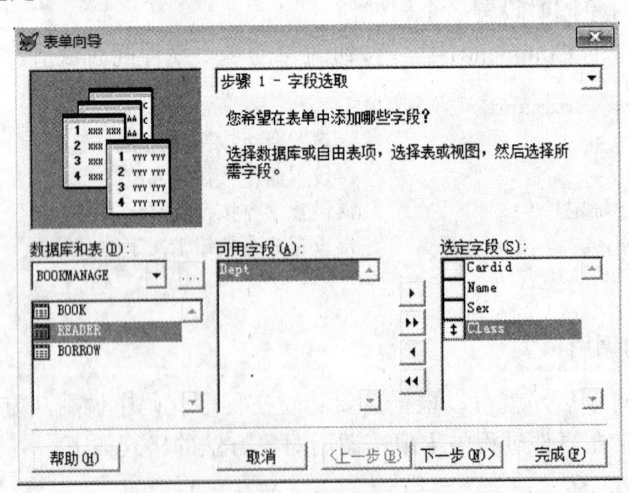

图 7-2 “表单向导”对话框

(2) 单击“下一步”按钮，根据需要选择相应选项，如图 7-3 所示。

(3) 单击“下一步”按钮，选择 Cardid 字段，将其添加到“选定字段”列表中，如图 7-4 所示。

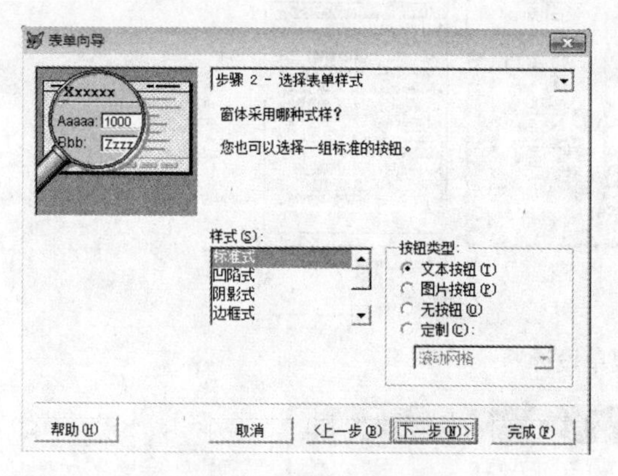

图 7-3　选择表单样式

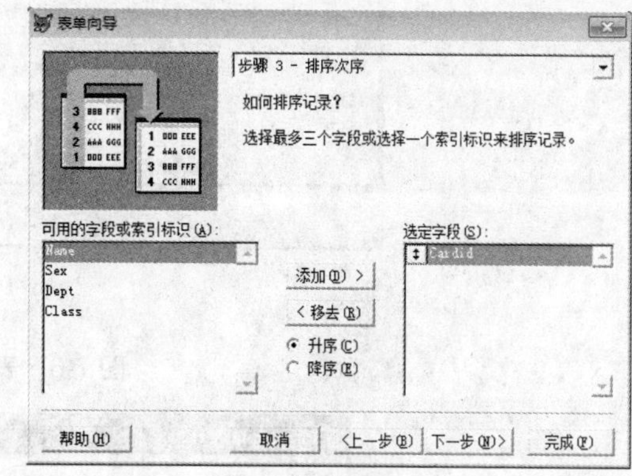

图 7-4　排序次序

(4) 单击“下一步”按钮，在“请键入表单标题”文本框中输入“读者信息”，然后选择“保存并运行表单”选项，单击“完成”按钮。在弹出的“另存为”对话框中选择文件的存储路径和文件名并保存。

表单运行后的结果如图 7-5 所示。

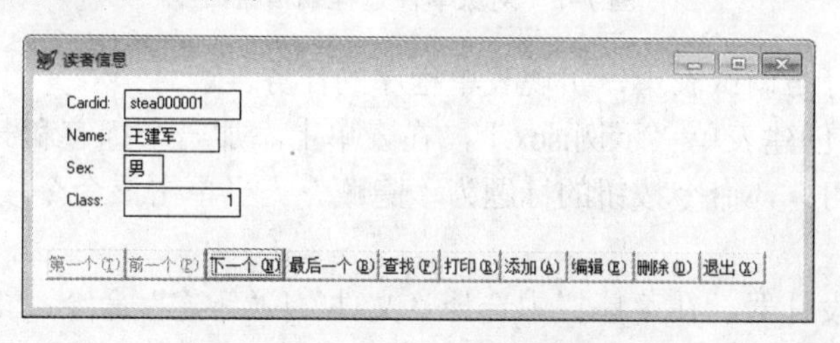

图 7-5　实例 7-1 的运行结果

提示：
- 选定字段为将来在表单上显示的字段信息。
- 多表表单向导与单表表单向导类似。

2. 利用表单设计器创建表单

利用表单设计器设计表单程序的操作步骤如下。

(1) 打开“新建”对话框，在“文件类型”中选择“表单”，再单击“新建文件”按钮，打开表单设计器窗口，如图 7-6 所示。

(2) 根据所设计的表单界面形式，通过“表单控件”工具栏向表单中添加需要的表单控件对象。

(3) 利用表单的“属性”窗口，设置表单以及表单控件对象的属性。

(4) 根据表单程序实现的操作，在事件代码编辑窗口中编写事件过程代码。双击表单对象窗口或窗口上的控件对象，将弹出对象事件过程编辑窗口，如图 7-7 所示。

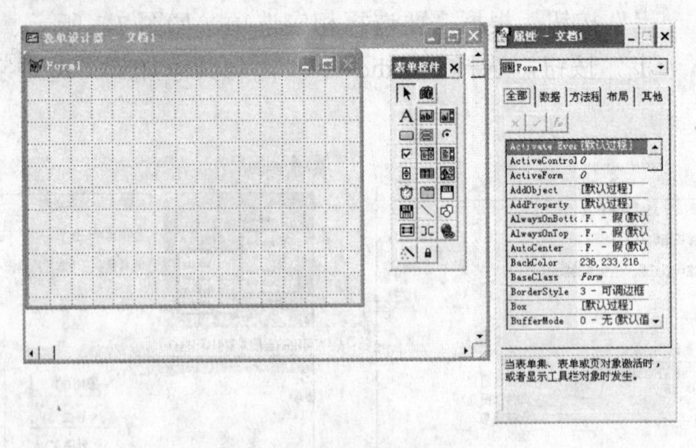

图 7-6　表单设计器

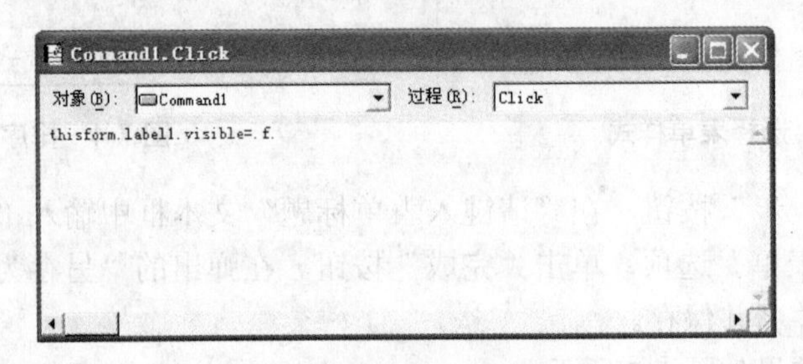

图 7-7　对象事件过程编辑窗口

(5) 保存、运行与调试表单，实现表单程序的任务。

【实例 7-2】 创建表单“示例.scx”，在表单上添加一个标签和一个命令按钮，标签的内容为“好好学习”，命令按钮的标题为“隐藏”。当单击该命令按钮时，隐藏标签。

操作步骤如下。

(1) 打开表单设计器，在菜单栏中选择“文件”|“新建”命令，指定文件类型为“表单”，单击“新建文件”按钮，打开表单设计器。

(2) 在表单上添加一个标签和一个命令按钮，并在“属性”窗口中修改表单的 Caption 属性为“示例”，标签和命令按钮的 Caption 属性分别设置为“好好学习”和“隐藏”，如图 7-8 所示。

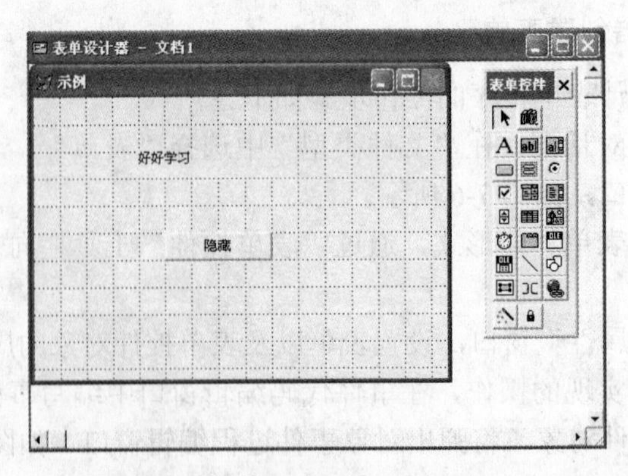

图 7-8　添加控件及修改属性

(3) 在表单设计器窗口中双击命令按钮“隐藏”，在其 Click 事件代码窗口中输入以下事件代码：

```
Thisform.Label1.Visible=.F.
```

(4) 保存、运行文件。

提示：注意所编写代码书写的位置，应书写在正确的事件过程中。

7.2.2　设置数据环境

数据环境是表单运行时各种数据对象(表或视图)的关联情况，它也是一种容器对象。当表单打开时，就会生成数据环境，表单关闭或释放时其也随之关闭。数据环境中，一般包含 Cursor 类对象和 Relation 类对象。其中，Cursor 类对象与关联的数据实体(表或视图)相对应；当一个表单关联多个表时，Relation 类对象用于描述关联表之间的关系。打开数据环境的方法如下。

(1) 选择“显示”|“数据环境”命令，打开数据环境设计器，如图 7-9 所示。

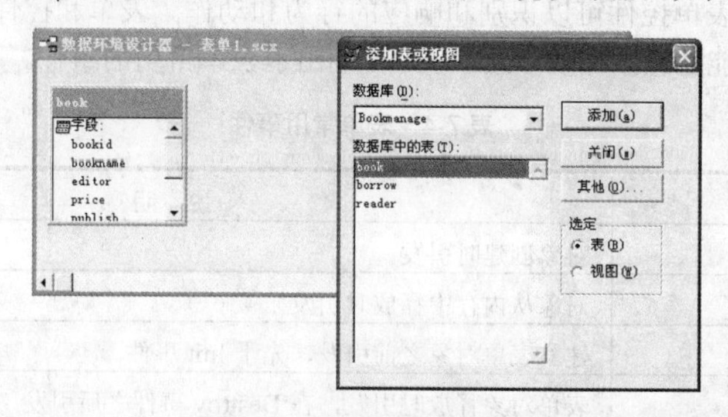

图 7-9　数据环境设计器

(2) 从表单设计器工具栏中选择数据环境，如图 7-10 所示。

图 7-10　表单设计器工具栏

(3) 在表单空白处右击，从弹出的快捷菜单中选择“数据环境”命令。

7.2.3　表单的属性

表单的属性决定了表单的外观及其特性。Visual FoxPro 表单的属性大约有 100 个，但绝大多数很少用到。表 7-3 列出了常用的一些表单属性及其含义。

表 7-3　表单常用的属性

属性名称	说　明
Caption	指定表单标题栏文字
Name	表单对象名，用于在程序代码中引用表单对象

续表

属性名称	说　明
Height	指定表单的高度
Width	指定表单的宽度
AutoCenter	表单初次运行是否自动居中
WindowState	指定表单运行时是普通、最大化还是最小化
ControlBox	标题栏上是否有控制图标
ForeColor	表单的前景色
BackColor	表单的背景色
MaxButton	确定表单是否有最大化按钮
MinButton	确定表单是否有最小化按钮

7.2.4　表单的事件

事件是表单及表单控件可以识别和响应的行为和动作。表单和控件的事件是由系统预先定义的，用户不能随意添加或修改。表 7-4 列出了表单常用的事件。

表 7-4　表单常用事件

事件名称	说　明
Init	对象创建时引发
Destroy	对象从内存中释放时引发
Load	建立表单对象之前引发，先于 Init 事件
Unload	表单对象释放时引发，在 Destroy 事件之后引发
Error	对象方法或事件代码运行出错时引发
Click	单击鼠标左键时引发
DblClick	双击鼠标左键时引发
MouseDown	按下鼠标按键时引发
MouseUp	松开鼠标按键时引发
MouseMove	鼠标移动时引发
RightClick	单击鼠标右键时引发

7.2.5　表单常用方法

方法是表单以及表单控件能够执行的、完成相应任务的程序代码的集合，是 Visual FoxPro 为表单及其控件内定的通用过程。表 7-5 列出了表单常用的方法。

表 7-5　表单常用方法

方法名称	说　明
Show	显示表单

续表

方法名称	说　明
Hide	隐藏表单
Release	释放表单
Refresh	刷新表单

7.3　基本控件设计

7.3.1　标签(Label)

标签控件用于显示文本信息，一般常用于表单中的提示信息，如用标签给文本框控件附加描述等。标签具有表单以及其他控件的一些共有属性，如 Height、Width、Top、Left 等属性用来描述控件的大小与位置；ForeColor、FontBold、FontItalic、FontName、FontSize、BackColor、BackStyle 等属性用来描述字体及外观；Enabled、Visible 属性用来描述控件的行为能力等。在后续章节中，我们主要讨论各种控件的常用属性、方法、事件以及应用。

1. 属性

标签控件常用属性如表 7-6 所示。

表 7-6　标签的常用属性

属性名称	属 性 值	说　明
Caption	字符型数据	显示在标签上的正文(标题)
Alignment	0	显示的标题靠左
	1	显示的标题靠右
	2	显示的标题居中
AutoSize	.T.	根据显示的标题自动调整大小
	.F.	保持设计时的大小
BorderStyle	0	标签无边框
	1	标签有边框
BackStyle	0	标签透明
	1	标签覆盖背景

2. 事件

标签可触发 Click 和 Dblclick 等事件，但标签的主要功能是显示标题或文字说明的，很少用来触发事件。

【实例 7-3】 表单运行后，单击标签，在标签中显示当前的系统时间。

操作步骤如下。

(1) 建立一个新表单。

(2) 在表单上添加 1 个标签控件 Label1，设置 BorderStyle=1。

(3) 在标签的 Click 事件中输入代码：

```
This.Caption =Time()
```

程序运行后效果如图 7-11 所示。

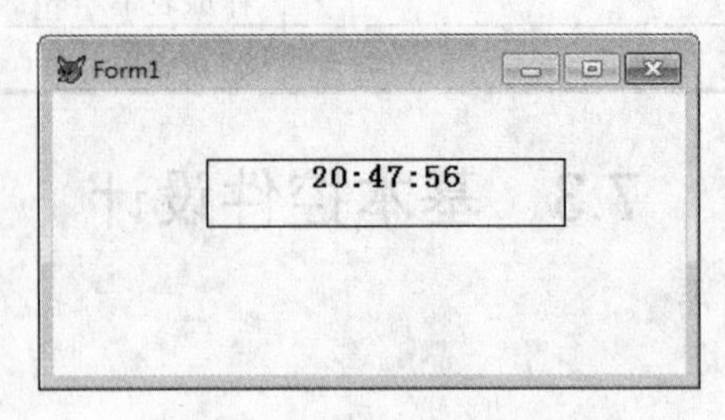

图 7-11 实例 7-3 运行效果

提示： 需要注意标签的 Name 属性与 Caption 属性的区别，Name 属性指的是标签的名称，Caption 属性指的是标签所显示的文本内容。

7.3.2 文本框(Text)

文本框主要用于接受和显示数据，默认的最大输入长度为 256 个字符。在应用程序中创建一个文本框对象后，在程序运行过程中既能在文本框中输入文字，又能对文本框中的内容进行编辑。

1. 属性

文本框常用的属性如表 7-7 所示。

表 7-7 文本框常用的属性

属性名称	属 性 值	说 明
Value	字符型数据	文本框当前的内容
ControlSource		指定文本框的数据源
PasswordChar	字符型数据	设置输入密码时显示的字符
ReadOnly	.T.	设置文本框为只读，内容不可修改
	.F.	文本框的内容可以修改
InputMask	X	允许输入任何字符
	9	允许输入数字和正负号
	#	允许输入数字、空格和正负号
	$	在固定位置上显示当前货币符号
	$$	在数值前面相邻位置上显示当前货币符号
	*	在数值左边显示星号
	.	指定小数点的位置
	,	分隔小数点左边的字符串
SelStart	数值型	文本框中被选择的文本的起始位置

续表

属性名称	属 性 值	说　明
SelLength	数值型	文本框中被选择的文本的字符数
SelText	字符型	文本框中被选择的文本内容

注意：如果设置了 ControlSource 属性，那么在文本框中显示的值不仅保存在文本框的 Value 属性中，同时还保存在 ControlSource 属性指定的变量或字段中。

文本框的属性较复杂，因此 Visual FoxPro 为用户提供了文本框生成器来对文本框进行设置。文本框生成器的打开方式如图 7-12 所示。

文本框生成器如图 7-13 所示。在“格式”选项卡中，可以对文本框采用的数据类型和格式进行设置；在“样式”选项卡中，可以对文本框的外貌进行设置，包括文本框的边框样式、文本框是否根据内容自动调整大小等；在“值”选项卡中，设置文本框绑定的字段。

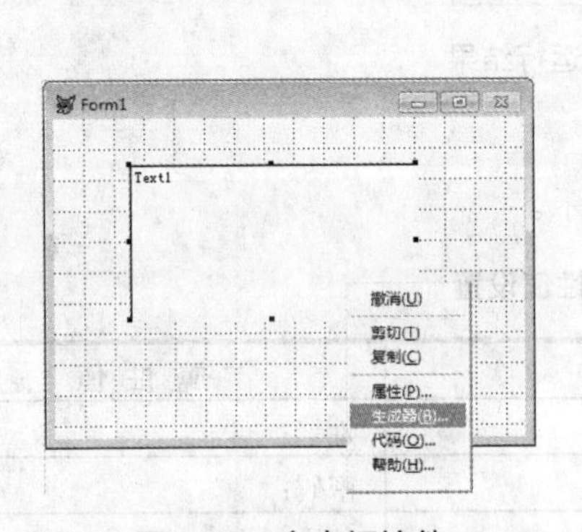

图 7-12　文本框控件

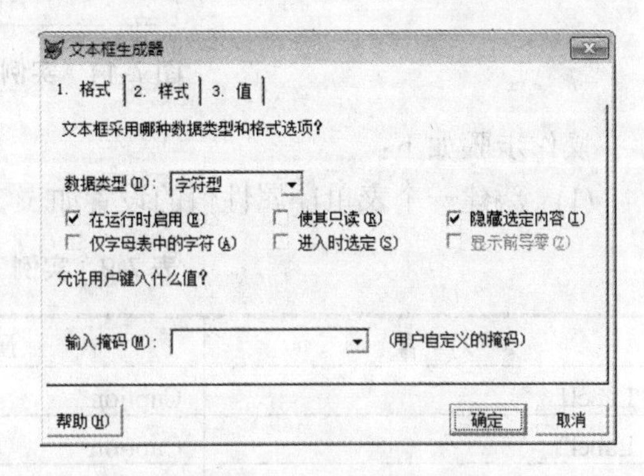

图 7-13　文本框生成器

2. 事件

文本框不仅能触发 Click 事件，另外还支持如表 7-8 所示的常用事件。

表 7-8　文本框常用事件

事件名称	事件触发时刻
GotFocus	当文本框获得焦点时触发
LostFocus	当文本框失去焦点时触发
InteractiveChange	当文本框中的值发生改变时触发

注意：焦点是指控件对象接受鼠标或键盘输入的能力。当某一个控件对象获得焦点时，就可以接受用户的输入操作，并且只有获得焦点的控件对象才能接受用户由鼠标和键盘输入的内容。

3. 方法

文本框常用的方法是 SetFocus。调用该方法，可以使文本框获得焦点。

【实例 7-4】 设计一个输入用户基本信息的表单。

姓名最长为 10 个汉字；密码用*代表；基本工资、绩效工资的整数最多 5 位，小数 1 位；当基本工资或绩效工资发生变化时，自动算出合计，填入“实发工资”处，如图 7-14 所示。

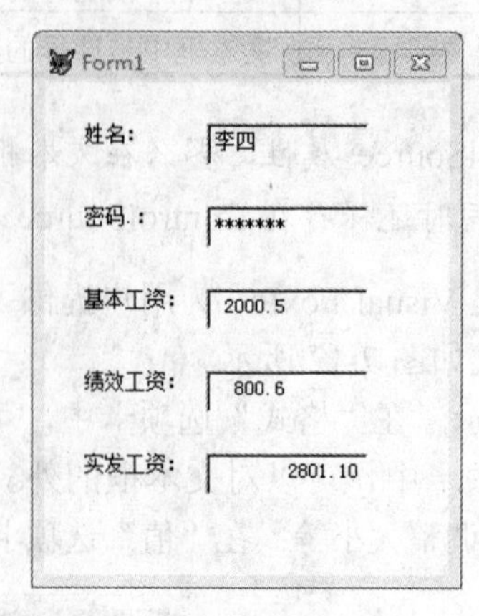

图 7-14　实例 7-4 的运行结果

操作步骤如下：

(1) 新建一个表单，属性值的设置如表 7-9 所示。

表 7-9　实例 7-4 属性值设置

对　象	属　性	属 性 值
Label1	Caption	姓名:
Label2	Caption	密码:
Label3	Caption	基本工资:
Label4	Caption	绩效工资:
Label5	Caption	实发工资:
Text1	MaxLength	10
Text2	PasswordChar	*
Text3、Text4	value	0
	Inputmask	#####.#
Text5	ReadOnly	.T.

(2) 在 Text3 与 Text4 的 InteractiveChange 事件中输入以下代码。

```
thisform.text5.value=val(thisform.text3.value)+val(thisform.text4.value)
```

(3) 保存表单，运行后显示结果如图 7-14 所示。

提示：文本框的 PasswordChar 属性可以设置成其他字符。

7.3.3　按钮(Command)

命令按钮一般用来执行一段程序或者启动一个事件，以完成某一种功能。它的代码一般在 Click 事件中设置，当用户单击按钮时执行程序。

若设置命令按钮的 Default 属性为.T.，可以使这个命令按钮成为默认选择。与其他命令按钮不同的地方是，默认选择的按钮多一个粗边框。如果一个命令按钮是默认选择的，那么按 Enter 键后，这个命令按钮的 Click 事件将会被执行。如设置命令按钮的 Cancel 属性为.T.，则当用户按下 Esc 键时，执行与该命令按钮的 Click 事件相关的代码。

注意：若选定的对象是编辑框，则当按 Enter 键时，默认选择按钮的 Click 事件代码不会被执行，而是在编辑框中加入一个回车和换行符；在表格中按 Enter 键，会把一个相邻的区域选中。在上述两种情况中，若要执行默认按钮的 Click 事件，应按 Ctrl+Enter 组合键。

1. 属性

命令按钮的常用属性如表 7-10 所示。

表 7-10　命令按钮的常用属性

属性名称	属 性 值	说　明
Caption	字符型数据	在按钮上显示的标题信息
Cancel	逻辑值	该属性设置为.T.，表示按下键盘上的 Esc 键与单击命令按钮的作用相同。在一个表单中，只允许一个命令按钮的 Cancel 值设置为.T.
Default	逻辑值	该属性设置为.T.，表示按下键盘上的 Esc 键与单击命令按钮的作用相同。在一个表单中，只允许一个命令按钮的 Default 值设置为.T.
Enabled	逻辑值	设置按钮是否有效
Visible	逻辑值	设置按钮是否可见
Picture		显示在按钮上的图形文件

2. 事件

通常命令按钮响应 Click 事件。

【实例 7-5】 创建一个如图 7-15 所示的登录窗口。

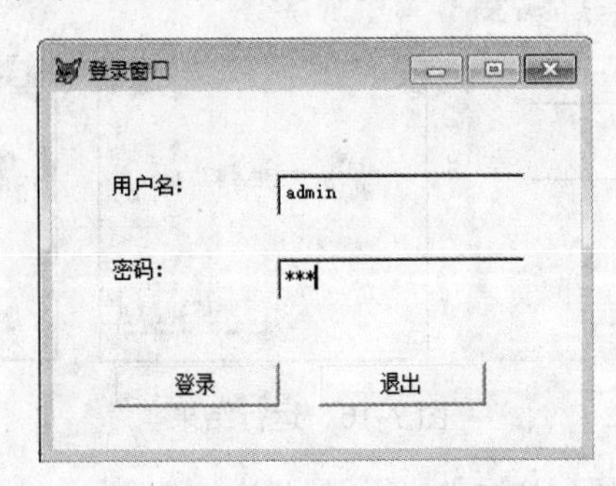

图 7-15　实例 7-5 运行效果

操作步骤如下：

(1) 新建表单，并在表单上添加 2 个标签控件、2 个文本框、2 个命令按钮，各控件均采用默认名称。

(2) 设置控件的属性，属性设置如表 7-11 所示。

表 7-11　实例 7-5 的属性设置

对　象	属　性	属 性 值
Form1	Caption	登录窗口
Label1	Caption	用户名:
Label2	Caption	密码:
Text1	Name	Text1
Text2	Passwordchar	*
Command1	Caption	登录
	Default	.T.
Command2	Caption	退出
	Cancel	.T.

(3) 在“登录”按钮的 Click 事件中输入如下代码:

```
IF Thisform.Text1.Value="Admin" And Thisform.Text2.Value="123"
    Messagebox("欢迎进入系统！",32,"系统")
    Thisform.Release
ELSE
    Messagebox("密码错误，请重新输入！",16,"提示信息")
    Thisform.Text1.Value=""
    Thisform.Text2.Value=""
    Thisform.Text1.Setfocus
ENDIF
```

(4) 在“退出”按钮的 Click 事件中输入如下代码:

```
Thisform.release
```

(5) 运行表单，结果如图 7-16 所示。

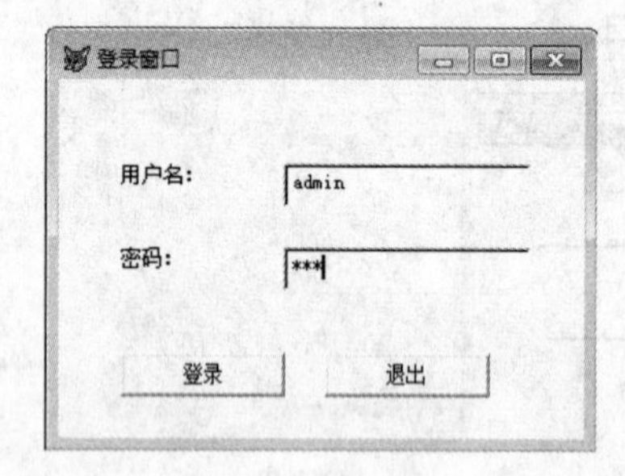

图 7-16　运行结果

提示：Messagebox 函数的使用方法可参考第 2 章。

7.4　结构化程序设计

Visual FoxPro 程序实际上是为了实现某一项任务，将若干条 Visual FoxPro 命令和程序控制语句按一定的结构组成的命令序列。运行程序时，系统会按照一定的逻辑顺序自动执行程序中的每条命令，直至所有命令执行完毕。通常情况下，Visual FoxPro 程序以文件的形式保存在外存储器中，程序文件的扩展名为“.PRG”。

7.4.1　算法及其描述

1. 算法的概念

算法是在有限步骤内求解某一问题所使用的一组定义明确的规则。通俗地说，算法就是求解某一问题的方法，是能被执行的动作或指令的集合。

【实例 7-6】 根据输入的变量 x 的值，求函数 y=|x|的值。

算法表示如下：

(1) 输入自变量 x 的值。

(2) 判断 x 的正负性。

(3) 当 x>=0 时，y=x。

(4) 当 x<0 时，y=−x。

(5) 输出所得的结果 y。

一般地，一个适用于计算机处理的算法应具有 5 种特性。

- 有穷性：必须在执行有穷个计算步骤后结束。
- 确定性：每一个算法给出的计算步骤都必须准确、无二义性。
- 可行性：每一个步骤的执行必须是可行的，并且能得到确定的结果。
- 输入：有 0 个或多个输入。
- 输出：有 1 个或多个输出。

2. 算法的描述

算法的表示方法有很多，常用的有自然语言、流程图、伪代码等。用流程图来表示算法具有形象、直观、准确、易于理解等特点。流程图是用一些几何图形符号、线条和文字说明来表示一个问题的处理过程，如表 7-12 所示。

表 7-12　流程图常用符号

图形符号	符号名称	说　明
	起始、终止框	表示算法的开始和结束
	输入、输出框	框中表明输入、输出的内容
	处理框	框中表明进行什么处理
	判定框	框中标明判定条件并在框外标明判定后的两种结果的流向
	流线	表示从某一框到另一框的流向
	连接圈	表示算法流向出口或入口连接点

程序的组成结构分为三种：顺序结构、选择结构和循环结构。

1)　顺序结构

顺序结构严格按照先后顺序执行算法的各个步骤，即按自顶而下的顺序执行每个步骤，如图 7-17 所示。程序运行后，执行完 A 模块，然后顺序执行 B 模块、C 模块。

2) 选择结构

选择结构是根据条件成立与否来决定程序的走向，如图 7-18 所示。若条件成立，则执行 A 模块，否则执行 B 模块。A、B 模块只有一个模块可被执行。

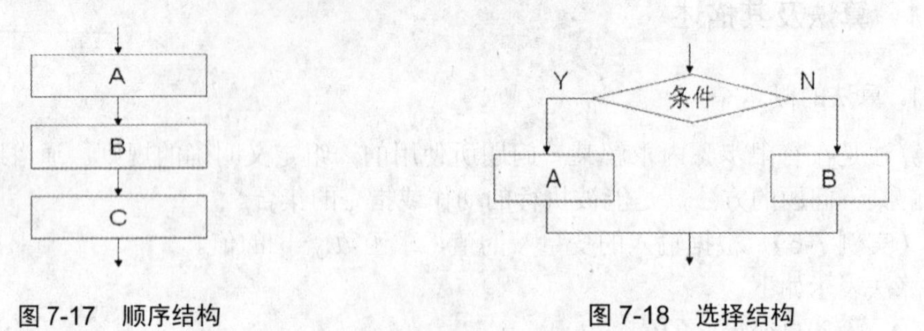

图 7-17 顺序结构　　图 7-18 选择结构

3) 循环结构

循环结构是根据条件是否成立来决定程序的走向，如图 7-19 所示。若条件成立，则反复执行循环体，一直到条件不成立为止。

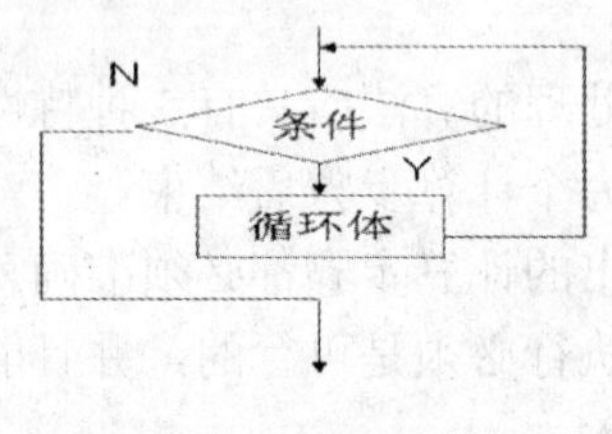

图 7-19 循环结构

7.4.2 程序文件的建立与运行

1. 程序文件的建立

1) 利用菜单方式创建程序文件

选择“文件”|“新建”菜单命令，打开“新建”对话框，选中“程序”选项，单击“新建文件”按钮即可进入程序编辑窗口，在其中输入程序代码即可。

2) 利用命令创建程序文件

格式：MODIFY COMMAND [<程序文件名>]

功能：新建或修改一个程序文件。

2. 运行程序文件

1) 利用菜单方式运行程序

选择“程序”|“运行”命令，在弹出的对话框中选择要执行的程序文件，单击“运行”按钮。如果需要执行的文件已打开，可单击工具栏上的运行按钮 ! 来执行程序。

2)　命令方式运行程序

格式：DO <程序文件名>

功能：将<程序文件名>中指定的程序文件调入内存并运行。

7.4.3　程序常用语句

1. 输入一个字符命令(WAIT)

格式：WAIT [<字符表达式>][TO<内存变量名>]

功能：暂停程序执行，在屏幕上给出提示信息，并等待用户输入一个字符给<内存变量名>中指定的变量。

【实例 7-7】 执行下列代码并输入 Y 后，将在 Visual FoxPro 系统窗口中显示如图 7-20 所示的提示信息和结果。

```
WAIT "是否正确？(Y/N)："TO A
?A
```

图 7-20　实例 7-7 的提示信息和运行结果

提示：WAIT 命令用于接收一个字符的输入。

2. 输入字符串命令(ACCEPT)

格式：ACCEPT [<字符表达式>] TO<内存变量名>

功能：暂停程序执行，在屏幕上给出提示信息，并等待用户从键盘上输入一个字符串常量给 TO 短语后指定的内存变量。

【实例 7-8】 执行下列命令序列，在提示信息后输入“张三”并按 Enter 键，则屏幕的提示信息与显示结果如图 7-21 所示。

```
ACCEPT "请输入学生姓名：" TO name
? name+"：你好！"
```

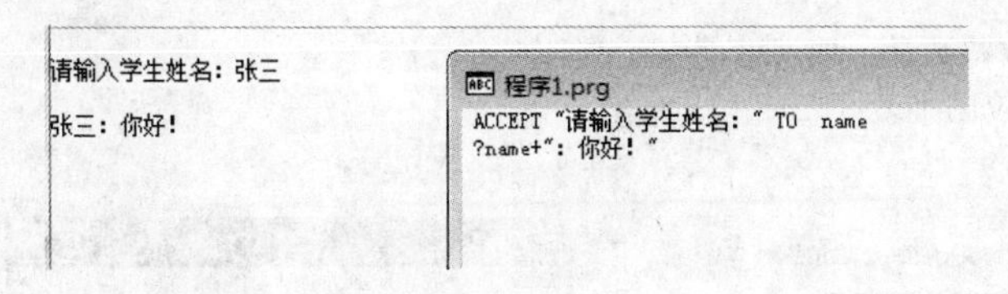

图 7-21　实例 7-8 的提示信息和运行结果

提示：ACCEPT 命令多用于接收字符串的输入。

3. 输入其他数据的类型命令(INPUT)

格式：INPUT [<字符表达式>] TO <内存变量名>

功能：暂停程序的执行，在屏幕上显示提示信息，并等待用户输入数据给指定的内存变量，并按 Enter 键确认，继续下一条命令的执行。

【实例 7-9】 执行下列命令序列，在提示信息后输入“李国安”与 88 并按 Enter 键，则屏幕的提示信息与显示结果如图 7-22 所示。

```
INPUT "请输入你的姓名：" TO  name
INPUT "请输入你的成绩：" TO  score
? name, score
```

图 7-22　实例 7-9 的提示信息和运行结果

以上 3 条语句既有相似之处，又各有特点。相似之处：都能显示提示信息、暂停程序运行、接收键盘输入数据给内存变量。不同之处：WAIT 用于接受单个字符；ACCEPT 只能接收字符型变量，输入时不用加定界符；INPUT 命令能接收各种类型的数据，数据需要加相应的定界符，多用于输入数值型数据。

提示： INPUT 命令多用于接收数值型数据，但也可接收字符型数据。

7.4.4　顺序结构

顺序结构程序设计是按处理问题的实际步骤，把相关的命令按执行的先后顺序排列在一起，执行该程序时，系统自动按自上而下的顺序执行。

【实例 7-10】 输入一个三位整数，然后将其个、十、百位上的数字求平方和输出。例如，程序运行时从键盘上输入 321，则在屏幕上输出 14，如图 7-23 所示。

新建程序文件，文件名为程序 1.prg，在程序文件中输入如下代码：

```
CLEAR
INPUT "请输入任意一个 3 位的整数：" To  X
A=INT(X/100)                    &&求百位上的数字
B=INT((X-A*100)/10)             &&取十位上的数字
C=X-A*100-B*10                  &&求个位上的数字
Y= A^2+B^2+C^2
? "所输入的 3 位整数是：",X
? " 个、十、百位的平方和是：",Y
Return
```

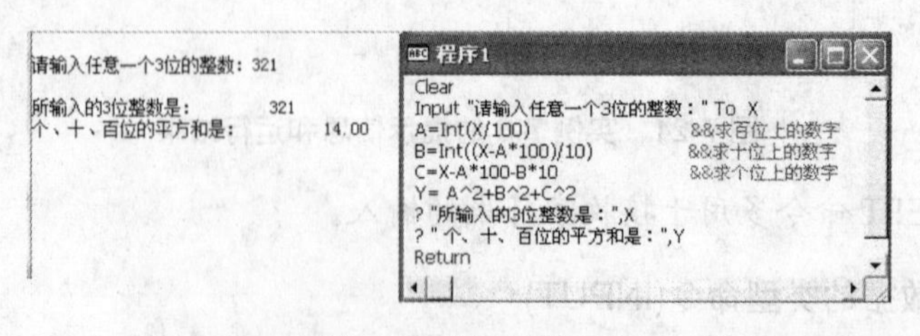

图 7-23　实例 7-10 的提示信息和运行结果

提示：实例 7-9 的中的 Int 函数为截取取整。

7.4.5　选择结构

选择结构就是根据条件进行逻辑判断，以决定当前程序的走向，从而得到不同的结果。选择结构又称为分支结构，是程序设计过程中经常使用的结构之一。

1. 简单分支结构——IF 语句

IF…ELSE…ENDIF 语句特别适合于有两个分支的选择结构，根据指定的条件是否成立，从两个语句序列中选择执行其中之一。

格式：
```
IF  <条件表达式>
        语句序列 1
    ELSE
          语句序列 2
  ENDIF
```

说明：

(1) IF、ELSE、ENDIF 必须各占一行。每一个 IF 都必须有一个 ENDIF 与其对应，即 IF 和 ENDIF 必须成对出现。

(2) <条件表达式>一般是关系或逻辑表达式，其结果只能是逻辑值.T.或.F.。

(3) 若<条件表达式>的值为 .T. ，则执行<语句序列 1>，然后执行 ENDIF 之后的语句；若<条件表达式>的值为 .F.，且 ELSE 子句存在时，则不执行<语句序列 1>，而是直接执行<语句序列 2>，然后执行 ENDIF 之后的命令。

(4) 若 ELSE 子句不存在并且<条件表达式>的值为 .F.，则不执行 IF 和 ENDIF 之间的所有命令，而直接执行 ENDIF 之后的语句，从而形成了单分支结构。

(5) <语句序列>往往是由一个或多个语句组成的，其中也可以再包含若干个 IF 语句，但每一个 IF 语句都必须有一个 ENDIF 与其对应。

【实例 7-11】　通过键盘输入一个整数，判断该数是奇数还是偶数。

新建程序文件，在程序文件中输入如下代码：

```
CLEAR
INPUT "输入一个整数： "  To  A
IF  A % 2=0
      ?  "这个数是偶数"
ELSE
      ?  "这个数是奇数"
ENDIF
```

提示：IF 语句中的 ELSE 根据实际情况可省略。

【实例 7-12】　编程判断某一年是否为闰年(本实例利用表单实现)。

分析：如果某年是闰年，必须满足的条件是：年份能被 4 整除但不能被 100 整除，或能被 400 整除。设 y 代表年份，则(y%4=0 .and. y%100<>0) .or. y% 400=0。

操作步骤如下：

(1) 新建表单，在表单上添加一个命令按钮 Command1、一个标签 Label1 和一个文本框 Text1。

(2) 设置对象属性。Label1、Command1 的 Caption 属性分别是“请输入年份”和“确定”。

(3) 编写代码。在 Command1 的 Click 事件中编写如下代码：

```
  Y=val(thisform.text1.value)
  IF ( Y %4=0 .And. Y %100<>0)  .Or. Y %400=0
     Messagebox( str(Y)+ "是闰年",64)
ELSE
     Messagebox( str(Y)+ "是闰年",64)
ENDIF
```

(4) 运行程序，结果如图 7-24 所示。

图 7-24　实例 7-12 的运行结果

提示：注意本实例中各种运算符的优先级别。

【实例 7-13】 打开 Reader 表查找读者信息，输入读者的卡号，就可以查询到该读者的个人信息，运行结果如图 7-25 与图 7-26 所示(本实例利用表单实现)。

操作步骤如下。

(1) 新建表单，在表单上添加 1 个命令按钮、4 个标签和 4 个文本框，各控件均采用默认名称。

(2) 各个控件的属性设置如表 7-13 所示。

表 7-13　实例 7-13 的属性值设置

对　象	属　性	属 性 值
Label1	Caption	读者的卡号：
Label2	Caption	姓名：
Label3	Caption	性别：
Label4	Caption	所在院系：
Command1	Caption	查询

(3) 在 Command1 的 click 事件中编写如下代码：

```
ID=Alltrim(Thisform.Text1.Value)
Use Reader
Locate For Cardid=ID
IF  .Not. Eof()
    Thisform.Text2.Value=Name
    Thisform.Text3.Value=Sex
    Thisform.Text4.Value=Dept
ELSE
    Thisform.Text2.Value=""
    Thisform.Text3.Value=""
    Thisform.Text4.Value=""
    Messagebox ("查无此人!")
ENDIF
```

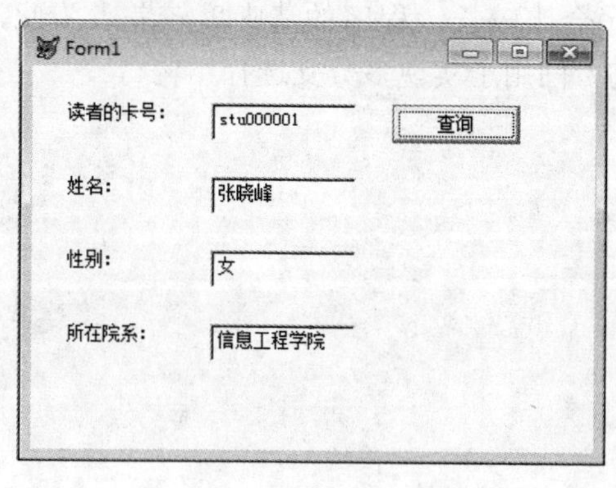

图 7-25　查询成功示意图

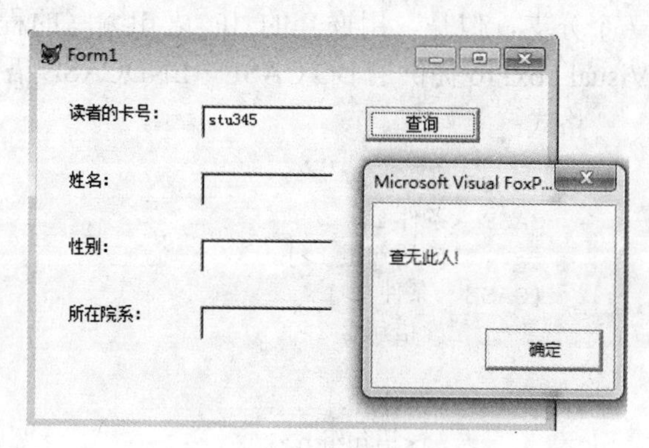

图 7-26　查询失败示意图

提示： Alltrim 函数的功能是去掉参数左右两边的空格。

2. IF 的嵌套

在解决比较复杂的问题时，往往需要进行多次条件判断才能得到正确的结果，这就需要使用 IF 语句的嵌套形式。

IF 语句的嵌套是指在一个 IF 格式中有一个或多个 IF 格式出现。

说明：

(1) IF 和 ENDIF 必须配对。

(2) 系统在执行嵌套 IF 语句时，由 IF 语句的最内层开始逐层将 IF 和 ENDIF 配对，依次从内到外执行。

【实例 7-14】 判断三个数中的最大值。

新建程序文件，在程序文件中输入如下代码：

```
CLEAR
INPUT "第一个数：" To  A
INPUT "第二个数：" To  B
INPUT "第三个数：" To  C
IF  A>B  And  A>C
   Max=A
ELSE
```

```
    IF  B>C
       Max=B
    ELSE
       Max=C
     ENDIF
 ENDIF
? "最大值为：",MAX
```

提示：IF 与 ENDIF 必须配对使用，即有几个 IF 必须有对应数目的 ENDIF。

3. 多分支——CASE 语句

虽然利用 Visual FoxPro 的 IF 语句嵌套可以实现从两个以上的分支中选择执行其中的一个分支，但是，用嵌套的 IF 语句编写的程序会比较长，程序的清晰度较差。为此，Visual FoxPro 提供了 DO CASE…ENDCASE 语句专门用于实现多分支选择结构。

格式：

```
DO  CASE
   CASE <条件 1>
        [<语句组 1>]
   [CASE <条件 2>]
        [<语句组 2>]
      ⋮
   [CASE <条件 n>]
         [<语句组 n>]
    [OTHERWISE
[<语句组 N+1>]
ENDCASE
```

功能：根据 CASE 后的条件，选择执行其中的一个语句组。

说明：

(1) DO CASE、CASE<条件>、OTHERWISE 和 ENDCASE 必须各占一行。每个 DO CASE 必须有一个 ENDCASE 与之对应，即 DO CASE 和 ENDCASE 必须成对出现。

(2) 执行该语句时，系统自上而下依次对各个 CASE 语句中的<条件>进行判断，若遇到某个 CASE 语句的<条件>成立，则执行该 CASE 语句下属的<语句组>，然后不管其他的 CASE 语句的<条件>是否成立，都转去执行 ENDCASE 后面的语句。如果 CASE 语句后的<条件>都不成立，则在有 OTHERWISE 语句的情况下，而执行 OTHERWISE 下面的语句组，否则不执行任何语句组，而转去执行 ENDCASE 后面的语句。

(3) 在一个 DO CASE 结构中，最多只能执行一个 CASE 下的语句组。

【实例 7-15】 编程实现：输入学生姓名和某一课程成绩，若分数大于等于 90，则输出“优秀！”，分数大于等于 80，则输出“良好！”，分数大于等于 60，则输出“及格！”，小于 60，则输出“不及格！”。

新建程序文件，在程序文件中输入如下代码：

```
CLEAR
ACCEPT "请输入姓名：" To Name
INPUT "请输入成绩：" To Score
```

```
Do  CASE
    CASE  Score >=90
      Messagebox(Name+"优秀！",0,"成绩等级")
    CASE  Score >=80
      Messagebox(Name+"良好！",0,"成绩等级")
    CASE  Score >=60
      Messagebox(Name+"及格！",0,"成绩等级")
    OTHERWISE
      Messagebox(Name+"不及格！",0,"成绩等级")
  ENDCASE
```

提示：DO…CASE 语句特别适用于如本实例这种情况的多分支结构。

7.4.6　循环结构

1. 当型循环结构

当型循环的特点是：当给定的循环条件为真时，就反复执行其循环体中的语句；当给定的条件为假时，则终止执行其循环体，而去执行循环结构后面的语句。显然，若循环初始条件为假，则不执行其循环体，故其循环体的执行次数最少可为 0。Visual FoxPro 提供的用于实现当型循环的语句是 DO WHILE…ENDDO。

格式：

```
DO WHILE <条件>
[<语句序列 1>]
[EXIT]
[<语句序列 2>]
[LOOP]
[<语句序列 3>]
ENDDO
```

功能：当给定的条件为真时，就执行 DO WHILE…ENDDO 之间的循环体。

说明：

(1) <条件>可以是关系表达式或逻辑表达式。

(2) 选项 EXIT 表示从 DO WHILE…ENDDO 之间的循环中跳出，EXIT 语句称为无条件结束循环命令。

(3) 选项 LOOP 表示将结束本次循环，提前进行下一次循环。

(4) DO WHILE、ENDDO 必须各占一行，每一个 DO WHILE 都必须有一个 ENDDO 与其对应。

(5) 使用 DO…WHILE 语句构造循环时，应该仔细考虑循环结束的条件。

【实例 7-16】 求 1+2+3+…+100 的累加和。

该程序的流程如图 7-27 所示。

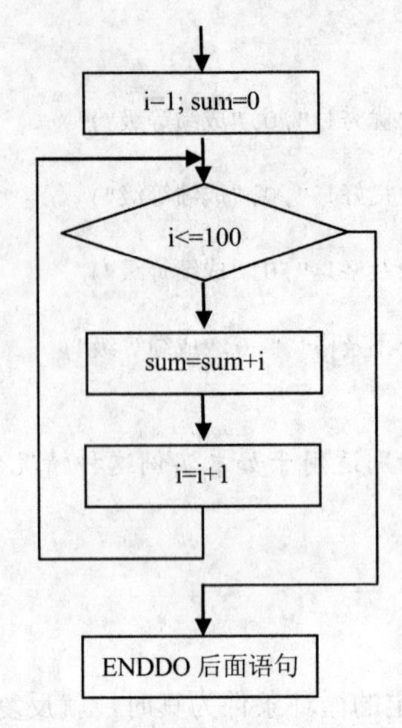

图 7-27　实例 7-16 的流程图

新建程序文件，在程序文件中输入如下代码：

```
CLEAR
Sum=0
I=1
Do WHILE I<=100
      Sum=Sum+I
I=I+1
ENDDO
?"1＋2＋3+…+100=",Sum
```

提示：DO…WHILE 循环多用于循环次数未知的情况。

【实例 7-17】 在文本框中输入性别，输出读者表(Reader)中该性别的所有记录(本示例用表单实现)。

操作步骤如下：

(1) 新建表单，在表单上添加 1 个命令按钮 Command1、1 个标签 Label1 和 1 个文本框 Text1。

(2) 设置对象属性：Label1、Command1 的 Caption 属性分别是“请输入性别：”和“确定”。

(3) 编写代码：在 Command1 的 Click 事件中编写如下代码：

```
CLEAR
s=Alltrim(thisform.text1.value)
Use Reader
Locate For  Sex=s
DO WHILE .Not. Eof()
       ? Cardid, Name, Sex,Dept
       Continue
```

```
ENDDO
Close All
```

(4) 运行程序，结果如图 7-28 所示。

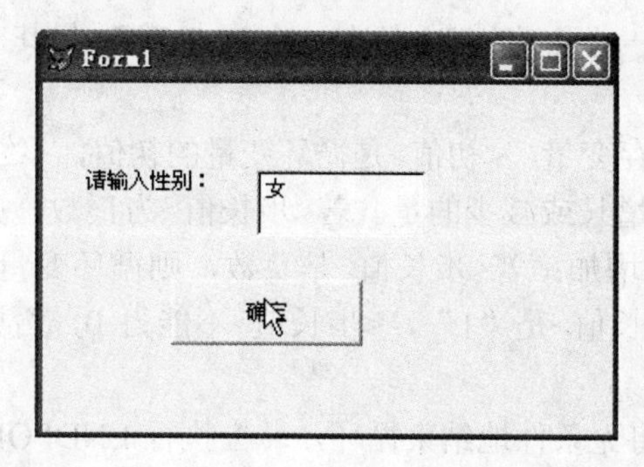

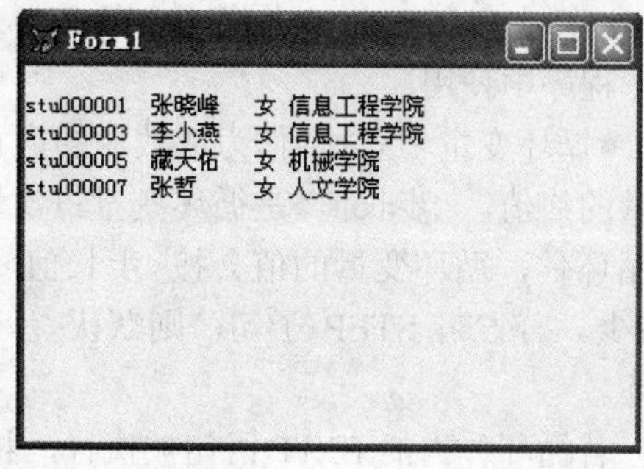

图 7-28　实例 7-17 的运行结果

提示：DO…WHILE 循环中必须有一条改变循环条件的语句，否则会出现死循环。

【实例 7-18】 输出 1～100 之间的所有偶数之和。

新建程序文件，在程序文件中输入如下代码：

```
CLEAR
X=1
S=0
DO  WHILE  X<=100
   X=X+1
   IF  MOD(X,2)=0
        S=S+X
   ENDIF
ENDDO
? "0～100 之间的偶数之和为：",S
RETURN
```

提示：利用求余函数 MOD 可以判断一个数的奇偶性，也可利用%运算符实现。

2. 步长型循环结构

与当型循环相比，步长型循环特别适合于构造已知循环次数的循环。构造步长型循环结构的语句如下：

```
FOR <循环变量>=<初值> TO <终值> [STEP <步长值> ]
         [<语句序列 1>]
         [EXIT]
[<语句序列 2>]
         [LOOP]
[<语句序列 3>]
     ENDFOR
```

功能：首次执行时把<初值>赋给<循环变量>，然后将<循环变量>的值与<终值>比较，如果<循环变量>的值在<初值>与<终值>之间的范围内，则执行 FOR 与 ENDFOR 之间的语句组一次；然后<循环变量>自动加上<步长值>并重新与<终值>比较，直到<循环变量>的值不在<初值>与<终值>之间的范围内时，结束循环，转去执行 ENDFOR 后面的语句。

说明：

(1) FOR、ENDFOR 必须各占一行。每一个 FOR 都必须有一个 ENDFOR 与其对应，且只能在程序中使用。

(2) <循环变量>是一个作为计数器的内存变量，<初值>是循环变量的初值，<终值>是循环变量的终值，<步长值>是循环变量每次增长或减少的量。若<步长值>为正数，则每执行一次循环体，循环变量的值会按<步长值>增加；若<步长值>是负数，则循环变量按<步长>值减少。若省略 STEP 子句，则默认<步长值>是“1”，<步长值>不能为 0，否则会出现死循环。

(3) 若循环体内的 EXIT 语句被执行，将无条件地结束循环，转去执行 ENDFOR 之后的第一条语句；若 LOOP 语句被执行，则结束本次循环体的执行，不执行 LOOP 和 ENDFOR 之间的语句，而执行下一次循环。

(4) 语句序列中可以嵌套任何控制结构的命令语句，如 IF、DO CASE、DO WHILE、FOR、SCAN 等。使用循环嵌套时要注意：内外循环不能交叉，内外循环的循环变量不能同名。

【实例 7-19】 利用 FOR 循环计算阶乘：1×2×3×…×n。

新建程序文件，在程序文件中输入如下代码：

```
CLEAR
INPUT "输入一个整数:" To  N
S=1
FOR I=1 To  N
   S=S*I
ENDFOR
? "1*2*3*…*N=", S
RETURN
```

提示：
- FOR 循环多用于循环次数已知的情况。
- 计算阶乘的初始变量的值设置为 1。

【实例 7-20】 请输出如图 7-29 所示的任意行数的三角形。

```
         *
        ***
       *****
      *******
     *********
    ***********
   *************
  ***************
 *****************
*******************
```

图 7-29　实例 7-20 的运行结果

新建程序文件，在程序文件中输入如下代码：

```
CLEAR
INPUT "请输入三角形的行数：" To N
FOR I=1 To N
   ? Replicate("*", 2*I-1) At 41-I
ENDFOR
RETURN
```

提示：
- Replicate 函数的使用方法可参考第 2 章。
- 打印图形实例的重点是找到图形每一行字符的数目、图形每一行打印的起始位置与循环变量的关系。

【实例 7-21】 求出 100～999 之间的所有水仙花数。所谓的水仙花数是指一个三位整数，其各位数字的立方和等于该数本身，例如 $153=1^3+5^3+3^3$。

新建程序文件，在程序文件中输入如下代码：

```
CLEAR
FOR I=100 To 999
A=Int(I/100)
B=Int((I-A*100)/10)
C=MOD(I,10)
  IF I=A^3+B^3+C^3
     ?I
  ENDIF
ENDFOR
RETURN
```

提示：FOR…ENDFOR 与 IF…ENDIF 的嵌套不能出现交叉。

3. 扫描型循环结构

扫描型循环是依据数据表而建立的循环，专门用来对数据表中的若干条记录执行相同的操作处理。语句格式如下：

```
SCAN [<范围>] [FOR <条件>]
    [语句序列]
ENDSCAN
```

功能：对当前数据表中指定范围内符合条件的记录，逐个执行语句序列中所规定的操作。

说明：

(1) SCAN 语句执行时，首先利用 EOF()函数判断记录指针是否位于表尾，若其值为真(.T.)，则结束循环，执行 ENDCASE 后面的语句；否则根据指定的<范围>和<条件>将记录指针移动到第一个满足条件的记录上并执行语句序列，然后记录指针移到指定的范围内满足条件的下一条记录，重新判断 EOF()函数的值，直到函数 EOF()的值为真结束循环。

(2) <范围>选项用于指定记录的查找范围，默认为 ALL。若<范围>和<条件>都默认，则对所有记录逐个进行语句序列中所规定的操作。

(3) SCAN…ENDSCAN 必须成对使用，语句序列中可以嵌套任何控制结构的命令语句。

【实例 7-22】 输出 Reader 表中“Sex”为“男”的所有记录。

新建程序文件，在程序文件中输入如下代码：

```
CLEAR
USE  READER
SCAN FOR  Sex="男"
    ? Cardid, Name, Sex,Dept
ENDSCAN
CLOSE ALL
RETURN
```

提示：SCAN…ENDSCAN 循环语句是专门针对数据表建立的循环。

4. 循环的嵌套

如果在一个循环结构的循环体中又包含有另一些循环结构，就形成了多重循环，也称为循环嵌套。

循环嵌套的层次不受限制，但一个内循环必须完全包含在外循环中，不允许出现交叉现象。

【实例 7-23】 输出 100～300 之间的所有素数。

新建程序文件，在程序文件中输入如下代码：

```
CLEAR
? "100~300之间的素数有："
I=0
FOR M=100  To  300
    K=Int(Sqrt(M))
    FOR J=2 To K
       IF M%J=0
          EXIT
       ENDIF
    ENDFOR
    IF  J>K
       I=I+1
       ?? M
       IF I%8=0
          ?
       ENDIF
    ENDIF
ENDFOR
```

7.4.7　过程的定义与调用

过程是指完成某一功能的一段程序，可供主程序调用。这样，我们可以将一个复杂的任务分解成若干个小问题，分别写成过程。

在 Visual FoxPro 中，过程程序代码既可以与主程序保存在同一个程序文件中(必须放在主程序的后面)，也可以单独存放在一个过程文件中。

1. 过程的定义

在 Visual FoxPro 中，过程实际上是组织程序代码的一种形式，定义后才能调用。过程的定义格式如下：

格式 1：

```
PROCEDURE  <过程名>[(形式参数列表)]
    <过程体>
    [RETURN]
ENDPROC
```

格式 2：

```
PROCEDURE <过程名>
PARAMETERS <形式参数列表>
<过程体>
   [RETURN]
ENDPROC
```

2. 过程的调用

过程只是一个程序片段，必须通过调用过程的方式来执行。在调用时，可能需要通过参数向过程传递一些数据，这些可以传递数据的参数就是实际参数，简称实参。使用 DO 命令调用过程。

格式：`DO <过程名>[WITH <实参列表>]`

功能：调用指定的过程。

【实例 7-24】 用过程实现：输入年份，判断是否为闰年。

```
***************主程序****************
INPUT " 请输入年份：" To Y
Year=""
DO Sub1 WITH Y ,Year
?Str(Y)+Year
RETURN
*****************过程 放到主程序后面****************
PROC sub1
PARAMETERS a,b
K=a%4=0 and a%100<>0 or a%400=0
B=IIF(k,"年是闰年","年不是闰年")
RETURN
ENDPROC
```

提示：过程多用于实现某一功能，没有返回值。

7.4.8 自定义函数与调用

1. 自定义函数的定义

自定义函数实际上也是子程序，需要像过程一样定义与调用。函数与过程的区别在于：函数在调用结束后有一个返回值，而过程通常用来执行某个动作，没有返回值。若需要返回值，可通过 PARAMETERS 语句以传递参数的形式来完成。当调用过程时，将实参传递给被调用过程中的形参；过程执行完毕，再将形参通过 PARAMETERS 语句传递给主程序的实参。

在 Visual FoxPro 中，编写自定义函数的格式如下。

格式 1：

```
FUNCTION  <函数名> [(<形式参数列表>)]
   <函数体>
   [RETURN <表达式>]
ENDFUNC
```

格式 2：

```
FUNCTION  <函数名>
     PARAMETERS <形式参数列表>
   <函数体>
  [ RETURN <表达式>]
ENDFUNC
```

功能：创建一个用户自定义函数。

2. 自定义函数的调用

用户自定义函数的调用方法与系统提供的标准函数的调用方法一样。用户自定义函数的调用格式如下。

格式：函数名[(<实参列表>)]

说明：<实参列表>为调用的参数。当有多个参数时，各参数之间要用“,”隔开；当没有参数时，也必须加上小括号。

【实例 7-25】 用自定义函数实现：输入年份，判断是否为闰年。

```
****************主程序****************
INPUT " 请输入年份：" To y
? RN(y)
*****************函数放到主程序后面****************
FUNC RN()
PARAMETERS a
K=a%4=0 and a%100<>0 or a%400=0
B=IIF(k,"年是闰年","年不是闰年")
RETURN Alltrim(STR(a))+B
ENDFUNC
```

提示：自定义函数与过程的区别在于：函数有返回值，而过程没有。

7.4.9　变量的作用域

1. 局部变量

局部变量是 Visual FoxPro 中最常见的一种变量。在 Visual FoxPro 的程序模块中，凡是未专门用 PUBLIC、PRIVATE、LOCAL 等变量作用域说明语句进行说明，而直接使用的变量都是局部变量。局部变量有如下特点：

(1)　局部变量仅在定义它的程序模块中有效。由于定义局部变量的程序模块运行结束后，局部变量即被清除，因此下层程序模块中定义的局部变量不能被任何上一层程序模块使用。

(2)　上层模块中定义的局部变量在其调用的下层模块中有效，因此可在下层模块中修改上层模块中的局部变量，并将结果带回上层模块。

2. 局域变量

利用 LOCAL 定义说明的变量称为局域变量。与局部变量相比，局域变量只能在定义它的程序模块中使用，而不能被其他任何程序模块所使用，包括其所调用的下层模块。若定义局域变量的程序模块运行结束，则所定义的局域变量将自动删除。

格式：

```
LOCAL <内存变量表>|[ARRAY] 数组 1(下标 1 [, 下标 2])[, 数组 2(下标 3 [, 下标
4])] ...
```

功能：定义局域变量或数组。

3. 私有变量

私有变量主要用于保护与其同名的上层程序模块中定义的变量，可以在下层程序模块中使用这些同名的变量，而不会和其上层程序模块中的同名变量发生冲突。若要使用私有变量，必须先在其程序模块中用 PRIVATE 说明。

格式 1：

```
PRIVATE<内存变量名表>
```

格式 2：

```
PRIVATE ALL [LIKE<标识符>]|[EXCEPT<标识符>]
```

功能：声明私有变量并隐藏上层模块中同名的内存变量。

4. 全局变量

从有效性范围来看，“全局变量”是最高级别的内存变量。无论全局变量是由哪个程序模块定义的，自从其建立时刻起，就一直有效。任何程序模块都可以改变它的值，即使在子程序中定义的全局变量在主程序中也有效。全局变量可以使用 PUBLIC 来说明，格式如下。

格式：PUBLIC <内存变量表>

功能：定义<内存变量表>中的内存变量为全局变量。

说明：

(1) 程序中的全局内存变量必须先说明后定义，系统默认在命令窗口中创建的变量都是全局变量。

(2) 全局变量在程序运行结束后仍然保留在内存中，除非用 RELEASE 或 CLEAR ALL 命令清除。

【实例 7-26】 全局变量、局部变量与私有变量的使用示例。

建立程序文件，文件名为“作用域.prg”，输入如下代码：

```
CLEAR
PUBLIC A
Local B
A=100
C=200
?"主程序调用前输出结果："
??"A="+Str(A,3),"B=",B,"C="+Str(C,3)
DO Sub1
?"主程序调用后输出结果："
??"A="+Str(A,3),"B=",B,"C="+Str(C,3),"D="+Str(D,3)
RETURN
PROC Sub1
PUBLIC D
A=10
B=20
C=30
D=40
?"过程中输出结果："
??"A="+Str(A,3),"B=",B,"C="+Str(C,3),"D="+Str(D,3)
RETURN
```

实例 7-26 的运行结果如图 7-30 所示。

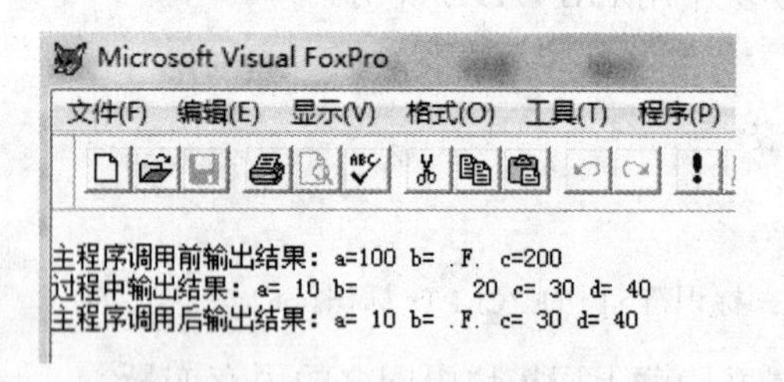

图 7-30 实例 7-26 的运行结果

提示：注意各级变量的使用范围。

7.5 小型案例实训

【实训目的】通过本实例掌握表单、标签、文本框、命令按钮及选择结构的使用。

【实训内容】实现登录功能。

【实训步骤】

(1) 新建两个表单，表单设计如图 7-31 与图 7-32 所示。

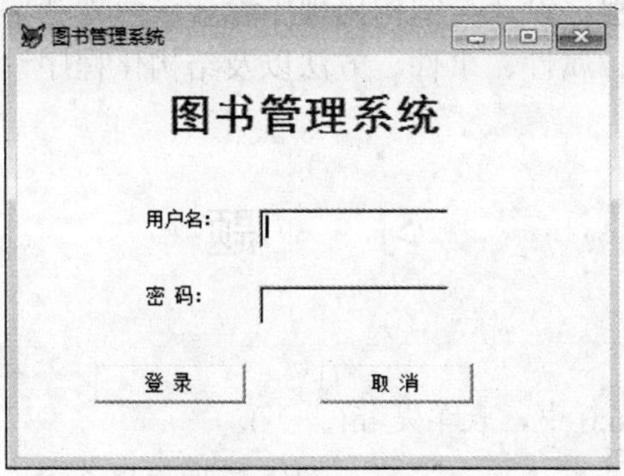

图 7-31 登录界面

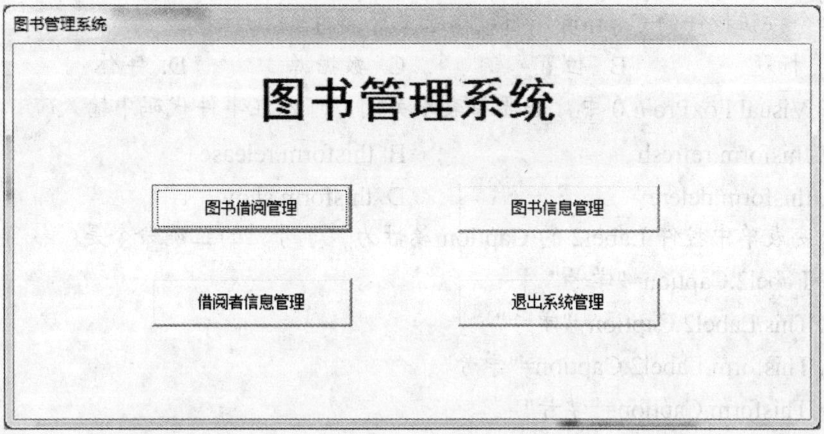

图 7-32 “图书管理系统”主界面

(2) 在 Command1 的 Click 事件过程中输入如下代码：

```
IF Thisform.Text1.Value="admin" And Thisform.Text2.Value="芝麻开门"
    do form main
    Thisform.Release
ELSE
    Messagebox("密码错误，请重新输入！",16,"提示信息")
    Thisform.Text1.Value=""
    Thisform.Text2.Value=""
    Thisform.Text1.Setfocus
ENDIF
```

(3) 在 Command2 的 Click 事件中输入如下代码：

```
Thisform.Release
```

本 章 小 结

本章介绍了面向对象程序设计与结构化程序设计这两种基本的编程方式，掌握面向对象程序设计中对象的概念、属性、事件、方法以及结构化程序设计中的顺序、选择与循环三种基本结构的用法。

习　　题

一、选择题

1. 在 Visual FoxPro 6.0 中，表单是指(　　)。
   A. 窗口界面　　B. 数据库中各个表的清单
   C. 一个表中各个记录的清单　　D. 数据库查询的列表
2. 命令按钮控件的 Caption 属性的含义是(　　)。
   A. 标题　　B. 位置　　C. 数据源　　D. 字体
3. 在 Visual FoxPro 6.0 中，若要将表单关闭，可以在事件代码中输入(　　)。
   A. thisform.refresh　　B. thisform.release
   C. thisform.delete　　D. thisform.show
4. 改变表单中控件 Label2 的 Caption 属性为“学号”的正确命令是(　　)。
   A. Label2.Caption="学号"
   B. This.Label2.Caption="学号"
   C. Thisform.Label2.Caption="学号"
   D. Thisform.Caption="学号"
5. 有关控件对象的 Click 事件的正确叙述是(　　)。
   A. 用鼠标双击对象时引发　　B. 用鼠标单击对象时引发
   C. 用鼠标右键单击对象时引发　　D. 用鼠标右键双击对象时引发

二、填空题

1. 表单向导能产生两种表单：__________和__________。
2. Visual FoxPro 系统提供的基类可以分为__________和__________两种。
3. 可以向文本框中输入数值型、__________、__________、逻辑型 4 种类型的数据。
4. 在面向对象的程序设计中，对象的__________描述了对象的状态，而对象的__________描述了对象的行为。
5. 在代码窗口或程序中可以通过命令来引用所需的对象，有__________和__________两种方法。

三、编程题

1. 计算 1～200 之间的能被 7 整除的数的平方和。

2. 水仙花数是一个三位正整数,等于它的各位数字的立方之和。例如:153=1^3+5^3+3^3，所以153是水仙花数。求所有的水仙花数之和。

3. 把一张一元钞票，换成一分、二分和五分硬币，每种至少8枚，问有多少种方案?

4. 一只猴子从山上摘来一堆桃子，从第一天开始，它每天都要把桃子平分为两份，吃掉其中的一份，然后再从剩下的桃子中拿出一个解馋，等到第10天，它发现只剩一只桃子了，问猴子总共摘了多少个桃子。

第 8 章

常用控件

本章重点

表单中常用的 10 种控件包括命令按钮组控件、选项按钮控件、复选框控件、列表框控件、组合框控件、编辑框控件、计时器控件、表格控件、页框控件、图像控件。

学习目标

- 掌握常用控件的基本概念、属性、事件与方法。
- 熟练使用常用控件。

8.1 常用控件概述

8.1.1 命令按钮组控件

使用命令按钮组控件可以创建一组命令按钮。命令按钮组可以统一控制与管理这些命令按钮。命令按钮组控件的基本属性如表 8-1 所示。

表 8-1 命令按钮组控件的基本属性

属性名称	功 能
Autosize	是否自动调整按钮的大小
Buttoncount	按钮的数目
Buttons	访问按钮的数组
Backstyle	背景是否为透明
Enabled	按钮是否有效
Value	当值为 1 时，表示按下第一个命令按钮，当值为 2 时，表示按下第二个命令按钮……，以此类推。

新建一个命令按钮组控件并右击，即可打开命令按钮组生成器，如图 8-1 所示。通过生成器，可以对命令按钮组进行设置，如图 8-2 所示。

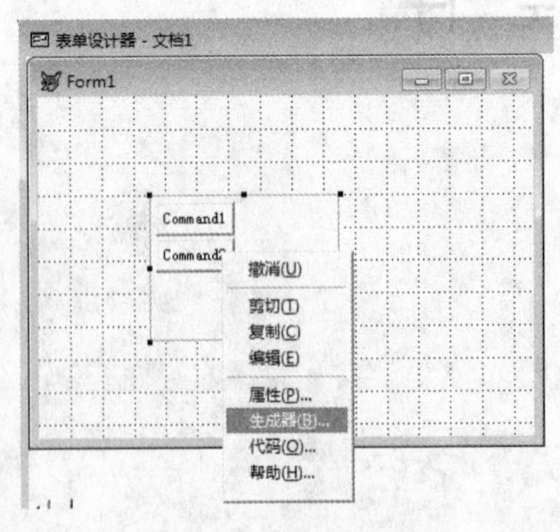

图 8-1 命令按钮组控件

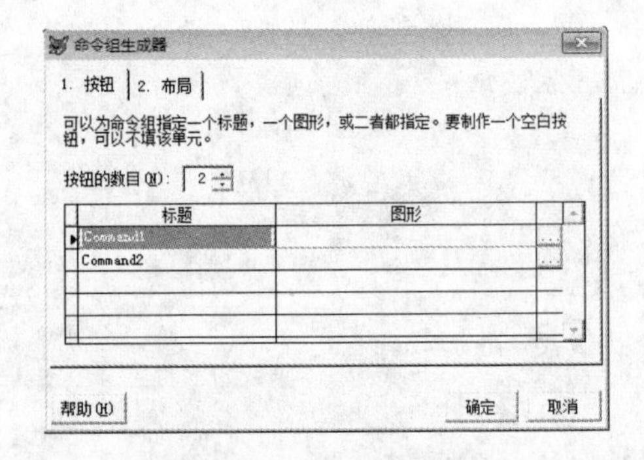

图 8-2 命令组生成器

1. “按钮”选项卡

可对命令按钮组的数目、标题、图形等进行设置。

2. “布局”选项卡

用于指定命令按钮组的排列方式。

【实例 8-1】 命令按钮组示例。

要求：通过单击命令按钮组改变文本框中的字体，如图 8-3 所示。

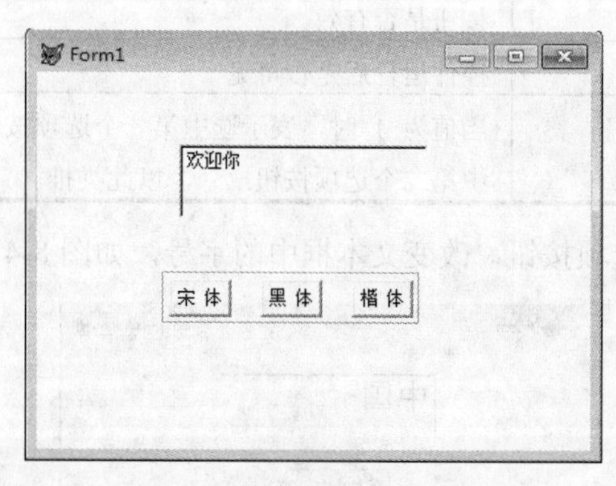

图 8-3　实例 8-1 的运行结果

操作步骤如下。

(1) 新建表单，在表单上添加一个文本框控件 Text1 与一个命令按钮组控件 CommandGroup1。

(2) 通过生成器设置命令按钮组控件。

(3) 在 CommandGroup1 的 Click 事件中输入以下代码：

```
Do Case
    Case This.Value=1
        Thisform.Text1.Fontname="宋体"
    Case This.Value=2
        Thisform.Text1.Fontname="黑体"
    Case This.Value=3
        Thisform.Text1.Fontname="楷体_gb2312"
 EndCase
```

(4) 保存和运行表单。

提示：● 注意命令按钮组的 Value 属性的使用。
　　　● 注意相对引用与绝对引用的使用方法。

8.1.2　选项按钮控件

选项按钮 OptionGroup 是包含一个或多个选项按钮的容器，通过它可以指定对话框中几个操作选项中的一个，而不用输入数据。选项按钮是单选的，只能选中其中的一个按钮，当新的选项被选中时，以前的选项自动取消。选项按钮控件的基本属性如表 8-2 所示。

表 8-2　选项按钮控件的基本属性

属性名称	功　能
Autosize	是否自动调整按钮的大小
Buttoncount	按钮的数目
Buttons	访问按钮的数组
Backstyle	背景是否为透明
Enabled	按钮是否有效
Visible	控件运行后是否可见
Value	当值为 1 时，表示选中第一个选项按钮，当值为 2 时，表示选中第二个选项按钮……，以此类推。

【实例 8-2】 使用选项按钮，改变文本框中的字号，如图 8-4 所示。

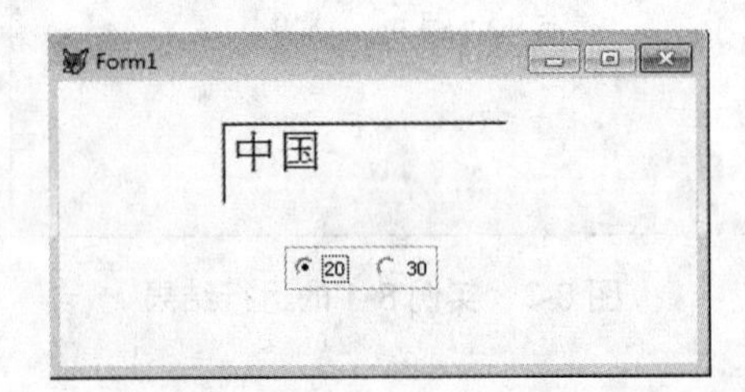

图 8-4　实例 8-2 的运行结果

操作步骤如下：

(1) 新建表单，在表单上添加一个文本框控件 Text1 与一个选项按钮控件 OptionGroup1。

(2) 通过生成器设置选项按钮控件。

(3) 在 OptionGroup1 的 Click 事件中输入以下代码：

```
Do Case
    Case This.Value=1
        Thisform.Text1.Fontsize=20
    Case This.Value=2
        Thisform.Text1.Fontsize=30
 EndCase
```

(4) 保存和运行表单。

提示：注意选项按钮的 Value 属性的使用。

8.1.3　复选框控件

复选框是一种逻辑框，当其处于被选中状态时，复选框内显示“√”符号，表示取.T.或者 1；否则，复选框内为空白。另外，复选框是独立的表单控件，可以单独使用，也可以成组使用。复选框控件基本属性如表 8-3 所示。

表 8-3　复选框控件的基本属性

属性名称	说　明
Caption	用来指定复选框右侧显示的文本
Value	用来指明复选框当前的状态，0，表示未被选中；1，表示被选中
Controlsource	指定与复选框选项建立联系的数据源

【实例 8-3】 要求：通过单击复选框控件改变文本框中文字的粗体、斜体、下划线的状态，如图 8-5 所示。使用复选框控件，改变文本框中文字的状态，如图 8-5 所示。

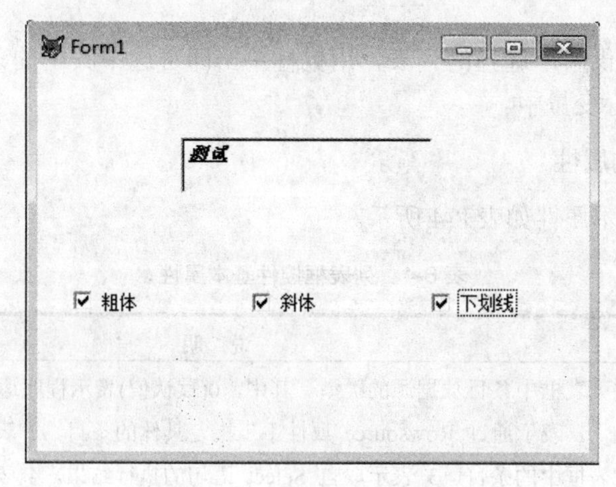

图 8-5　实例 8-3 运行结果

操作步骤如下：

(1) 新建表单，在表单上添加 1 个文本框控件 Text1 与 3 个复选框控件：Check1、Check2 和 Check3。

(2) 通过属性窗口将 3 个复选框控件的标题修改为“粗体”、“斜体”、“下划线”。

(3) 在 Check1 的 Click 事件中输入以下代码：

```
IF Thisform.Check1.Value=1 Then
    Thisform.Text1.Fontbold=.T.
ELSE
    Thisform.Text1.Fontbold=.F.
ENDIF
```

在 Check2 的 Click 事件中输入以下代码：

```
IF Thisform.Check2.Value=1 Then
    Thisform.Text1.Fontitalic=.T.
ELSE
    Thisform.Text1.Fontitalic=.F.
ENDIF
```

在 Check3 的 Click 事件中输入以下代码：

```
IF Thisform.Check3.Value=1 Then
   Thisform.Text1.Fontunderline=.T.
ELSE
   Thisform.Text1.Fontunderline=.F.
ENDIF
```

(4) 保存和运行表单。

提示：注意复选框的 Value 属性的使用。

8.1.4 列表框控件

列表框用于显示供用户选择的列表，用鼠标单击即可选中其中的条目，将选定的选项(值)存储到字段或内存变量中。

1. 列表框控件的属性

列表框控件的基本属性如表 8-4 所示。

表 8-4 列表框控件基本属性

属性名称	说 明
Rowsourcetype	指定列表框中条目数据源的类型。其中，0(默认值)表示程序运行时由 Additem 方法添加，1 表示通过 Rowsource 属性手工指定具体的条目，2 表示将表中的字段值作为列表框中的条目，3 表示取自 Select 语句的执行结果，4 表示取自查询(.Qpr)，5 表示取自数组等
Rowsource	指定列表框中的显示条目的来源
Controlsource	数据控制源，即列表框中选择的选项值存储在何处，如字段、内存变量等
Movebars	指定是否在列表框的右侧显示滚动条
Listcount	指定列表框中数据条目的数目
Selected	指定列表框中的条目是否处于选定状态
List	存取列表框中数据条目的字符数组
Multiselect	指定是否允许在列表框中进行多重选定。0 或.F.(默认值)表示不允许，1 或.T.表示允许
Value	返回列表框中被选定的条目。返回值可以是数值型(被选定条目的序号)，也可以是字符型(被选定条目的本身内容)

2. 列表框控件的事件

列表框控件主要响应鼠标单击事件 Click、双击事件 Dblclick 及列表框当前值发生变化的 Interactivechange 事件。

3. 列表框控件的方法

列表框控件的常用方法如表 8-5 所示。

表 8-5　列表框控件的常用方法

方法名称	功　能
Additem	用于向列表框中添加列表项
Removeitem	用于从列表框中删除选定的选项
Clear	用于清除列表框中的所有项目

4. 生成器

可用生成器来设置列表框的列表项、样式、排列方式、值等，具体设置方法如下。

新建一表单文件，在表单上添加一个列表框，右击列表框，在弹出的快捷菜单中选择“生成器”命令，如图 8-6 所示，即可打开“列表框生成器”对话框，如图 8-7 所示。“列表框生成器”对话框包括“列表项”选项卡、“样式”选项卡、“布局”选项卡和“值”选项卡。各选项卡的功能如下。

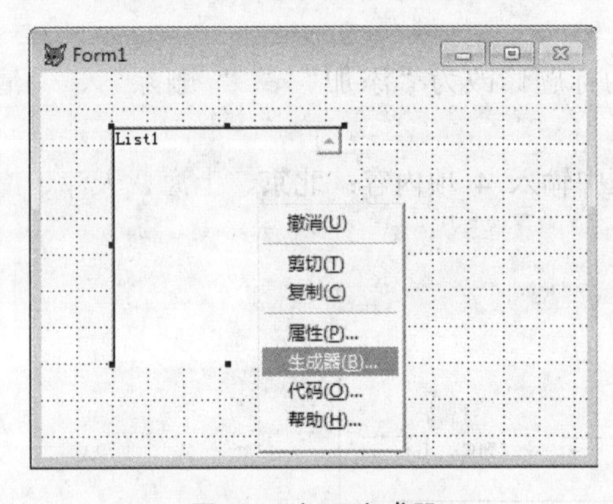

图 8-6　打开生成器

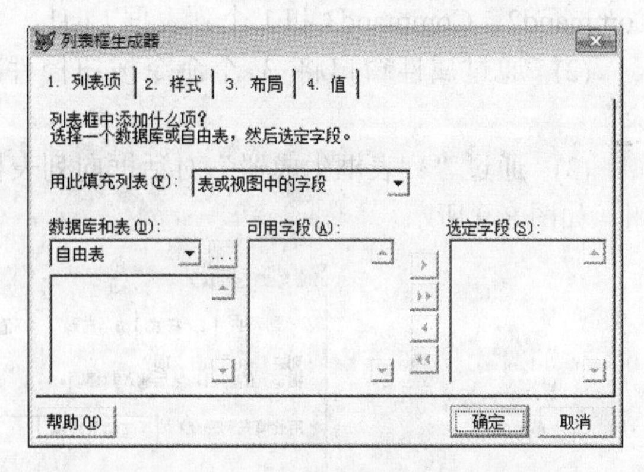

图 8-7　“列表框生成器”对话框

1)　“列表项”选项卡

用于选定一个数据库或自由表的字段，将其添加到列表框中或手工输入列表项。

2)　“样式”选项卡

用于设定列表框采用的样式。

3)　“布局”选项卡

用于设定列表框的排列方式。

4)　“值”选项卡

用于设定用户选定项存入的返回值，并可将选项的值存入一个表或视图。

【实例 8-4】　使用表框示例实现以下功能：

要求：单击“添加”按钮，可将文本框的内容添加到列表框中，单击“删除”按钮，可将列表框中被选中的项目删除，单击“清除”按钮，可将列表框中所有的项目清除，如图 8-8 所示。

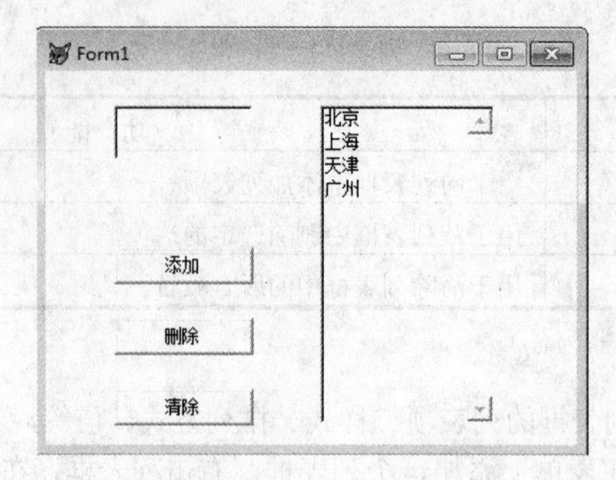

图 8-8　实例 8-4 的运行结果

操作步骤如下：

(1) 新建表单，在表单上添加 1 个文本框 Text1、3 个命令按钮 Command1、Command2、Command3 和 1 个列表框 List1。

(2) 通过属性窗口将 3 个命令按钮控件的标题修改为“添加”、“删除”、“清除”。

(3) 通过“列表框生成器”对话框向列表框中输入 4 项内容：北京、上海、天津、广州，如图 8-9 所示。

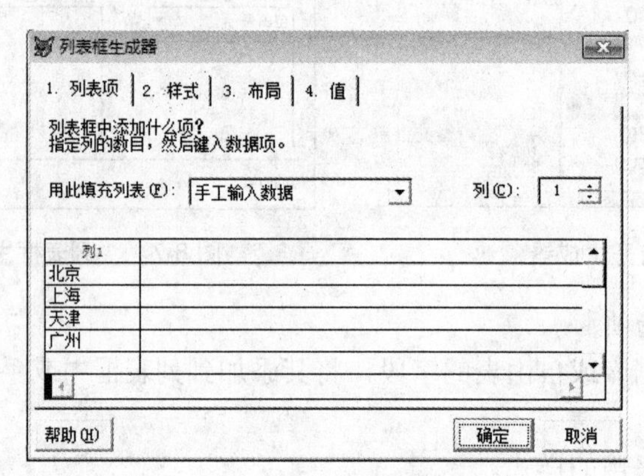

图 8-9　输入项目

(4) 在 Command1 的 Click 事件中输入以下代码：

```
Thisform.List1.Additem(Thisform.Text1.Value)
```

在 Command2 的 Click 事件中输入以下代码：

```
Thisform.List1.Removeitem(Thisform.List1.Listindex)
```

在 Command3 的 Click 事件中输入以下代码：

```
Thisform.List1.Clear
```

(5) 保存和运行表单。

【实例 8-5】 利用列表框实现：输入读者编号、读者姓名、性别，选择所在院系、类别后，单击“插入信息”按钮可将信息插入到 Reader 表中，如图 8-10 所示。

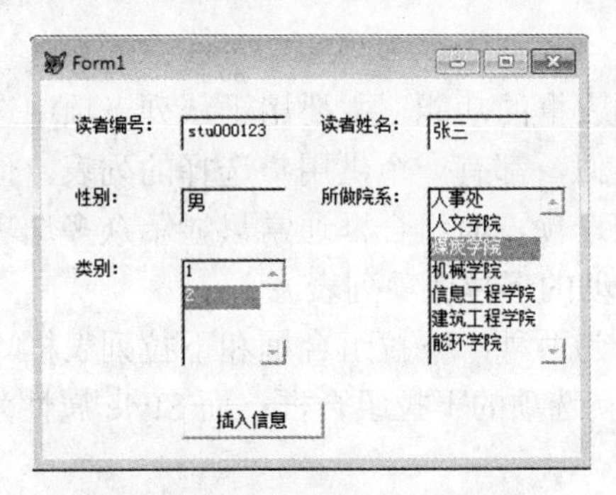

图 8-10　实例 8-5 的运行结果

操作步骤如下：

(1) 新建表单，在表单上添加 5 个标签、3 个文本框控件、2 个列表框和 1 个命令按钮，各控件均采用默认名称。

(2) 通过属性窗口将 5 个标签控件的标题修改为“读者编号”、“读者姓名”、“性别”、“所在院系”、“类别”，并将命令按钮的标题修改为“插入信息”。

(3) 通过“列表框生成器”对话框向列表框 List1 中输入院系信息，向列表框 List2 中输入类别信息，如图 8-11 所示。

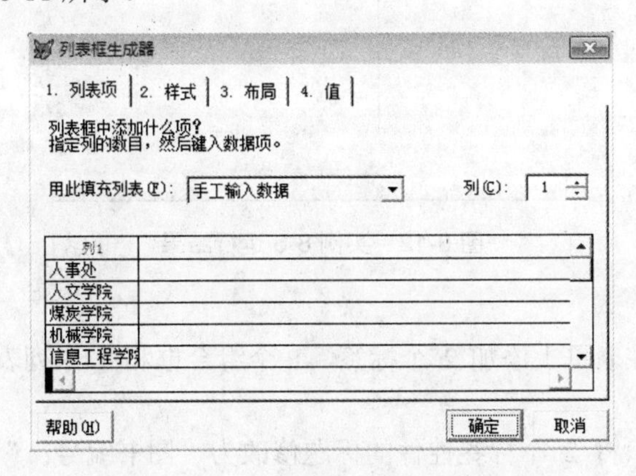

图 8-11　“列表框生成器”对话框

(4) 在 Command1 的 Click 事件中输入以下代码：

```
Id=Thisform.Text1.Value
Xm=Thisform.Text2.Value
Xb=Thisform.Text3.Value
Yx=Thisform.List1.Value
Lb=Val(Thisform.List2.Value)
Insert Into Reader Values(Id,Xm,Xb,Yx,Lb)
```

(5) 保存和运行表单。

提示： 注意文本型向数值型进行的数据类型转换。

8.1.5 组合框控件

组合框兼有文本框与列表框的功能，主要用于从列表项中选取其中的选项或者重新输入选项。组合框与列表框类似，都有一个供用户选择的列表，但两者的主要区别在于：列表框任何时候都显示其列表选项，而组合框通常只显示众多选项中的一个，用鼠标单击其右侧向下的按钮才显示可滚动的下拉选项列表。

实际上，组合框又可分为两种：下拉组合框和下拉列表框。若组合框的 Style 属性值为 0，则成为允许用户输入新选项的下拉组合框；而 Style 属性为 2 时，则成为只允许从下拉列表中选择的下拉列表框。

【实例 8-6】 使用组合框实现：

在“图书编号：”组合框中选择一个图书的编号，则在列表框中显示借阅该书的所有读者编号，如图 8-12 所示。

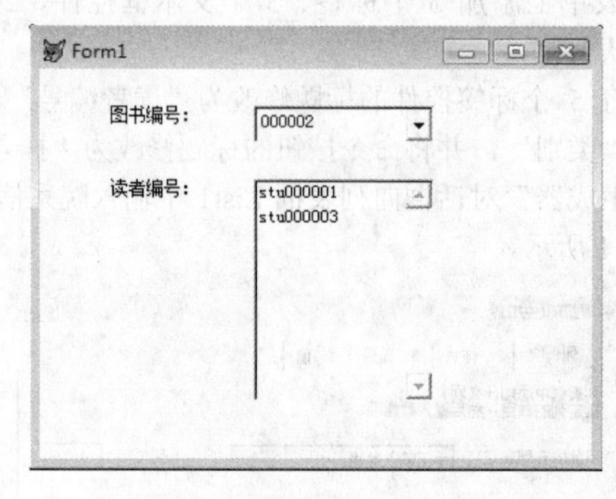

图 8-12 实例 8-6 运行结果

操作步骤如下：

(1) 新建表单，在表单上添加 2 个标签、1 个组合框和 1 个列表框，各控件均使用默认名称。

(2) 通过属性窗口将 2 个标签控件的标题修改为“图书编号：”、“读者编号：”，并将 Borrow 表添加到数据环境中。

(3) 通过“列表框生成器”对话框向组合框 Combo1 中输入图书编号信息。

(4) 在 Combo1 的 Click 事件中输入以下代码：

```
Id=Alltrim(Thisform.Combo1.Value)
Select Cardid From Borrow  Where Bookid=Id  Into  Cursor  Tempid
Thisform.List1.Rowsource="Tempid"
Thisform.Refresh
```

(5) 保存和运行表单。

提示：
- 列表框与组合框的相同之处与不同之处。
- 使用 Alltrim 的目的。

8.1.6　编辑框控件

编辑框控件的功能是输入、显示、编辑多行文本信息，但只能编辑长的字符型数据、备注型数据和字符型内存变量。编辑框实质上是一种简单的字处理器，可实现选中、复制、剪切、粘贴等操作。

编辑框控件的基本属性如表 8-6 所示。

表 8-6　编辑框控件的基本属性

属性名称	说　明
Hideselection	编辑框控件失去焦点时，选中的文本是否仍显示为选定状态
Readonly	只读属性，指定用户能否编辑编辑框中的内容
Scrollbars	编辑框是否有垂直滚动条
Controlsource	控件所绑定的数据源，即编辑框中文本的来源及保存在哪里
Selstart	返回编辑框中所选定文本的起始点位置或插入点位置，仅在运行时可用
Sellength	返回编辑框内选定文本字符的数目，仅在运行时可用
Seltext	返回编辑框内选定的文本，仅在运行时可用

8.1.7　计时器控件

计时器控件用于在程序中按照一定的时间间隔触发和执行某一操作。计时器控件对象在表单设计器窗口中以图标的形式存在，表单运行时不可见，而以后台的方式运行。

计时器控件的常用属性如表 8-7 所示。

表 8-7　计时器控件的常用属性

属性名称	说　明
Interval	指定定时间隔的时间，即 Timer 事件发生的时间间隔(单位为毫秒)
Enabled	属性值为.T.时表示启动计时器，为.F.则终止计时器

计时器控件的常用事件为 Timer 事件，由 Interval 属性指定的毫秒数触发一些周期性的动作程序。

【实例 8-7】使用计时器控件在表单中显示可移动的文字，如图 8-13 所示。

操作步骤如下：

(1)　新建表单，在表单上添加 1 个标签、2 个命令按钮和 1 个时钟控件，各控件均采用默认名称。

(2)　通过属性窗口设置标签、命令按钮和时钟控件的属性，如表 8-8 所示。

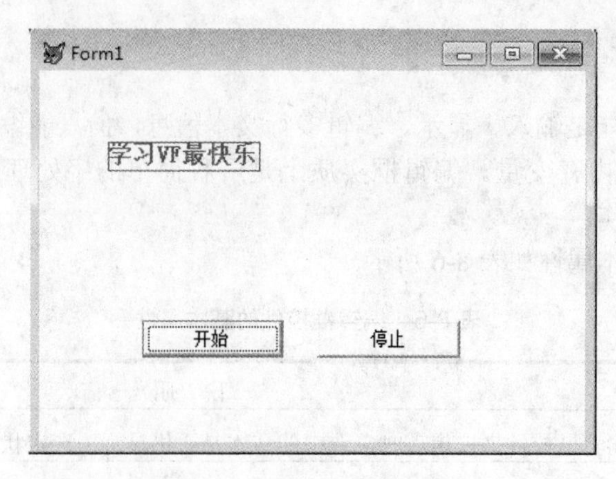

图 8-13　实例 8-7 的运行结果

表 8-8　实例 8-7 的属性设置

控件名称	属　性	值
Label1	Caption	学习 VF 最快乐
	Borderstyle	.T.
	Alignment	2
	Autosize	.T.
	Fontsize	14
	Fontbold	.T.
Command1	Caption	开始
Command2	Caption	停止
Timer1	Interval	100
	Enabled	.F.

(3)　在 Timer1 的 Timer 事件中输入以下代码：

```
Thisform.Label1.Left=Thisform.Label1.Left+10
```

在 Command1 的 Click 事件中输入以下代码：

```
Thisform.Timer1.Enabled=.T.
```

在 Command2 的 Click 事件中输入以下代码：

```
Thisform.Timer1.Enabled=.F.
```

(4)　保存和运行表单。

提示： Interval 属性设置的单位为毫秒。

8.1.8　表格控件

表格控件是一种功能非常强大的容器类对象控件，在 Visual FoxPro 中通常用来显示或维护数据表中的数据记录，或者用于处理一对多关系的数据表。运行时，表格控件的外形与浏览窗口相似，按行和列的形式显示、编辑数据记录。

一个表格对象由若干列对象组成，每个列对象包含一个表头对象和若干个控件。表格、列、表头和控件都有自己的属性、事件和方法。

表格控件的基本属性如表 8-9 所示。

表 8-9　表格控件的基本属性

属性名称	说　明
Columncount	用于指定表格的列数
Recordsource	指定表格控件的数据源，一般设定为一个表
Recordsourcetype	指定表格数据源的类型，一般为表、别名、查询和 SQL 说明等
Controlsource	指定列的数据源，一般设置为表中的字段
Allowaddnew	指定是否可以将表格中的新记录添加到表中
Readonly	指定是否允许编辑控件

通过表格生成器，可以对表格进行设置，如图 8-14 所示。表格生成器中的各选项卡介绍如下。

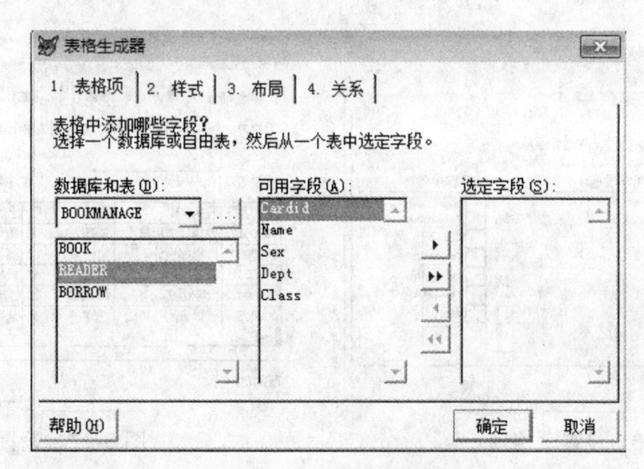

图 8-14　表格生成器

(1)　“表格项”选项卡

用于选定一个数据库或自由表的字段，添加到表格中。

(2)　“样式”选项卡

用于设定表格采用的样式。

(3)　“布局”选项卡

用于设定表格的排列方式。

(4)　“关系”选项卡

当创建一对多表单时，用于指定父表中的关键字段与子表的相关索引。

【实例 8-8】使用表格控件显示 Book 表中的数据，根据输入的出版社名称查询该出版社所出图书的情况，如图 8-15 所示。

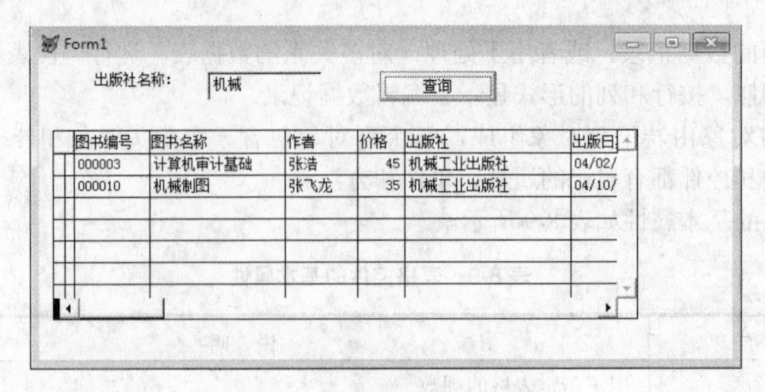

图 8-15　实例 8-8 的运行结果

操作步骤如下：

(1) 新建表单，在表单上添加 1 个标签、1 个文本框、1 个命令按钮和一个表格控件，各控件均采用默认名称。

(2) 通过属性窗口设置标签、命令按钮的标题属性。

(3) 在表格生成器的“表格项”选项卡中，将 Book 表中的所有字段转移到“选定字段”中，如图 8-16 所示。并在“布局”选项卡中将各字段的标题改为对应汉字，如图 8-17 所示。

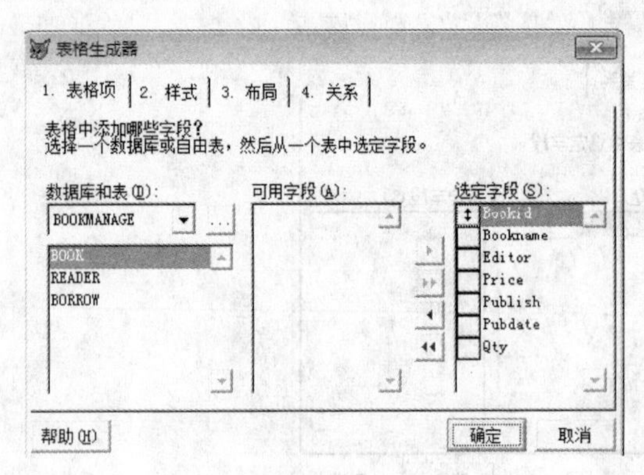

图 8-16　设置表格项

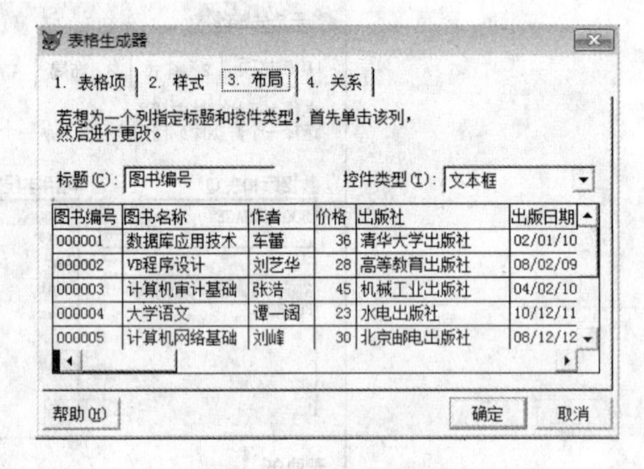

图 8-17　设置布局

(4) 在 Command1 的 Click 事件中输入以下代码：

```
Cb=Alltrim(Thisform.Text1.Value)
Select  *  From  Book  Where  Publish=Cb  Into  Cursor  Tempcb
Thisform.Grid1.Recordsource="Tempcb"
Thisform.Refresh
```

(5) 保存和运行表单。

提示： Select 命令所查询出的结果需暂存到临时表中。

8.1.9　页框控件

页框也是一个容器控件，包含多个页面，可在每个页面中添加其他控件。在一个表单上通过切换不同的页面可获得不同的内容。

设置页框控件中各页面的属性时，需使页框控件进入编辑状态：在页框上右击，从弹出的快捷菜单中选择“编辑”命令，当页框周围出现绿色边界即可，如图 8-18 所示。

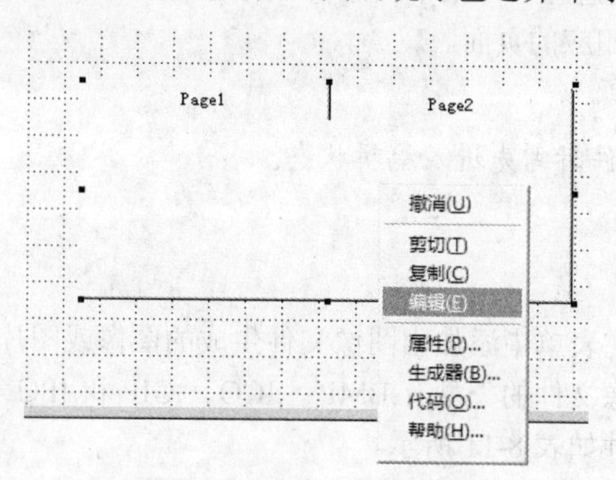

图 8-18　选择“编辑”命令

页框控件的常用属性如表 8-10 所示。

表 8-10　页框控件的常用属性

属性或事件	说　明
Pagecount	指定页框中所包含的页面个数，系统默认为 2
Tabstyle	指定页框中的页面是否大小相等，是否与页框的宽度相同
Tabs	指定页框中是否显示页面标签，.T.为显示，.F.为不显示
Activepage	返回当前页框中活动页面的页号或指定页框中第几个页面为活动页面

【实例 8-9】使用页框，在一个表单中同时显示三个数据表，如图 8-19 所示。

操作步骤如下：

(1)　新建表单，在表单上添加页框控件。

(2)　在表单空白处右击，在弹出的快捷菜单中选择数据环境，将 Reader 表、Book 表和 Borrow 表添加到表单数据环境中，如图 8-20 所示。

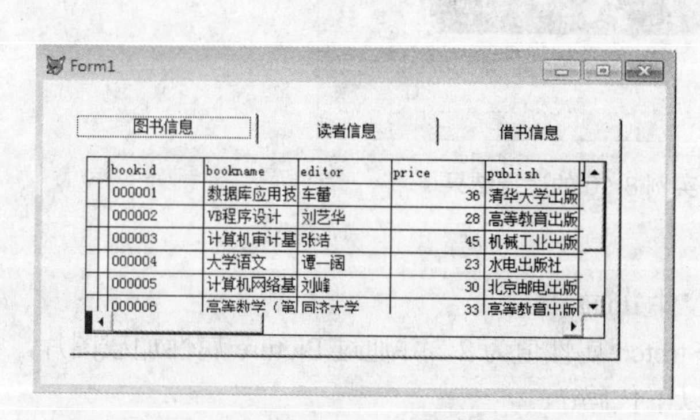

图 8-19　实例 8-9 的运行结果

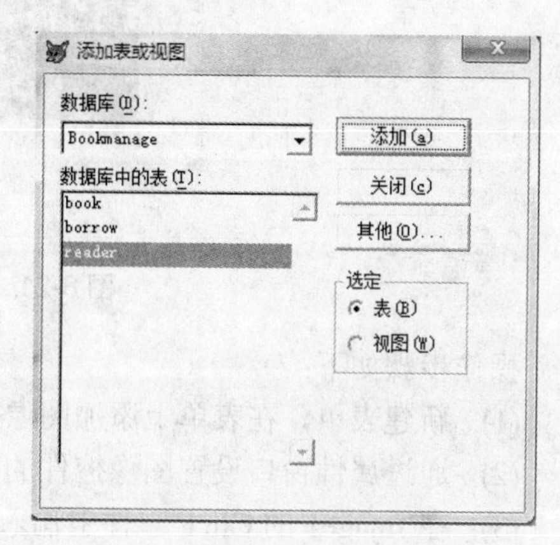

图 8-20　数据环境

(3) 右击页框，从弹出的快捷菜单中选择“编辑”命令，使页框控件进入编辑状态，设置属性 Pagecount 为 3，并将 Page1、Page2、Page3 三个页面的 Caption 属性分别设置为“图书信息”、“读者信息”和“借书信息”，再将数据环境中的 Reader 表、Book 表和 Borrow 表拖曳到页框中相应的页面。

(4) 保存和运行表单。

提示： 使用页框控件时需先进入编辑状态。

8.1.10 图像控件

图像控件主要用来在表单中添加由图像文件生成的图像或图片。在 Visual FoxPro 中，图像控件可以显示的图像文件的类型有.BMP、.ICO、.GIF 和.JPG 等。

图像控件的基本属性如表 8-11 所示。

表 8-11 图像控件的属性

属性名称	说 明
Picture	指定图像控件中显示的图形文件，图形文件的格式可以是 BMP、JPG 等
Stretch	指定图像的三种显示方式。Stretch 属性为 0 时，将把图像的超出部分剪掉；为 1 时，等比例填充；为 2 时，将改变图形的大小使其正好放在图像框中

【实例 8-10】 使用图像控件，在表单上显示指定图片，单击该图片时，图片隐藏，如图 8-21 所示。

图 8-21 实例 8-10 的运行结果

操作步骤如下：

(1) 新建表单，在表单上添加图像控件 Image1。

(2) 通过属性窗口设置图像控件的 Stretch 属性值为 2，并通过 Picture 属性加载图片。

(3) 在 Image1 的 Click 事件中输入以下代码：

```
Thisform.Image1.Visible=.F.
```

(4) 保存和运行表单。

8.2 小型案例实训

【实训目的】通过本案例掌握各种控件的使用。

【实训内容】实现对表记录的更新，如图 8-22 所示。

【实训步骤】

(1) 新建表单，在表单上添加 5 个标签、3 个文本框、2 个命令按钮、2 个单选按钮和 1 个表格控件。

(2) 通过属性窗口设置标签、命令按钮的属性，如表 8-22 所示。

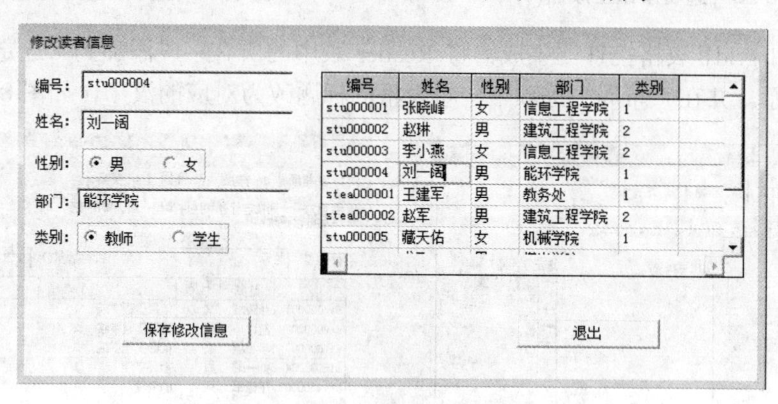

图 8-22　案例的运行结果

表 8-12　小型案例实训的属性设置

控件名称	属　性	值
Label1	Caption	编号:
Label2	Caption	姓名:
Label3	Caption	性别:
Label4	Caption	部门:
Label5	Caption	类别:
Command1	Caption	保存修改信息
Command2	Caption	退出

(3) 将 Reader 表添加到数据环境中，在表单空白处右击，在弹出的快捷菜单中选择需要的表添加到数据环境中。

(4) 利用选项按钮生成器，将“性别”选项按钮的标题分别设置为“男”和“女”，按钮布局如图 8-23 所示。

(5) 利用选项按钮生成器，将“类别”选项按钮的标题分别设置为“教师”和“学生”，按钮布局如图 8-24 所示。

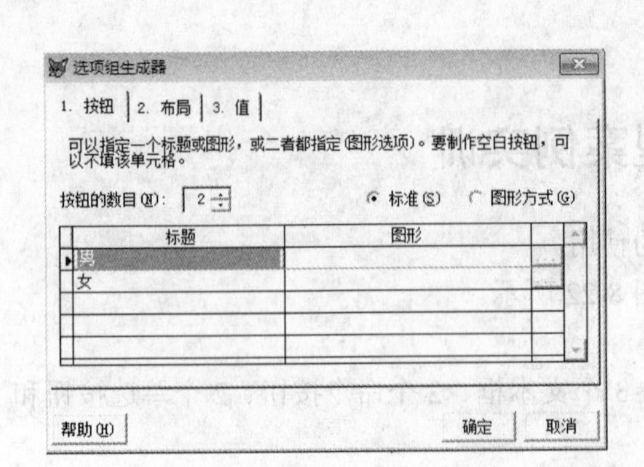

图 8-23　选项按钮生成器(1)

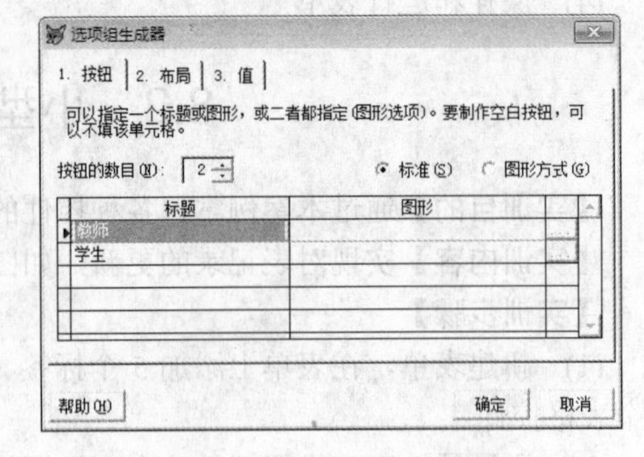

图 8-24　选项按钮生成器(2)

(6)　利用 grid1 表格控件的生成器将 Reader 表中的所有字段添加到“选定字段”中，如图 8-25 所示，并在“布局”选项卡中将表格的标题改为对应的汉字，如图 8-26 所示。

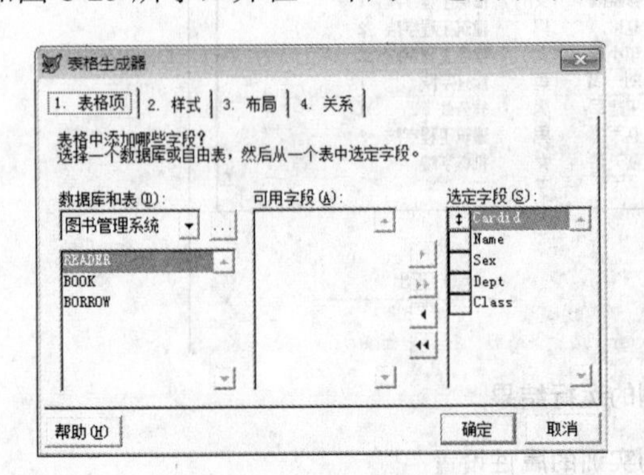

图 8-25　设置表格项

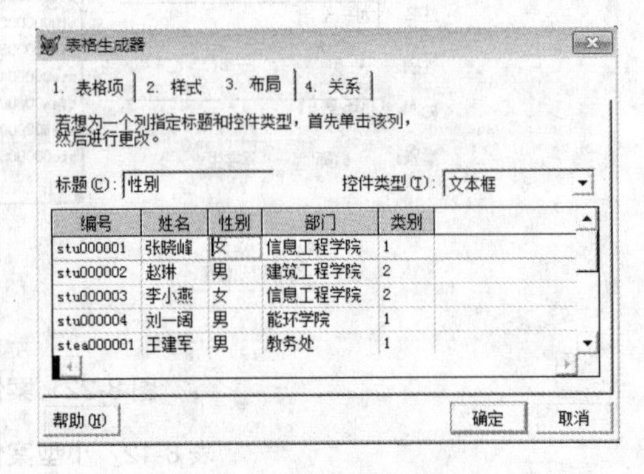

图 8-25　设置布局

(7)　在 Command1 的 Click 事件中输入以下代码：

```
R_Cardid=Alltrim(Thisform.Text1.Value)
R_Name=Alltrim(Thisform.Text2.Value)
R_Dept=Alltrim(Thisform.Text3.Value)
If Thisform.Optiongroup1.Option1.Value=1
   R_Sex="男"
Else
  R_Sex="女"
Endif

If Thisform.Optiongroup2.Option1.Value=1
   R_Class=1
Else
  R_Class=2
Endif
Old_Cardid=Reader.Cardid
Update Reader Set
Cardid=R_Cardid,Class=R_Class,Dept=R_Dept,Name=R_Name,Sex=R_Sex Where
Cardid=Old_Cardid
Thisform.Refresh
```

```
Thisform.Text1.Value=""
Thisform.Text2.Value=""
Thisform.Text3.Value=""
Thisform.Command1.Enabled=.F.
R=Messagebox("信息修改成功！",0+64,"信息提示")
```

在 Command2 的 Click 事件中输入以下代码：

```
Thisform.Release
```

在 grid1 的 afterrowcolchange 事件中输入以下代码：

```
Lparameters Ncolindex
Thisform.Text1.Enabled=.T.
Thisform.Text2.Enabled=.T.
Thisform.Text3.Enabled=.T.
Thisform.Command1.Enabled=.T.
Go Recno()
Thisform.Text1.Value=Cardid
Thisform.Text2.Value=Name
Thisform.Text3.Value=Dept
If(Sex="男")
   Thisform.Optiongroup1.Option1.Value=1
   Thisform.Optiongroup1.Option2.Value=0
Else
   Thisform.Optiongroup1.Option2.Value=1
   Thisform.Optiongroup1.Option1.Value=0
Endif

If(Class=1)
   Thisform.Optiongroup2.Option1.Value=1
   Thisform.Optiongroup2.Option2.Value=0
Else
   Thisform.Optiongroup2.Option2.Value=1
   Thisform.Optiongroup2.Option1.Value=0
Endif
 ***************************************
```

(8) 保存和运行表单。

本章小结

本章主要介绍了常用控件的属性、事件和方法的使用。

习　　题

一、选择题

1. 在表单的控件中，既能输入又能编辑的控件是(　　)。
   A. 标签控件　　B. 复选框控件　　C. 列表框控件　　D. 文本框控件

2. 如要设置计时器控件的时间间隔，可通过(　　)属性来设置。

A. Interval　　B. Value　　C. Enabled　　D. Text

3. 要在图像控件中显示图片，应由 (　　)属性来设置。

A. Picture　　B. Image　　C. Stretch　　D. Visible

4. 要清除列表框控件中的所有内容，应使用的方法是(　　)。

A. Cls　　B. Clear　　C. Remove　　D. RemoveItem

5. 页框控件中显示的页面数可通过(　　)属性来设置。

A. Page　　B. Count　　C. PageCount　　D. ColumnCount

二、填空题

1. 如果表单及表单控件同时设置了 INIT 事件，运行表单时，先引发的是________中的 INIT 事件。

2. 修改标签控件的________属性值，可以修改标签字体的颜色。

3. ________是容器类控件。

4. 要定义标签的标题时，应设置标签的________属性。

5. 表单具有自己的属性、方法和________。

三、操作题

1. 如图 8-27 所示，要求程序运行后，选中列表框中的项目，单击添加按钮，可将选中项目添加到文本框中。

2. 如图 8-28 所示，要求程序运行后，在表单中显示系统的当前时间。

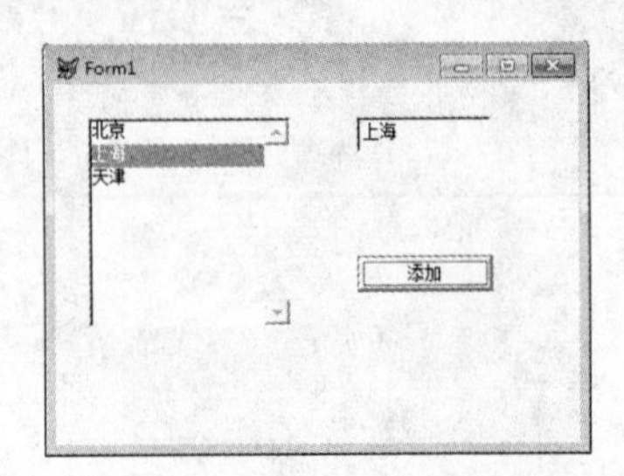

图 8-27　列表框控件习题

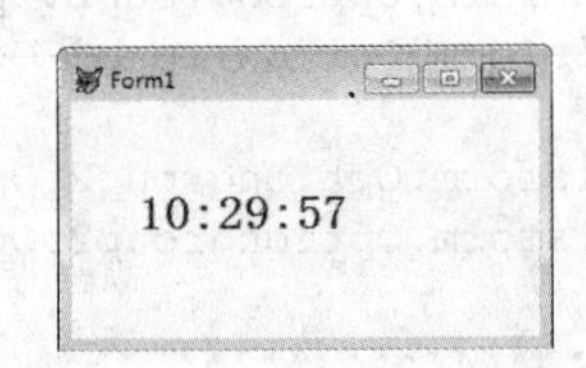

图 8-28　计时器控件习题

3. 如图 8-29 所示，要求程序运行后，选中选项按钮控件中的一个选项，则弹出提示对话框显示“我的爱好是**”。

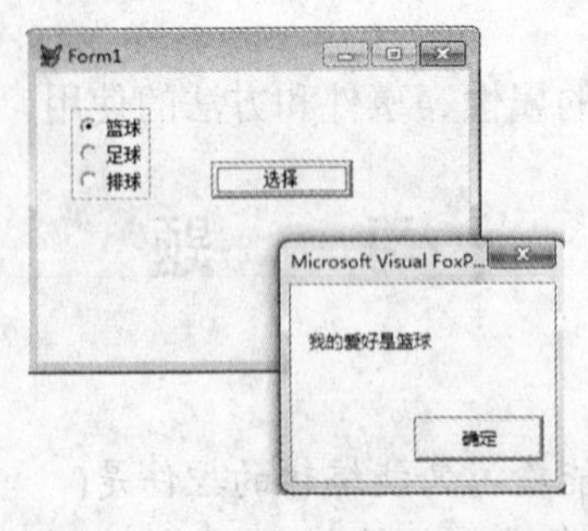

图 8-29　选项按钮控件习题

第 9 章

报 表 设 计

报表是 Visual FoxPro 中的一种重要的数据组织形式，是提供组织打印信息、修改打印格式、以报表或标签形式输出打印的重要途径。报表和视图相似，本身并不存储实际的数据值，只存储数据源，即数据的位置和样式，因此，一旦数据库存储的内容发生了变化，报表打印的内容也会随之更新。

Visual FoxPro 中的报表有两个基本组成部分：数据源和报表布局。报表的数据源是指报表中数据的来源，例如数据库表、自由表、视图、SQL 查询或临时表等；报表布局通常是指报表打印的格式和样式。用户可以通过报表布局，将选择的数据源以需要的样式打印输出。在 Visual FoxPro 6.0 系统中，报表文件的扩展名为 FRX，报表备注文件的扩展名为 FRT。

本章重点

利用“报表向导”和“报表设计器”创建报表的步骤与方法。

学习目标

- 掌握用“报表向导”创建报表的方法。
- 掌握用“报表设计器”创建报表的方法。
- 掌握报表打印输出的方法。

9.1 报表设计的准备工作

9.1.1 准备工作

在创建报表前，应当根据设计的需要，进行整体上的准备。

第一步：确定报表的布局。

报表的布局大致分为“列报表”、“行报表”、“一对多报表”和“多栏报表”四类。

第二步：设定报表的数据源。

报表的数据来源一般是已经建好的数据库表、自由表、视图或查询等。

第三步：创建报表的布局格式。

通过设置报表的排列输出样式、报表相关控件信息、数据源信息或报表布局信息等，完成布局格式的创建，将报表文件存储为扩展名为 FRX 的文件。

9.1.2 常用的报表布局

常用的报表布局主要有 4 种，如表 9-1 所示。

表 9-1 常用报表布局

布局类型	用 途
列	每行打印一条记录，每条记录的字段在页面上按照水平方式排列
行	每行打印一个字段，每个记录的字段在页面上靠左侧垂直排列

续表

布局类型	用 途
一对多	先输出父表的一条记录，随即输出子表中与此记录相关的所有记录
多列	每页可以打印多列记录，每条记录的字段沿左侧垂直排列

9.2 利用报表向导创建报表

Visual FoxPro 为用户提供了两种类型的报表向导：“报表向导”和“一对多报表向导”。

9.2.1 利用报表向导创建单表报表

具体操作步骤如下：

1) 新建报表

选择“文件”|“新建”命令，在“新建”对话框中选择“报表”，再单击“向导”按钮，如图 9-1 所示，打开“向导选取”对话框，选择“报表向导”选项并单击“确定”按钮，如图 9-2 所示。

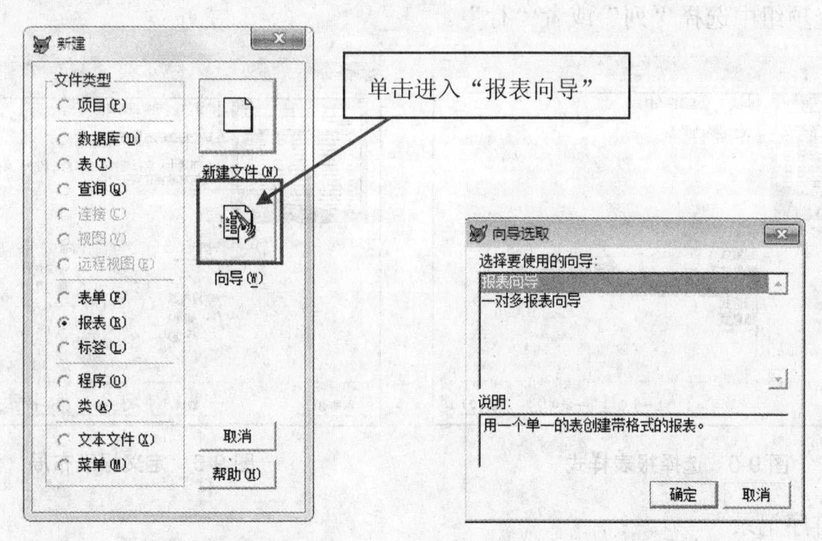

图 9-1 启动“报表”向导　　图 9-2 选择“报表向导”选项

2) 选取字段

打开“报表向导”对话框，如图 9-3 所示，在“数据库和表”下拉列表框中选择所需的表，若所需的表没有列出，可以单击“数据库和表”下拉列表框右侧的…按钮来查找表。通过‣或‣‣按钮，将“可用字段”列表框中列出的字段，根据要求添加到右侧的“选定字段”列表框中。

3) 分组记录

单击“下一步”按钮后，打开“步骤 2-分组记录”界面，指定一个分组条件，确定记录的分组方式，如图 9-4 所示，最多可以选择三层分组层次。

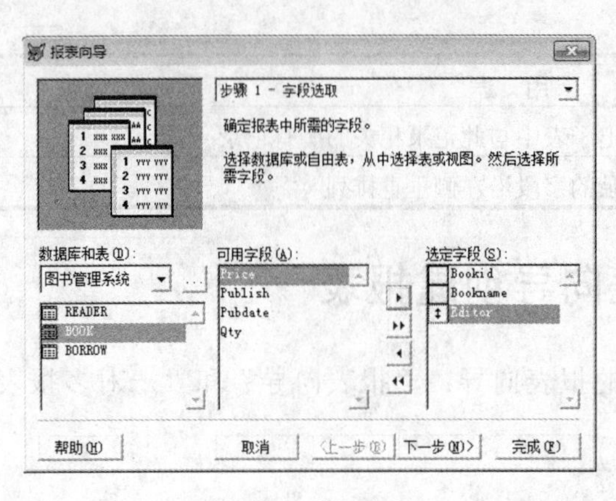

图 9-3　选取字段

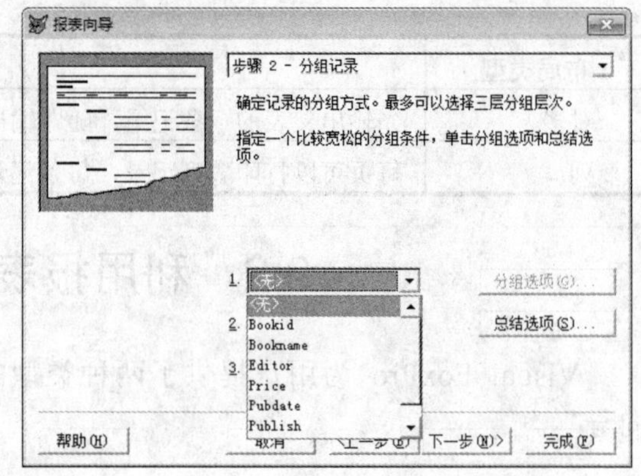

图 9-4　选择分组条件

4)　选择报表样式

单击“下一步”按钮，打开“步骤 3-选择报表样式”界面，如图 9-5 所示，在“样式”列表框中选择报表的样式。

5)　定义报表布局

单击“下一步”按钮后，打开“步骤 4-定义报表布局”界面，如图 9-6 所示，在“字段布局”选项组中选择“列”或者“行”。

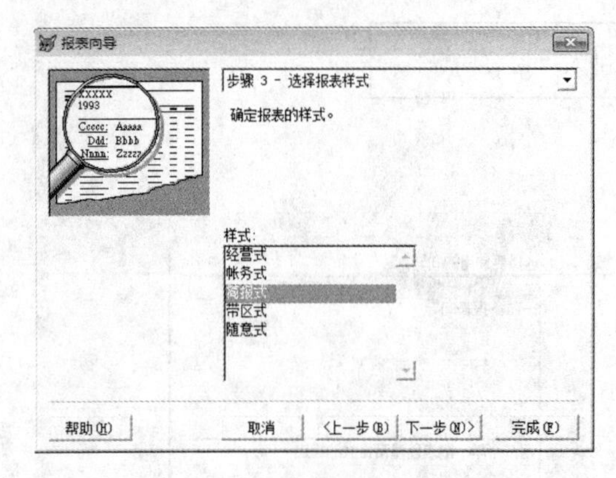

图 9-5　选择报表样式

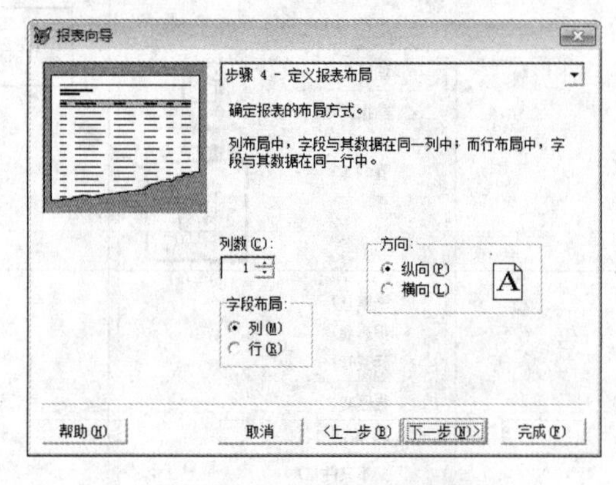

图 9-6　定义报表布局

6)　排序记录

单击“下一步”按钮，打开“步骤 5-排序记录”界面，将要排序的字段添加到右侧的列表框中，并选中“升序”或“降序”单选按钮，如图 9-7 所示。

7)　完成报表并预览

单击“下一步”按钮，打开“步骤 6-完成”界面，如图 9-8 所示，此时可以填写报表的标题，并可以选择“保存报表以备将来使用”、“保存报表并在‘报表设计器’中修改报表”、“保存并打印报表”中的任意一种保存方式。通过单击“预览”按钮，可以预览报表，预览效果如图 9-9 所示，单击“完成”按钮，则保存报表文件并退出。

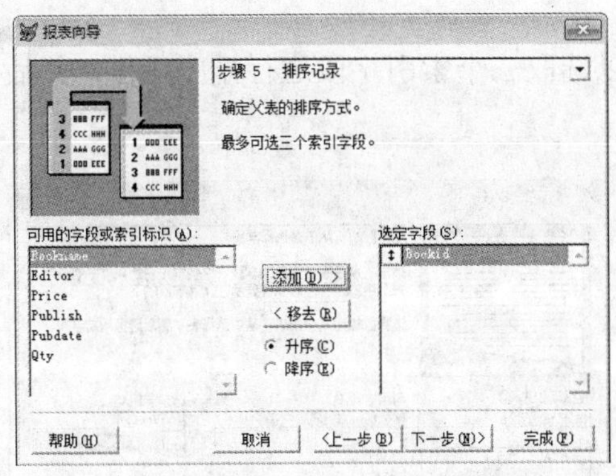

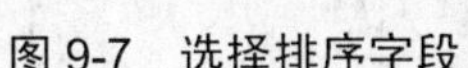
图 9-7 选择排序字段

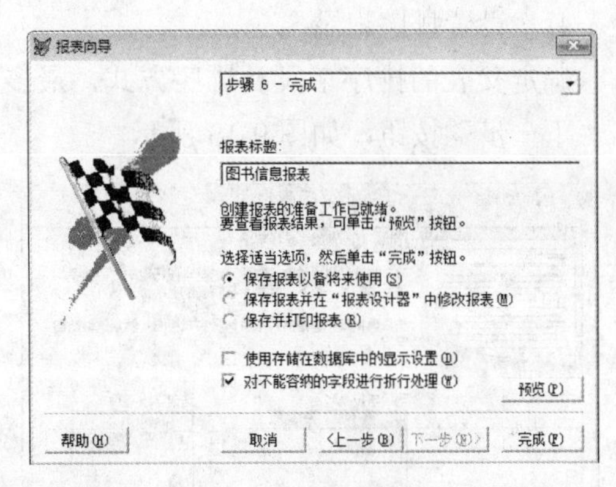

图 9-8 完成报表界面

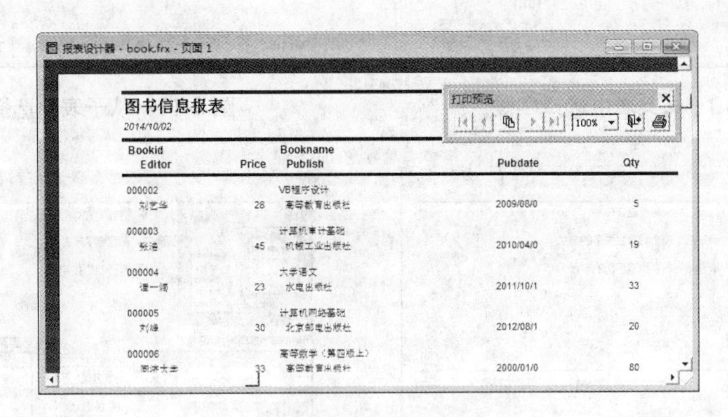

图 9-9 预览报表

9.2.2 利用报表向导创建一对多报表

创建一对多报表的方法与创建单表报表基本相同，只是一对多报表需要先将父表和子表之间用相同的索引字段连接起来以后，再进行报表的设计。使用一对多报表向导的操作步骤如下：

1) 选择父表并选择父表的字段

在如图 9-2 所示的“向导选取”对话框中选择“一对多报表向导”。从已有的数据库表或自由表中先选定父表，然后从父表中选取所需的字段，这些字段将作为“一对多”关系中的“一方”显示在报表的上半部分，再单击“下一步”按钮，如图 9-10 所示，本例中将 borrow 表作为父表。

2) 从子表中选择字段

从已有的数据库表或自由表中确定子表，选择所需字段，这些字段将作为“一对多”关系中的“多方”显示在报表的下方，再单击“下一步”按钮，如图 9-11 所示，本例中将 book 表作为子表。

3) 为表建立关系

在父表与子表中选取匹配的字段，进行字段连接，再单击“下一步”按钮，如图 9-12 所示。

4)　设置排序记录

确定父表的排序字段及排序方式，最多可以选取三个索引字段进行排序操作，然后单击“下一步”按钮，如图 9-13 所示。

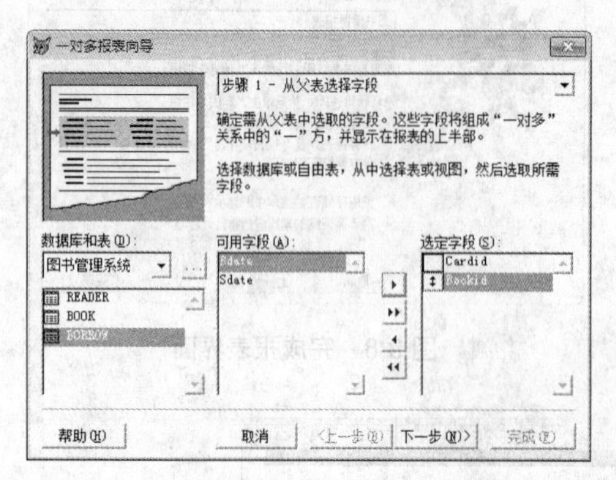

图 9-10　从父表中选择字段

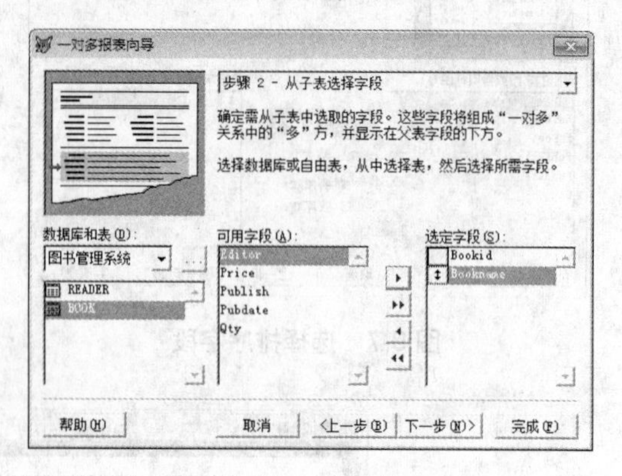

图 9-11　从子表中选择字段

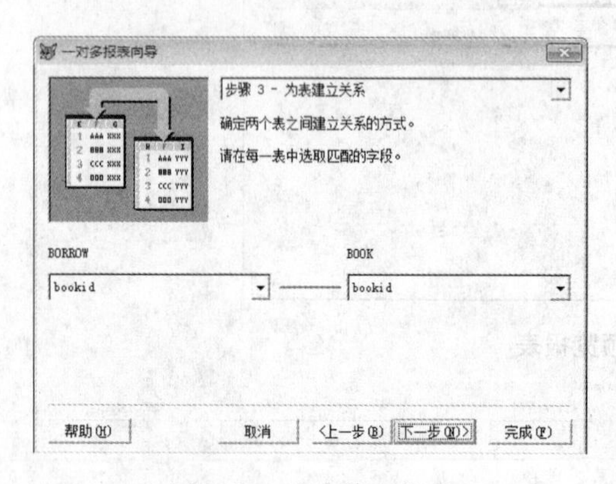

图 9-12　为表建立关系

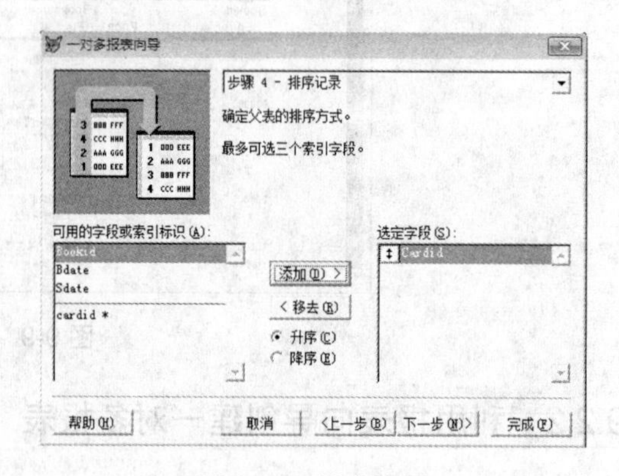

图 9-13　排序记录

5)　选择报表样式

如图 9-14 所示，确定最终显示的报表样式及纸张的打印方向，然后单击“下一步”按钮。

6)　预览和保存

完成一对多报表的创建后，可以对报表进行预览及保存，如图 9-15 所示。

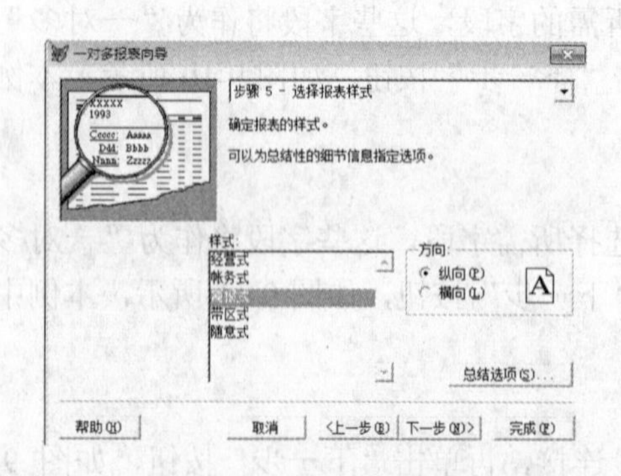

图 9-14　选择报表样式

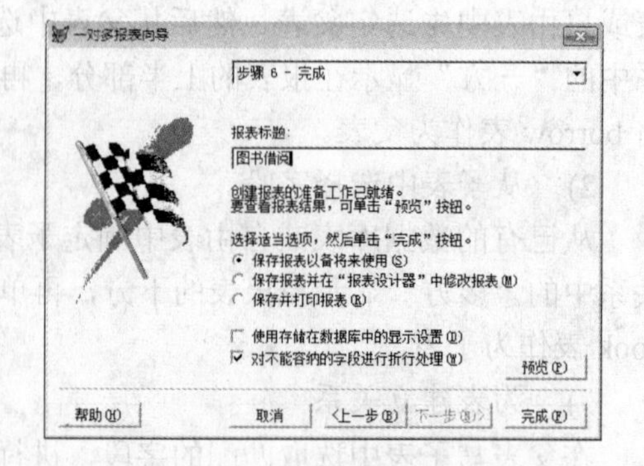

图 9-15　完成报表的创建

最后，单击“完成”按钮，可以将报表保存为扩展名为 frx 的报表文件，最终报表的显示效果如图 9-16 所示。此时，报表中显示出了被借阅图书的详细信息，包括来自 book 的书名字段等。

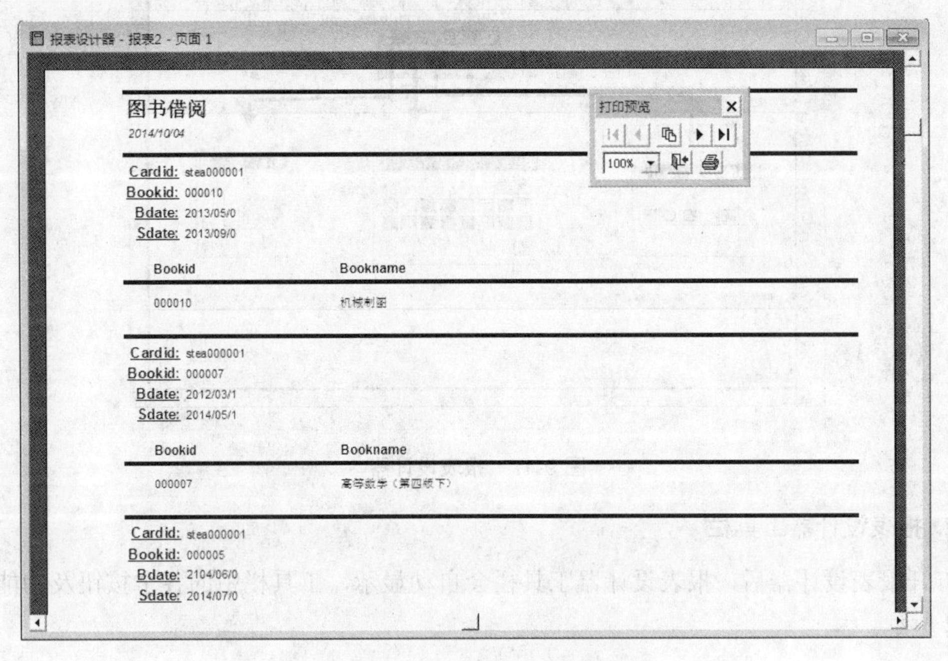

图 9-16　一对多报表的预览效果

9.3 利用报表设计器创建报表

上一节介绍的报表向导为用户创建报表提供了很大的方便，尤其是可以使初级用户快速完成报表设计；而利用 VFP 提供的报表设计器则可以设计更加灵活多样的报表，还可以修改已经创建的报表。

9.3.1 报表设计器简介

报表设计器的设计过程包括两个要点：数据源和布局。数据源一般是数据库表、自由表、视图、查询或临时表。报表布局是指定义报表的样式。

1. 启动报表设计器的方法

1)　命令方式

```
Create  report  <报表名>
```

或

```
Create  report
```

2)　菜单方式

选择“文件”|“新建”命令，在弹出的对话框中选择“报表”，再单击“新建文件”

按钮。报表设计器一般分为三个区：页标头、细节和页注脚，如图 9-17 所示。

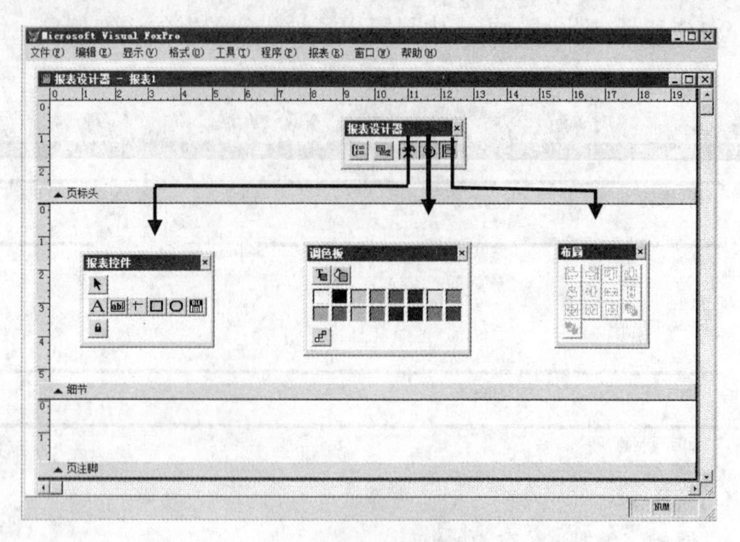

图 9-17　报表设计器

2. 报表设计器工具栏

打开报表设计器后，报表设计器工具栏会自动显示，工具栏中的各个按钮及功能，如表 9-2 所示。

表 9-2　报表设计器工具栏

按　钮	名　称	说　明
	数据分组	显示“数据分组”对话框，创建数据并定义属性
	数据环境	显示或隐藏“数据环境”窗口
	“报表控件”工具栏	显示或隐藏“报表控件”工具栏
	“调色板”工具栏	显示或隐藏“调色板”工具栏
	“布局”工具栏	显示或隐藏“布局”工具栏

3. 报表的带区

报表中的每块白色区域均称为“带区”，报表上有各种不同类型的带区，在带区中可以添加文本、数据、计算值、用户自定义函数、图片、线条和图形框等。系统默认的带区有三个，分别是：

- “页标头”带区，等同于报表的主标题，一般包括报表标题、栏标题和当前日期。
- “细节”带区，包含来自表中的记录。
- “页注脚”带区，包含出现在页面底部的页码、节等。

报表带区的使用方法如表 9-3 所示。

表 9-3　报表带区的使用方法

带　区	打印方式	使用方法
标题	每报表一次	在“报表”菜单中选择“标题/总结”带区进行设置
页标头	每页一次	默认
列标头	每列一次	在“文件”菜单中选择“页面设置”，设置“列数”>1
组标头	每组一次	在“报表”菜单中选择“数据分组”进行设置
细节带区	每记录一次	默认
组注脚	每组一次	在“报表”菜单中选择“数据分组”进行设置
列注脚	每列一次	在“文件”菜单中选择“页面设置”，设置“列数”>1
页注脚	每页一次	默认
总结	每报表一次	在“报表”菜单中选择“标题/总结”带区进行设置

4. 标签控件的用法

标签在报表中用于显示说明性的文字，报表的标题就可以用标签设置。

1) 加入标签控件

单击报表控件按钮A，在标题带区单击鼠标左键，在光标处输入文本。

2) 用标签按钮设计报表标头

“报表标头”是指整个报表的名称，“报表标头”一般放在报表的页标头带区，每当换页时就打印一次，操作步骤如下：

(1) 在“报表”菜单中设置“默认字体”。

(2) 单击“标签”按钮，在页标头带区添加报表标题；若需要重新设置标题的字体属性，可以单击该区域，选择“格式”菜单中的“字体”命令，进行相应设置。

(3) 单击“线条”按钮，可以在区域划分处添加下划线。

5. 插入页码和日期

1) 插入页码

单击“域控件”按钮，在带区单击鼠标左键，在弹出的“报表表达式”对话框的“表达式”框输入：“第”+str(_pageno)+“页”。

2) 插入当前日期

单击“域控件”按钮，在“页注脚”带内单击鼠标左键，在弹出的“报表表达式”对话框的“表达式”框中输入：dtoc(date( ))；若想显示中文的日期，可以在“表达式”框中写入：alltrim(str(year(date( ))))+“年”+alltrim(str(month(date( ))))+“月”+alltrim(str(day(date( ))))+“日”。

9.3.2　页面设置

选择“文件”|“页面设置”命令，在弹出的“页面对话框”中进行报表的页面设置，如图 9-18 所示。

列数：默认为 1，每个字段一列。每行一条记录；

宽度：报表纸张的有效打印宽度。

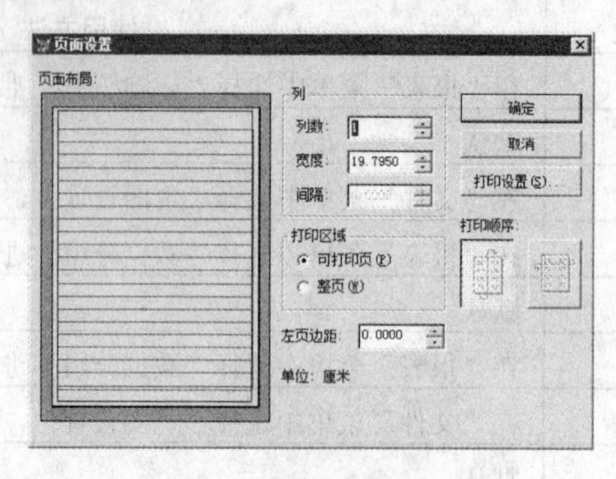

图 9-18 “页面设置”对话框

9.3.3 快速报表的创建

利用“快速报表”功能，可以快速地创建一个简单的报表，操作步骤如下：

(1) 选择“文件”|“新建”命令，选择“报表”选项，再单击“新建文件”按钮。

(2) 选择“报表”|“快速报表”命令，如图 9-19 所示。

(3) 如图 9-20 所示，选择所需的表，单击“确定”按钮。

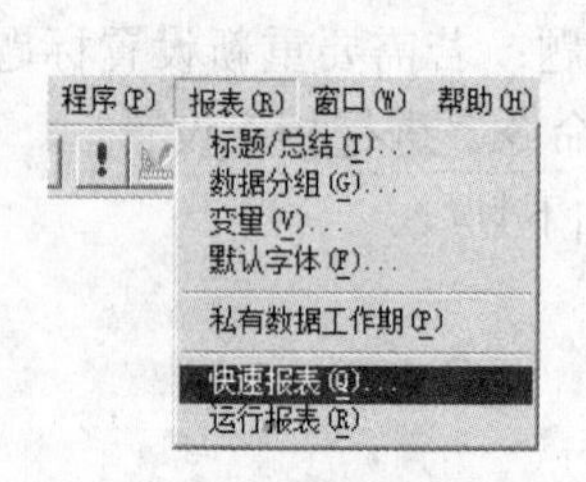

图 9-19 快速报表

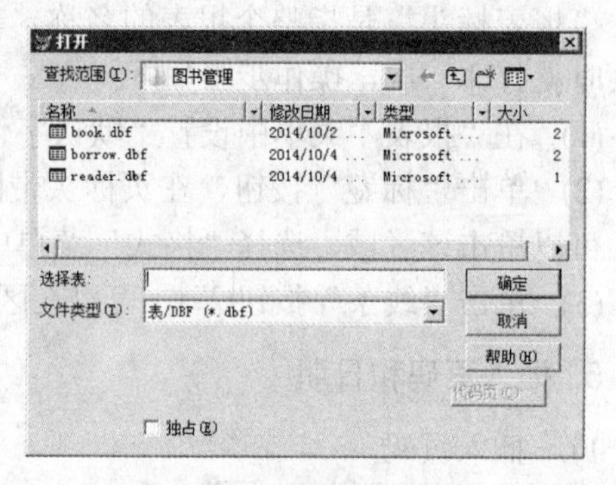

图 9-20 选择表

(4) 如图 9-21 所示，选择字段布局、标题和别名，单击“确定”按钮。

(5) 在如图 9-21 所示的对话框中，单击“字段”按钮，进入“字段选择器”对话框，如图 9-22 所示，为报表选择字段，完成后单击“确定”按钮。

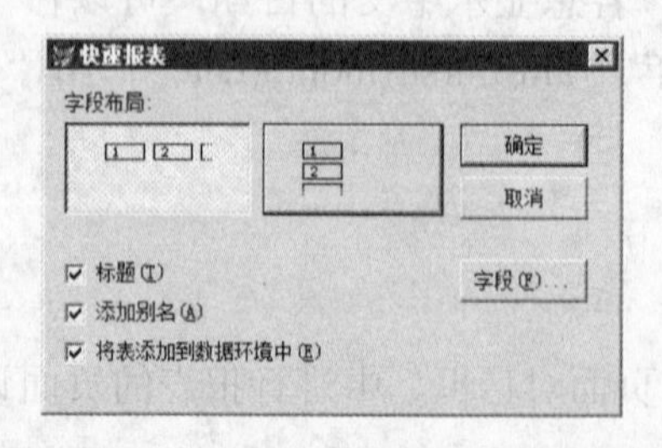

图 9-21 选择标题、添加别名

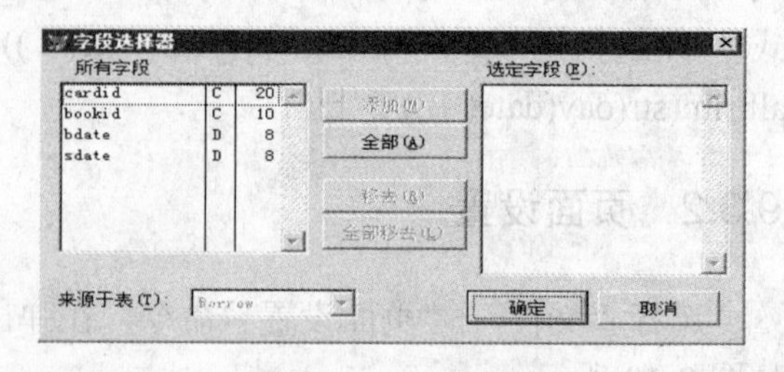

图 9-22 选择字段

(6) 设计完成的报表如图 9-23 所示。

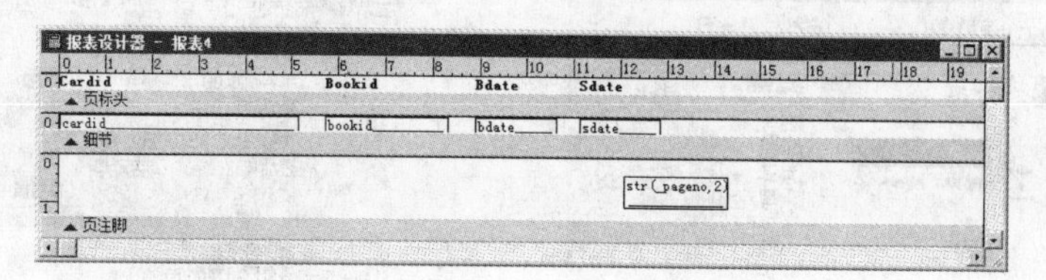

图 9-23　完成快速报表

9.3.4 应用“报表设计器”创建报表

【实例 9-1】 根据图书表(Book)创建一个报表。

操作步骤如下：

1) 打开报表设计器，设置数据环境

在报表设计器窗口上右击，在弹出的快捷菜单上选择“数据环境”命令，如图 9-24 所示；在数据环境中添加表 book.dbf，如图 9-25 所示。

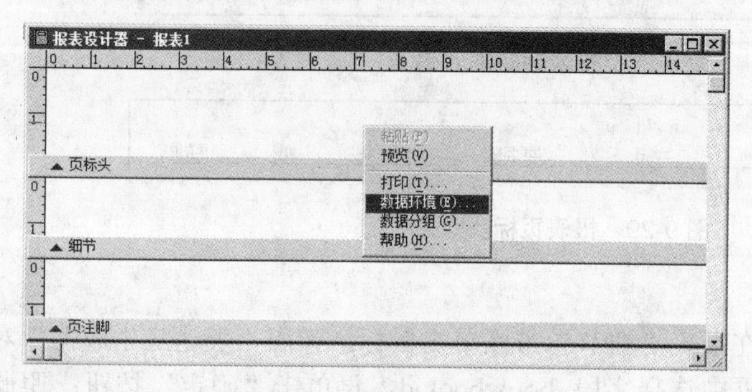

图 9-24　打开报表设计器

图 9-25　在据环境中添加表

选择“文件”|“页面设置”命令，在弹出对话框中设置报表页面的属性。

2) 添加报表标题

选择“报表”|“标题/总结”命令，在弹出的对话框中选择“标题”，显示标题带区。

单击报表控件中的A图标，然后在“标题”带区单击鼠标，在光标闪动处输入标题内容“图书信息报表”。

选择“格式”|“字体”命令，在弹出的对话框中设置标题的字体和字号：“隶书”、“粗体”、“三号”，如图 9-26 所示。

选择“格式”|“对齐”|“水平居中”命令，如图 9-27 所示。报表标题的设置效果如图 9-28 所示。

3) 设置“页标头”

单击报表控件A，在“页标头”带区单击鼠标，在光标处输入“编号”，并调整其位置；再依次添加标签控件，并分别输入“图书名称”、“出版社”、“出版日期”、“作者”、“价格”、“库存量”等信息，然后在这些标签控件下方添加一线条，如图 9-29 所示。

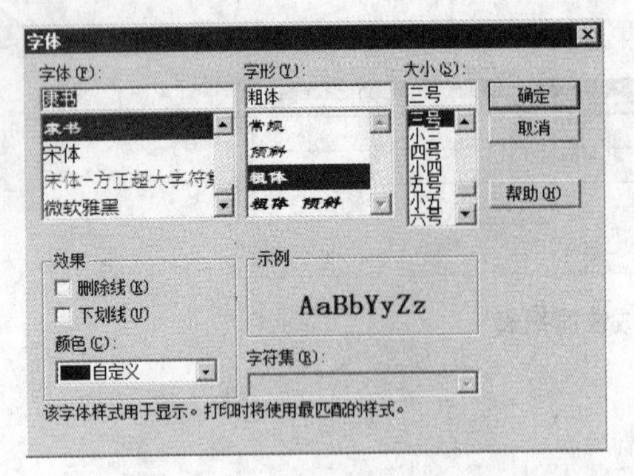

图 9-26　标题字体设置

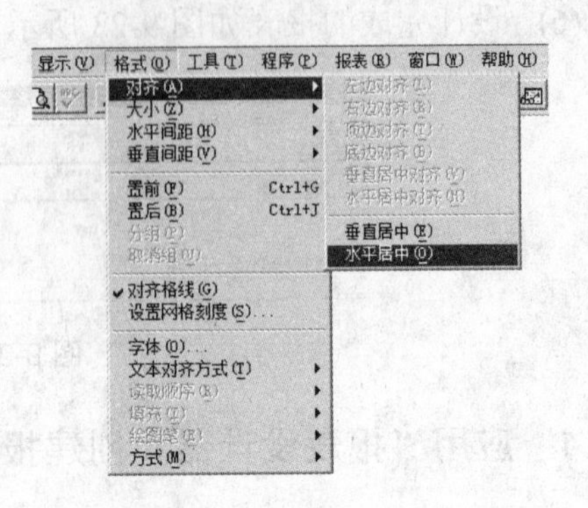

图 9-27　标题对齐方式

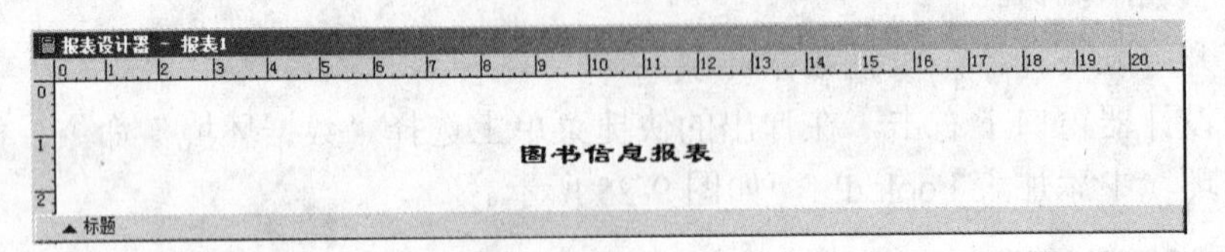

图 9-28　报表标题的效果

图 9-29　报表页标头效果

4)　设置“细节”

单击“域控件”按钮，在报表“细节”带区单击鼠标，弹出“表达式生成器”对话框，如图 9-30 所示，在对话框中选择字段 book.bookid，再单击“确定”按钮；照此操作，在“细节”带区添加多个“域控件”，并依次选择其他的字段到域控件中，最后在域控件的下方添加一线条。报表“细节”带区的效果如图 9-31 所示。

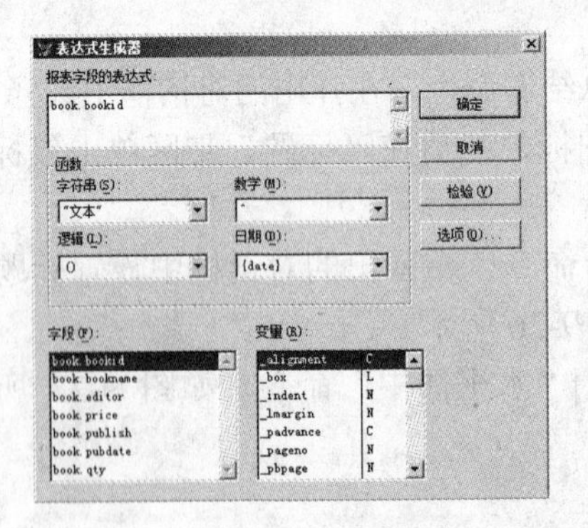

图 9-30　设置“域控件”的字段

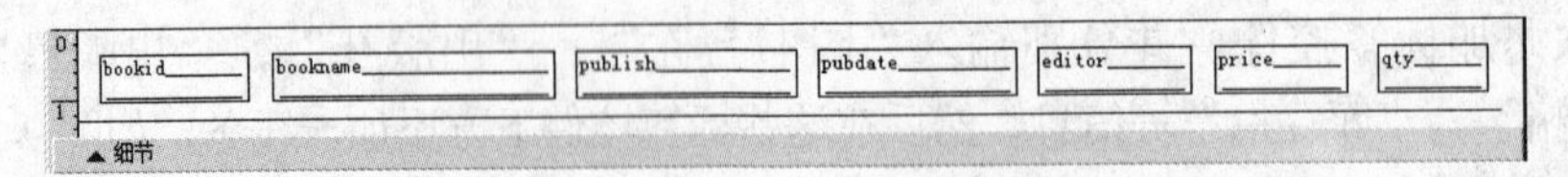

图 9-31　报表细节的效果

5)　设置“页注脚”

(1)　添加“日期”。

单击报表的“页注脚”带区，添加一个“域控件”，在弹出的“表达式生成器”中输入：“打印日期：”+dtoc(date( ))。

(2)　添加“页码”。

单击报表的“页注脚”带区，添加一个“域控件”，在弹出的“表达式生成器”中输入“第”+str(_pageno)+“页”，报表页注脚的效果如图 9-32 所示。

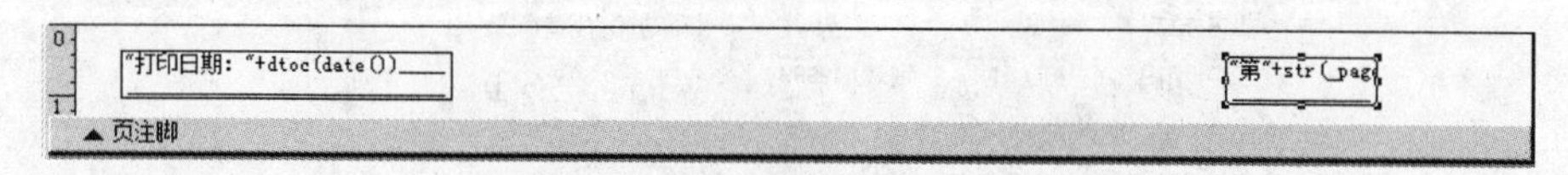

图 9-32　报表页注脚的效果

6)　预览报表

单击工具栏中的“预览”图标，可以看到报表的生成效果，如图 9-33 所示。

报表设计器 - 报表1 - 页面 1

图书信息报表

编号	图书名称	出版社	出版日期	作者	价格	库存量
000002	VB程序设计	高等教育出版社	2009.08.02	刘艺华	28	6
000003	计算机审计基础	机械工业出版社	2010.04.02	张洁	45	19
000004	大学语文	水电出版社	2011.10.12	谭一阔	23	33
000005	计算机网络基础	北京邮电出版社	2012.08.12	刘峰	30	20
000006	高等数学（第四版上）	高等教育出版社	2000.01.08	同济大学	33	80
000007	高等数学（第四版下）	高等教育出版社	2000.01.08	同济大学	30	50
000008	大学英语	北京外国语出版社	2014.06.18	赵乐楚	34	18
000009	计算机网络基础	水利水电出版社	2013.03.12	谭玉龙	48	40
000010	机械制图	机械工业出版社	2012.04.10	张飞龙	35	22

图 9-33　报表预览效果

提示：
- 在“标题”带区利用“标签”控件设计报表的标题。
- 在“页标头”带区利用标签控件设计报表的标头。
- 在“细节”带区利用“域控件”设计欲打印的字段。
- 在“页注脚”带区利用“表达式生成器”添加“打印日期”和“页码”。

9.4　报表输出

报表设计完成之后，可以通过打印预览查看设计效果，如果不需要修改，可以打印报表。

9.4.1　菜单方式打印报表

选择“文件”|“打印”或“打印预览”命令，或者单击工具栏中的“打印”按钮，

在弹出的对话框中，设置打印属性，如图 9-34 所示。

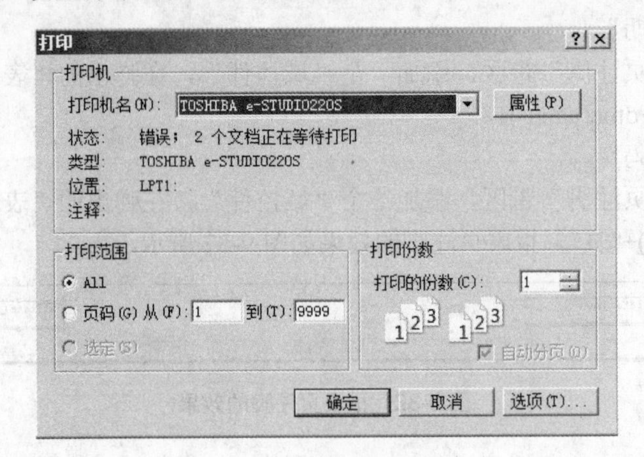

图 9-34 “打印”对话框

9.4.2 命令方式打印报表

报表也可以在命令窗口或程序文件中使用命令预览或打印。

命令格式：

```
report form <报表文件名称> [preview] [to print [prompt]][for <条件>] [范围]
```

说明：

(1) preview：将报表内容输出到屏幕上。

(2) to print：将报表内容输出到打印机上，prompt 选项的作用是打印前出现打印对话框进行提示。

(3) for <条件>：可以选择打印条件。

9.5 小型案例实训

本案例主要介绍综合运用“报表设计器”创建报表的方法和步骤。

【实训目的】掌握利用报表设计器创建报表的方法。

【实训内容】

(1) 利用“报表设计器”设置报表布局。

(2) 在报表设计器上添加报表控件，布置报表格式。

(3) 打印输出报表文件。

【实训步骤】

(1) 选择“文件”|“新建”命令，在“新建”对话框中选择“报表”，再单击“新建文件”按钮，进入“报表设计器”。

(2) 在“报表设计器”对话框中右击，在弹出的快捷菜单中选择“数据环境”命令，进入“数据环境设计器”。

(3) 在“数据环境设计器”中单击“数据环境”菜单项，选择“添加”命令添加数据表 reader.dbf。

(4) 选择“报表”|“标题/总结”命令，在弹出的对话框中选择“标题”，使之显示“标题”带区。

(5) 在“标题”带区添加标签控件并输入“读者信息明细表”文字，并利用“格式”|“字体”命令，设置标签的文本格式为“三号”、“隶书”。

(6) 选择标签控件，在“页标头”带区依次输入文字“借书证编号”、“读者姓名”、“性别”、“所属部门”、“类别”等文字，并设置文本格式为“五号”、“宋体”，并在这些标签下方添加一水平线。

(7) 将“数据环境设计器”中的表 reader 中的字段拖曳到细节带区的相应位置，设置文本格式为“五号”、“宋体”，并适当调整其位置。

(8) 在“页标头”带区左侧添加域控件，在弹出的“报表表达式”对话框中，在“表达式”一栏中输入：“打印日期：”+dtoc(date( ))。

(9) 在“页标头”带区右侧添加域控件，在弹出的“报表表达式”对话框中的“表达式”栏中输入：“第”+str(_pageno)+“页”。

(10) 设计结果如图 9-35 所示。

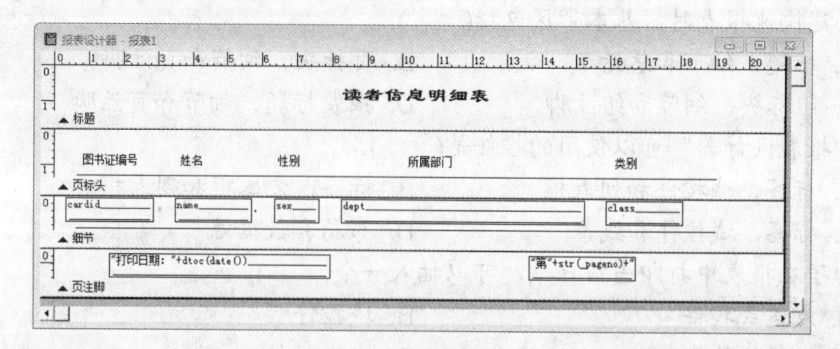

图 9-35 “报表设计器”窗口

(11) 保存报表文件 reader_report.frx 并预览报表，如图 9-36 所示。

报表设计器 - 报表1 - 页面 1

读者信息明细表

图书证编号	姓名	性别	所属部门	类别
stu000001	张晓峰	女	信息工程学院	1
stu000002	赵琳	男	建筑工程学院	2
stu000003	李小燕	女	信息工程学院	2
stu000004	刘一阁	男	能环学院	1
stea000001	王建军	男	教务处	1
stea000002	赵军	男	建筑工程学院	2
stu000005	藿天佑	女	机械学院	1
stu000006	龙飞	男	煤炭学院	1
stea00113	梁峰	男	人事处	1
stu0001117	张哲1	女	人文学院1	2

图 9-36 “报表”预览图

本 章 小 结

本章主要介绍了使用“报表向导”、“报表设计器”制作报表的步骤、相关工具和控件的应用方法以及报表输出等内容。

习　　题

一、选择题

1. Visual FoxPro 的报表数据源可以是(　　)。

   A. 表或视图　　　　B. 表或查询

   C. 表、查询或视图　　　　D. 表或其他报表

2. 使用报表向导设计报表时，定义报表布局的选项是(　　)。

   A. 列数、方向、字段布局　　　　B. 列数、行数、字段布局

   C. 行数、方向、字段布局　　　　D. 列数、行数、方向

3. 创建快速报表时，基本带区包括(　　)。

   A. 标题、细节和总结　　　　B. 页标头、细节和页注脚

   C. 组标头、细节和组注脚　　　　D. 报表标题、细节和页注脚

4. “报表设计器”可以使用的控件是(　　)。

   A. 标签、域控件和列表框　　　　B. 标签、文本框和列表框

   C. 标签、域控件和线条　　　　D. 布局和数据源

5. 为了在报表中打印当前日期，可以插入一个(　　)。

   A. 表达式控件　　　　B. 域控件

   C. 标签控件　　　　D. 文本控件

6. 若要对报表的“总分”字段统计求和，应将用于求和的域控件置于(　　)。

   A. 页注脚区　　　　B. 细节区

   C. 页标头区　　　　D. 标题区

7. 调用报表格式文件 pp1 预览报表的命令是(　　)。

   A. report form pp1 preview　　　　B. do form pp1 preview

   C. report form pp1 to print　　　　D. do form pp1 preview

8. 如果要为报表的每一页设置一个标题，应使用的带区是(　　)。

   A. 标题　　　　B. 页标头

   C. 列表头　　　　D. 组标头

9. 报表文件的扩展名为(　　)。

   A. FRX　　　　B. FMT

   C. FRT　　　　D. LBX

10. 要在报表中添加一张图片，应使用的控件是(　　)。

    A. 　　　　B.

    C. 　　　　D.

二、填空题

1. 首次启动报表设计器时，报表布局只有三个带区，即页标头、__________和页注脚。

2. 报表布局主要有列报表、________、一对多报表、多栏报表和标签 5 种基本类型。

3. 为修改已建立的报表文件，打开报表设计器的命令是______________。

4. 为了在报表中插入一个文字说明，应该插入一个__________控件。

5. 要为报表的每一页添加一个页码，可以使用系统变量__________。

6. 在报表中，打印输出内容的主要带区是____________。

7. 报表的数据源通常是数据库表，也可以是自由表、视图或____________。

三、操作题

1. 使用报表向导对表 reader.dbf 创建一个“读者信息”报表，报表样式为“带区式”，以字段 Cardid 降序排序，并预览报表。报表预览效果图如图 9-37 所示。

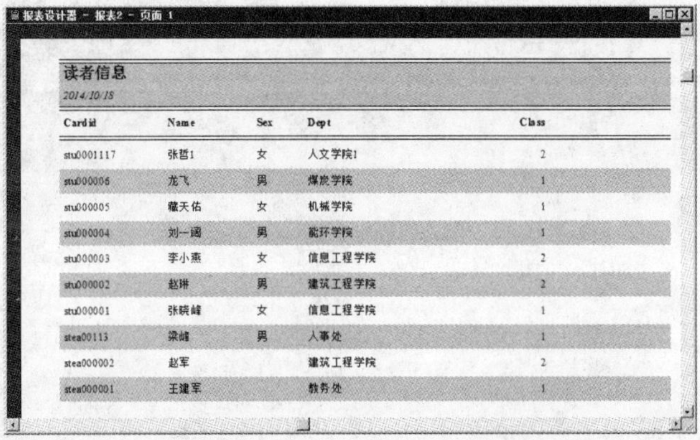

报表设计器 - 报表2 - 页面 1

读者信息

2014/10/18

Cardid	Name	Sex	Dept	Class
stu0001117	张哲1	女	人文学院1	2
stu000006	龙飞	男	煤炭学院	1
stu000005	藏天佑	女	机械学院	1
stu000004	刘一阔	男	能环学院	1
stu000003	李小燕	女	信息工程学院	2
stu000002	赵琳	男	建筑工程学院	2
stu000001	张晓峰	女	信息工程学院	1
stea00113	梁峰	男	人事处	1
stea000002	赵军		建筑工程学院	2
stea000001	王建军		教务处	1

图 9-37　报表预览图

2. 利用报表设计器为表 book.dbf 创建一个“图书信息”报表文件，并预览报表。报表预览效果如图 9-38 所示。

报表设计器 - 报表3 - 页面 1

图书借阅信息报表

图书证编号	图书名称	出版社	出版日期	作者	价格	库存量
000002	VB程序设计	高等教育出版社	2009/08/02	刘艺华	28	5
000003	计算机审计基础	机械工业出版社	2010/04/02	张浩	45	19
000004	大学语文	水电出版社	2011/10/12	谭一阔	23	33
000005	计算机网络基础	北京邮电出版社	2012/08/12	刘峰	30	20
000006	高等数学（第四版上）	高等教育出版社	2000/01/08	同济大学	33	80
000007	高等数学（第四版下）	高等教育出版社	2000/01/08	同济大学	30	50
000008	大学英语	北京外国语出版社	2014/06/18	赵乐楚	34	18
000009	计算机网络基础	水利水电出版社	2013/03/12	谭玉龙	48	40
000010	机械制图	机械工业出版社	2012/04/10	张飞龙	35	22

图 9-38　报表预览效果图

第10章

菜单设计

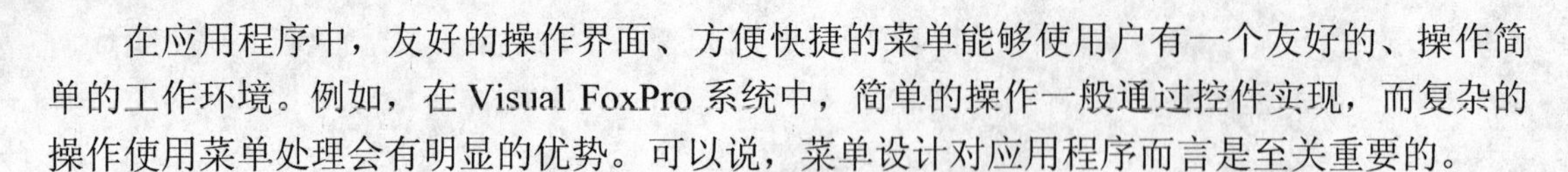

在应用程序中，友好的操作界面、方便快捷的菜单能够使用户有一个友好的、操作简单的工作环境。例如，在 Visual FoxPro 系统中，简单的操作一般通过控件实现，而复杂的操作使用菜单处理会有明显的优势。可以说，菜单设计对应用程序而言是至关重要的。

本章重点

- 利用“菜单设计器”创建“下拉式菜单”和“快捷菜单”的方法。
- 在表单中调用菜单的命令及方法。

学习目标

为一个小型应用系统设计菜单，达到整合系统功能的目的。

10.1 菜单系统概述

菜单一般分为下拉式菜单和快捷菜单两种。一般来说，下拉式菜单由主菜单项和相应的子菜单组成，作为一个应用程序的菜单系统，列出整个应用程序所具有的功能；而快捷菜单一般由一个或一组上下级的子菜单组成，从属于某个界面对象，列出有关该对象的一些操作。

在 Visual FoxPro 系统中，可以利用菜单生成器创建下拉式菜单和快捷菜单。

10.1.1 菜单系统的组成

菜单系统一般由以下几个部分组成，如图 10-1 所示。

- 菜单栏：位于窗口标题之下，是包含多个菜单标题的水平条形区域。
- 菜单：由一系列菜单选项组成，包含命令、过程或子菜单，如图 10-1 中的“文件”、“编辑”等。

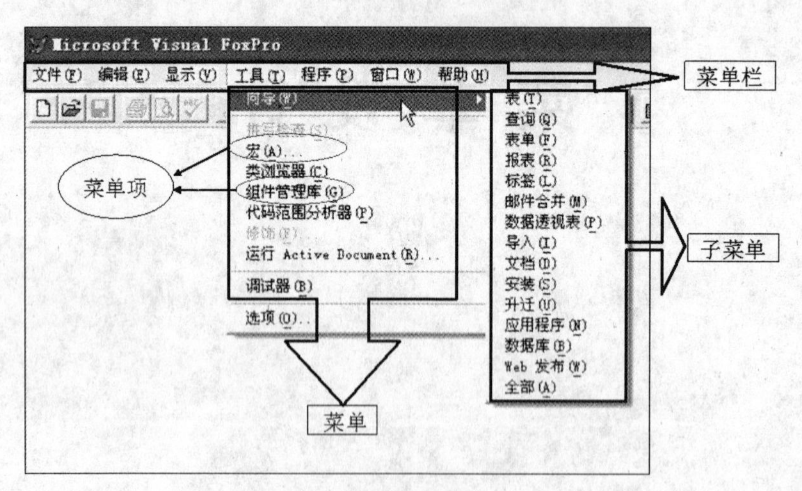

图 10-1 菜单系统的基本结构

- 菜单项：包含在菜单中，可以是命令、过程或子菜单。

- 子菜单：选择菜单时出现的下拉菜单，由一系列菜单项组成。
- 弹出式菜单：也称为快捷菜单，从属于某个对象。

一个菜单系统一般包含一个菜单栏、多个菜单以及菜单项组成。

10.1.2 菜单系统的设计过程

菜单系统的设计过程如图 10-2 所示。

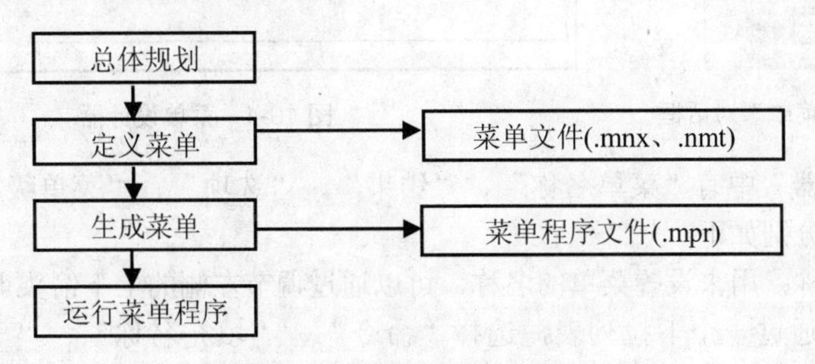

图 10-2 菜单的设计流程

(1) 总体规划：确定需要设计的菜单界面、菜单项，以及相应的子菜单和对应的菜单操作。

(2) 定义菜单：调用“菜单设计器”，创建各级菜单及菜单项，为菜单项指定任务，编写命令或过程。菜单定义好后，生成扩展名为.mnx 的菜单文件以及扩展名为.mnt 的菜单备注文件。

(3) 生成菜单：生成一个扩展名为.mpr 的菜单程序文件。

(4) 运行菜单程序：运行菜单程序文件，进行调试。

10.2 创建下拉式菜单

在 VFP 中，菜单的创建工作大部分是在菜单设计器中完成的。

10.2.1 应用菜单设计器创建下拉式菜单

应用菜单设计器创建下拉式菜单的具体操作步骤如下：

1. 定义菜单

(1) 选择“文件”|“新建”命令，在弹出的对话框中选择“菜单”，再单击“新建文件”按钮，进入“新建菜单”对话框，如图 10-3 所示。

(2) 在“新建菜单”对话框中，单击“菜单”图标，进入“菜单设计器”定义菜单，如图 10-4 所示。

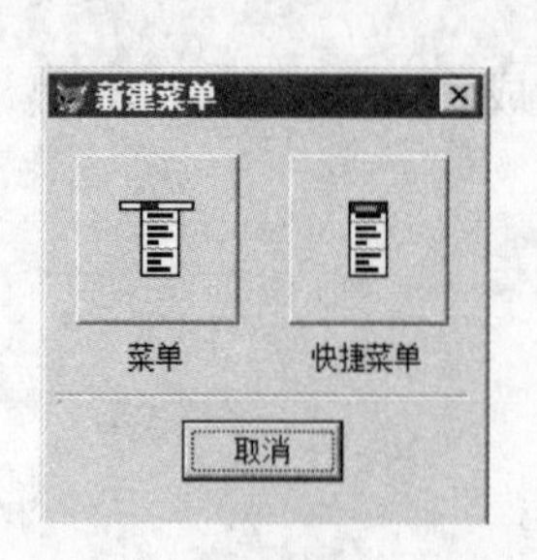

图 10-3 “新建菜单”对话框

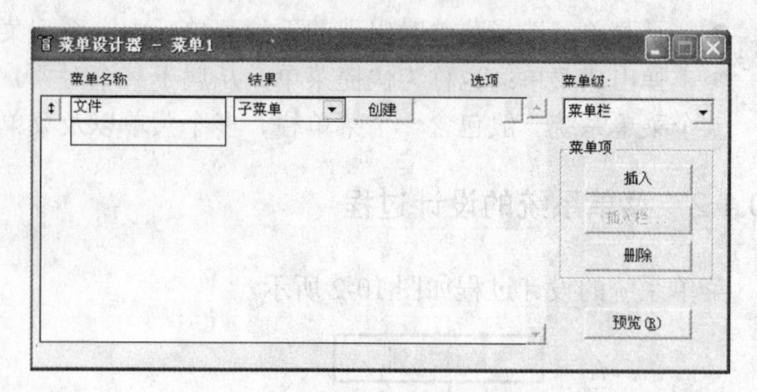

图 10-4 菜单设计器

“菜单设计器”中有“菜单名称”、“结果”、“选项”、“菜单级”和“菜单项”等选项的其功能分别如下。

- 菜单名称：用来设置菜单的名称，可以通过调节左侧的上下箭头调节次序。
- 结果：通过一个下拉列表，选择“命令”、“填充名称”、“子菜单”或“过程”选项。
  - ◆ 命令：在其右侧的文本框中输入一条命令，选择该菜单项时会执行该命令。
  - ◆ 填充名称：在其右侧文本框内输入菜单项的内部名称或序号。
  - ◆ 子菜单：如果当前菜单项还有子菜单，则应该选择此项。在其右侧单击“创建”按钮就可以建立一个子菜单，并可以返回编辑或修改该子菜单。
  - ◆ 过程：如果当前菜单项的功能是执行一组命令，则应该应用此项。单击其右侧的“创建”按钮，可以打开一个“过程”编辑窗口，编辑过程的代码。
- 选项：单击下方的按钮，则打开“提示选项”对话框，如图 10-5 所示。利用该对话框，可以进行属性的定义和设置，若定义了属性，按钮则由“V”符号表示。

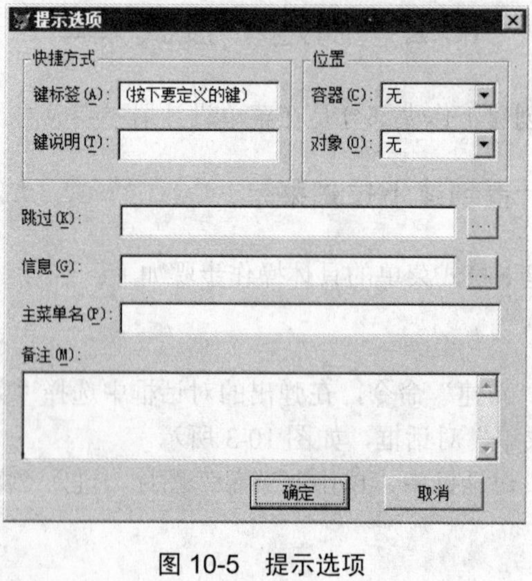

图 10-5 提示选项

该对话框中各部分功能如下：

◆ 快捷方式：用于定义菜单的快捷键。

◆ 位置：用于显示菜单的位置。
◆ 跳过：用于定义菜单项跳过的条件，通过表达式值为真的判断禁用菜单项。
◆ 信息：用于定义菜单项信息并显示在系统状态栏。注意：输入的信息必须加引号。
◆ 主菜单名：用于指定菜单项的内容名称或序号。
◆ 备注：为该菜单项编写一些说明信息，主要用于阅读程序时使用。

- 菜单级：用于选择当前的菜单级，选择菜单级的名称可直接进入所选菜单级。
- 插入按钮：在当前菜单项之前插入一个新的菜单项。
- 插入栏按钮：在当前菜单之前插入一个系统菜单命令。该按钮仅在定义下拉菜单时有效。
- 删除按钮：删除当前的菜单项。
- 预览按钮：预览菜单运行效果。

2. 显示菜单

菜单定义好后，需要对 “常规选项”和“菜单选项”进行设置。

1) 常规选项

选择“显示”|“常规选项”命令，如图 10-6 所示，进入“常规选项”对话框后可以进行菜单的属性定义，如图 10-7 所示。

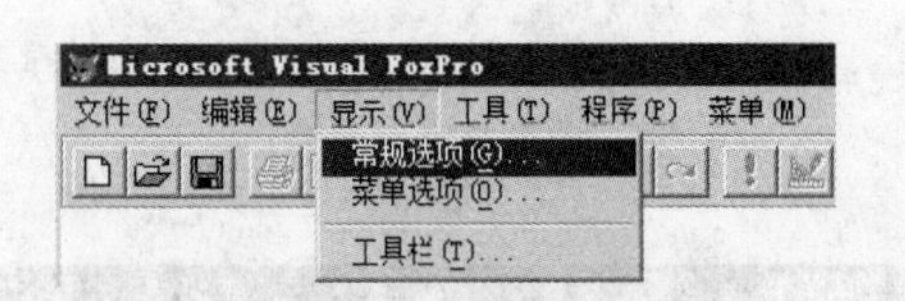

图 10-6 选择“常规选项”命令

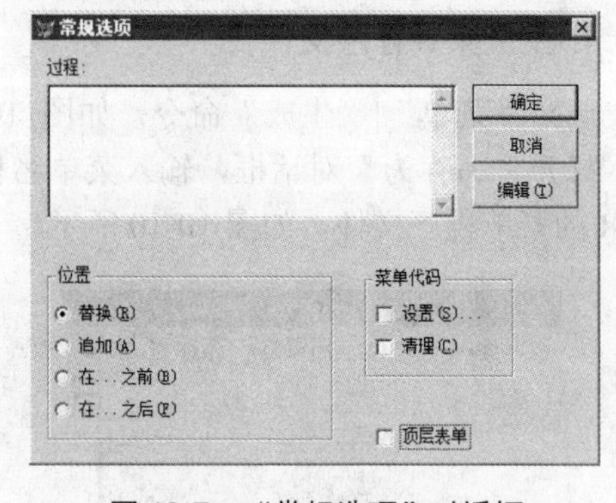

图 10-7 “常规选项”对话框

- 过程：设置条形菜单执行的过程。
- 替换：将系统菜单替换为用户菜单。
- 追加：将用户菜单追加到系统菜单的右侧。
- 在…之前：用于将用户菜单插在某个系统菜单之前。
- 在…之后：用于将用户菜单追加到某个系统菜单之后。
- 设置：在设置编辑器中输入初始化代码。
- 清理：清理编辑窗口，也可以在编辑器中输入清理代码执行。
- 顶层表单：用于将菜单显示在顶层表单中。

2) 菜单选项

打开“菜单选项”对话框，可以定义菜单的默认过程或代码，如图 10-8 所示。

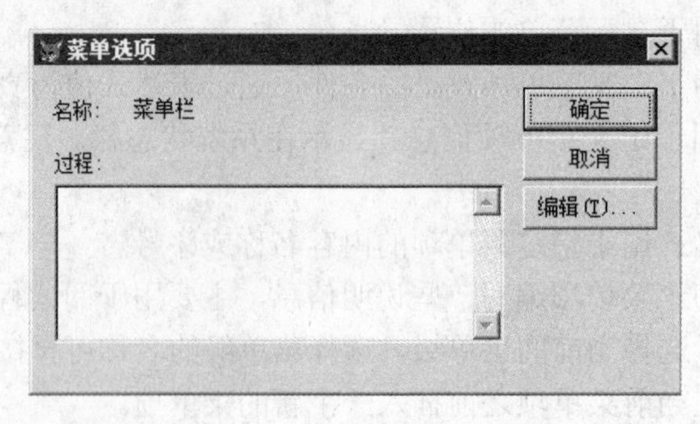

图 10-8 “菜单选项”对话框

3. 退出菜单的常用命令

1) 返回主窗口命令

```
Modify window screen
```

2) 返回系统菜单命令

```
Set SystemMenu to default
```

3) 激活命令窗口

```
Active window command
```

4. 生成菜单程序文件

选择“菜单”|“生成”命令，如图 10-9 所示，打开“确认”对话框，单击“是”按钮，打开“另存为”对话框，输入菜单名称后单击“保存”按钮，即可生成一个扩展名为 MPR 的菜单程序文件，如图 10-10 所示。

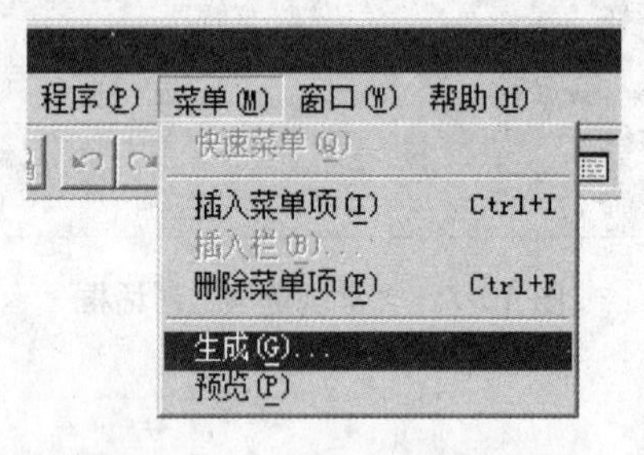

图 10-9 “生成”菜单文件命令

图 10-10 “生成菜单”对话框

【实例 10-1】 设计如图 10-15 所示的下拉式菜单。

具体操作步骤如下：

(1) 启动“菜单设计器”，在“菜单名称”下依次输入各菜单项的名称，并在“结果”中选择相应的选项，如图 10-11 所示。

(2) 单击“图书信息管理”菜单名称右侧的“创建”按钮，进入子菜单设置，添加子菜单项“添加图书信息”、“\-”、“修改图书信息”，然后在“菜单级”下拉列表框中选择“菜单栏”，返回菜单设计器；如图 10-12 所示。

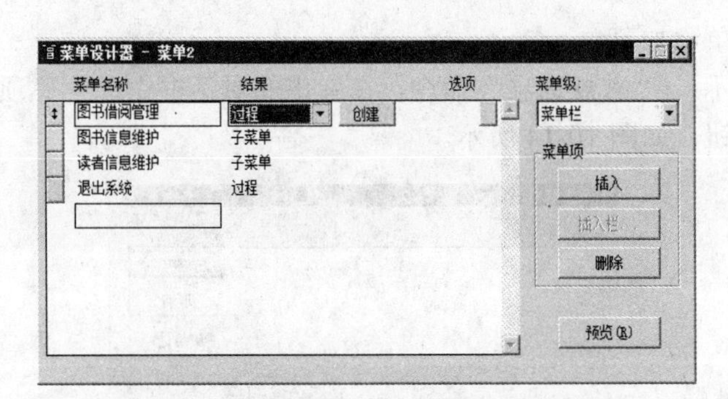

图 10-11　菜单设计器

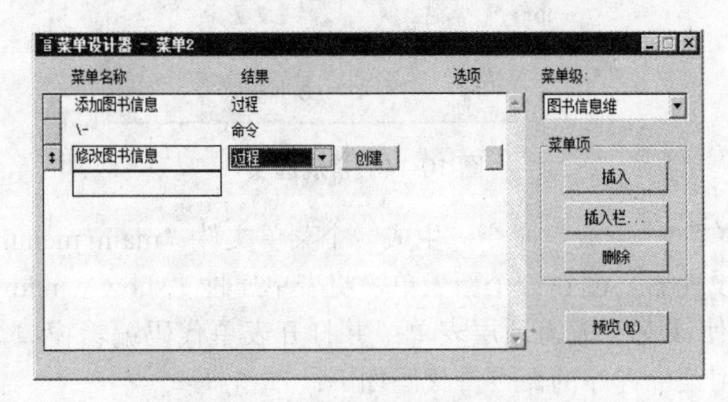

图 10-12　“图书信息维护”子菜单

(3) 单击“读者信息维护”菜单名称右侧的“创建”按钮，在其子菜单中填入“添加读者信息”、“\-”、“修改读者信息”，再选择“菜单级”中的“菜单栏”返回菜单设计器，如图 10-13 所示。

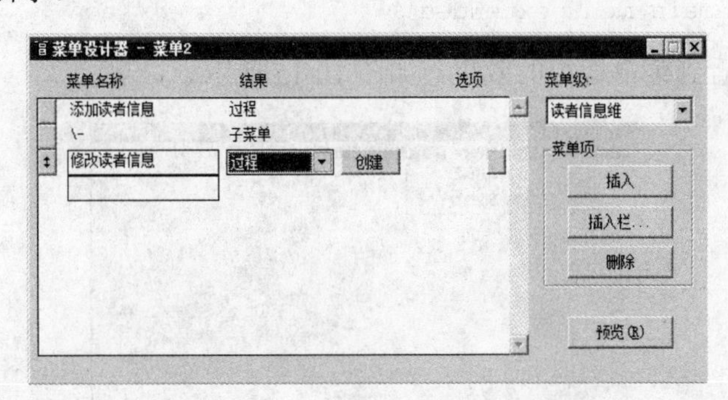

图 10-13　“读者信息维护”子菜单

(4) 如图 10-11 所示，单击“退出系统”菜单名称右侧的“过程”，进入编辑框中输入代码：

```
result=messagebox("是否退出【图书管理系统】?",4+32+256,"提示")
 IF result=6
   close all
   clear events      &&退出事件循环
   quit              &&结束当前 Visual FoxPro 工作期，并将控制权返回给操作系统
 ENDIF
```

(5) 为顶层表单添加菜单。

① 选择“显示”|“常规选项”命令，在弹出的对话框中选中“顶层表单”复选框，再单击“确定”按钮，如图 10-14 所示。

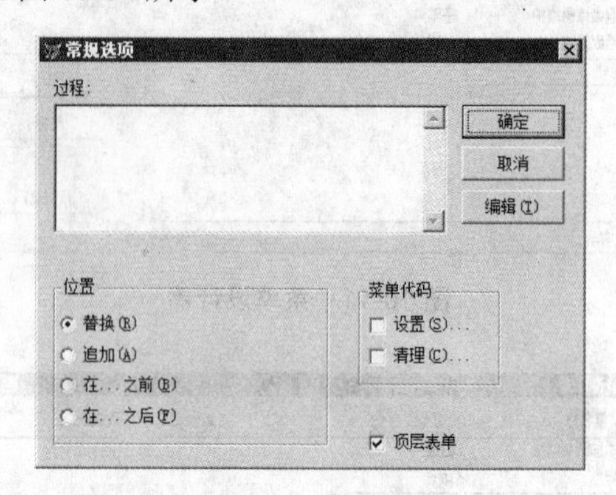

图 10-14 常规选项

② 选择“菜单”|“生成”命令，生成一个菜单文件“main_menu.mpr”。

③ 打开表单设计器，创建一个新表单，将表单属性“show window”的值设定为“2-作为顶层表单”，使该表单成为顶层表单；并打开表单代码编辑窗口，在表单的 init 或 load 事件中输入调用菜单程序的命令，代码如下：

```
do main_menu.mpr with this,.t.
```

也可以在表单的 destroy 事件中，添加清除菜单的命令使得在关闭表单的同时清楚菜单释放内存空间，代码如下：

```
release menu main_menu extended
```

运行表单则可看到菜单运行的效果，如图 10-15 所示。

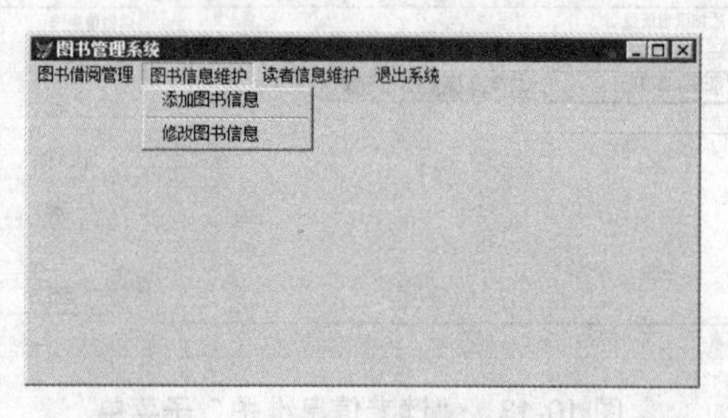

图 10-15 实例 10-1 的运行效果

提示：
- 主菜单项的设置方法。
- 子菜单项的设置方法。
- 表单的相应属性设置及调用菜单代码的编写方法。

10.2.2 应用快速菜单创建下拉式菜单

Visual FoxPro 为用户提供了快速创建菜单的功能，利用此功能可以将系统菜单中的常用功能及标题自动添加到菜单设计器中，此时用户只需对该菜单进行相应的修改就可以建立起属于自己的菜单程序。

具体步骤如下：

1. 打开菜单设计器

选择“文件”|“新建”命令，在打开的对话框中选择“菜单”，单击“新建文件”按钮，打开“新建菜单”对话框，再单击“菜单”图标，如图 10-16 所示。

选择“菜单”|“快速菜单”命令，打开“菜单设计器”对话框(见图 10-17)，此时菜单设计器中已经加载了系统菜单供用户编辑使用，如图 10-18 所示。

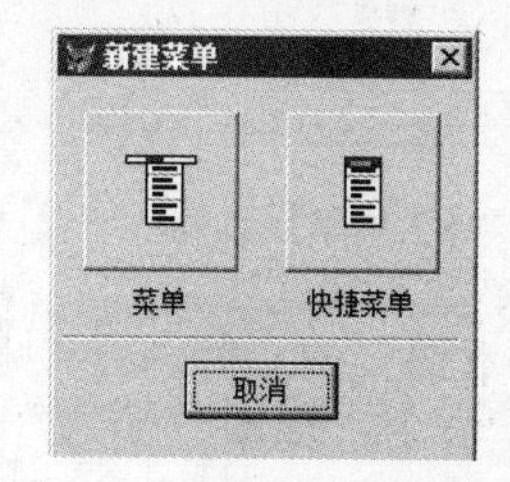

图 10-16　“新建”菜单对话框

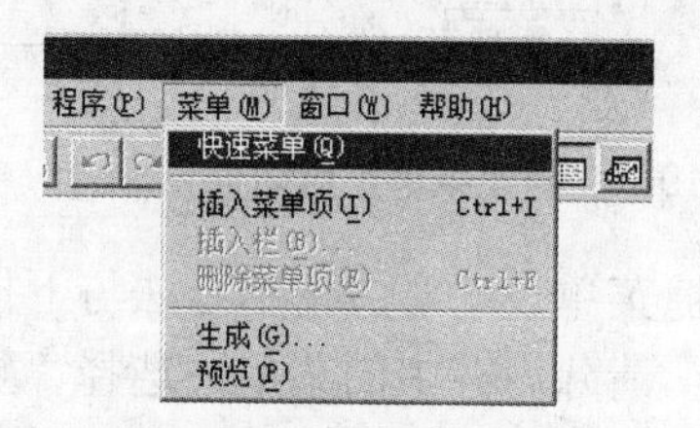

图 10-17　“快速菜单”

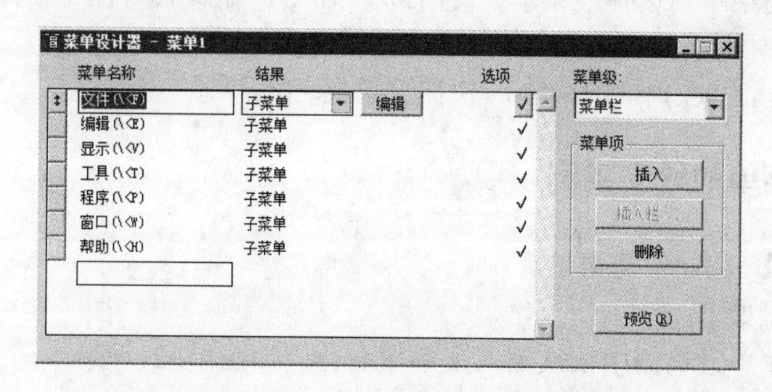

图 10-18　“快速菜单”窗口

2. 建立“快速”菜单

在快速菜单窗口中，“菜单名称”项已经列出了 Visual FoxPro 的系统菜单标题，标题右侧括号中的“\<字母”为该菜单标题的快捷键；“结果”项显示的是子菜单，表明这是一个下拉式菜单。“编辑”按钮表示可以对“结果”项的内容编辑，“选项”按钮表示对应的菜单标题是否已在“提示选择”对话框中进行了设置。快速生成的菜单与系统菜单相同，其中的功能项可以按照用户的设计需求进行增加、修改或删除。

10.3　创建快捷菜单

10.3.1　快捷菜单的建立

具体步骤如下：

(1) 打开快捷菜单设计器，选择“文件”|“新建”命令，在“新建”对话框中选择

“菜单”，单击“新建文件”按钮，在“新建菜单”对话框中单击“快捷菜单”图标，进入“快捷菜单”设计器，如图 10-19 和图 10-20 所示。

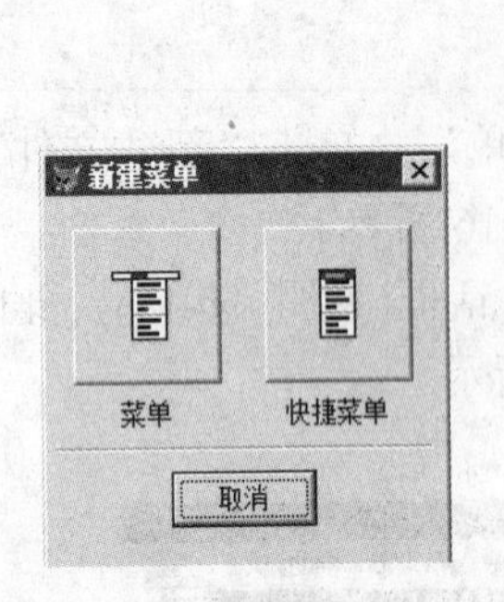

图 10-19 “新建菜单”对话框

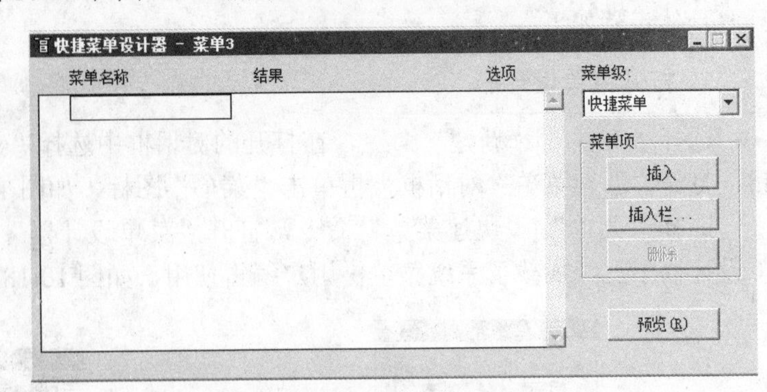

图 10-20 快捷菜单设计器

快捷菜单设计器的使用方法与下拉菜单设计器的使用方法一致，这里不再赘述。

(2) 清除内存中的菜单。选择“显示”|“常规选项”命令，选中“清理”复选框，并在“过程”中输入代码 Release popups <快捷菜单名> [<extended>]。

(3) 生成快捷菜单。选择“菜单”|“生成”命令，输入菜单程序文件名，保存即可。

(4) 快捷菜单的执行。创建一个表单，在选定对象(如表单、标签、文本框等)的鼠标右键单击事件(RightClick)中写入“do <快捷菜单名>.mpr”。

10.3.2 快捷菜单的建立实例

【实例 10-2】 创建快捷菜单。

具体操作步骤如下：

(1) 在快捷菜单设计器中依次输入菜单项名称，如图 10-21 所示。

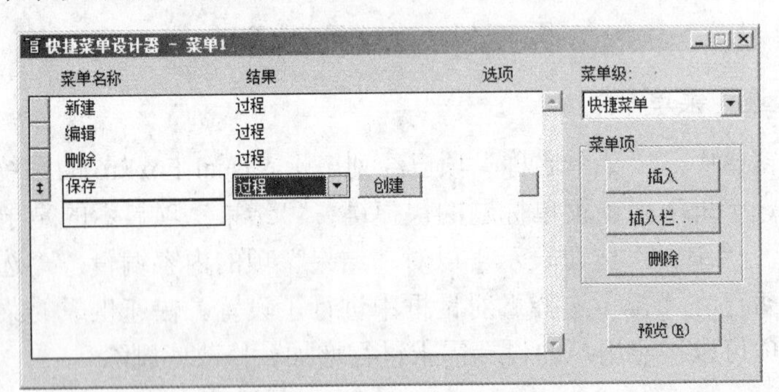

图 10-21 快捷菜单设计器

(2) 选择“显示”|“常规选项”命令，在图 10-22 所示对话框中选中“清理”复选框后单击“编辑”按钮，再单击“确定”按钮，如图 10-22 所示。在过程的代码窗口内输入：release popups q_menu.mpr extended， 如图 10-23 所示。

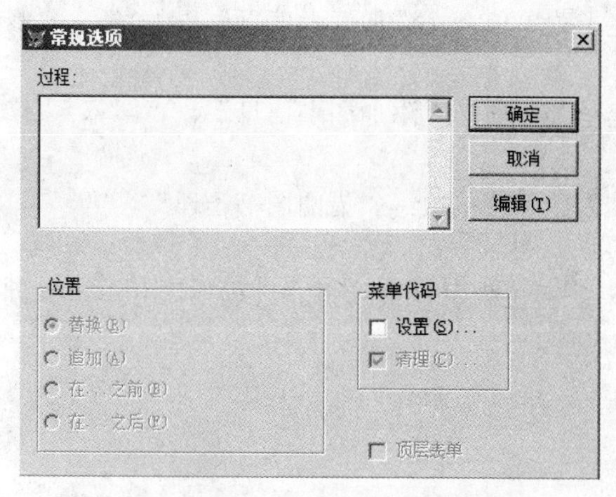

图 10-22　“常规选项”对话框

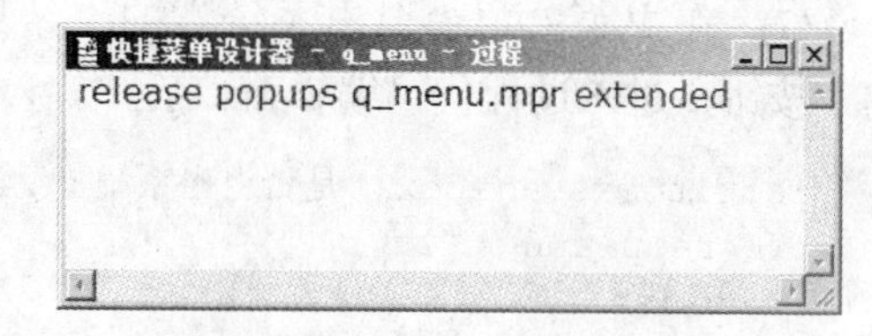

图 10-23　“清理”代码

(3) 选择“菜单”|“生成”命令，生成菜单程序文件“q_menu.mpr”。

(4) 创建表单，在表单的右键单击事件(RightClick)中写入：do q_menu.mpr。

(5) 运行表单，在表单的空白右击，则弹出快捷菜单，如图 10-24 所示。

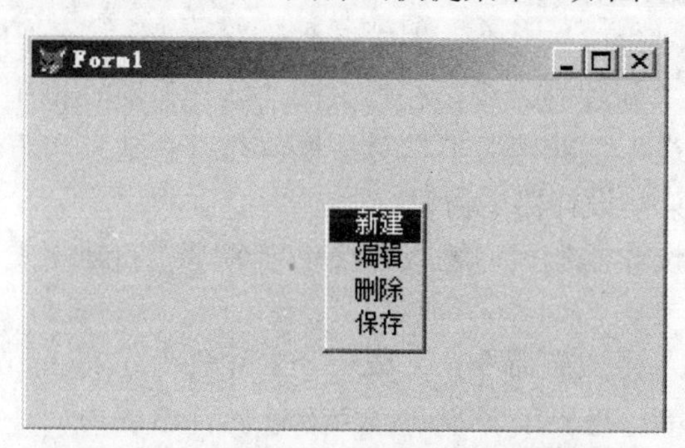

图 10-24　实例 10-2 快捷菜单效果图

10.4　小型案例实训

【实训目的】掌握利用“菜单设计器”设计下拉式菜单和快捷菜单的方法。

【实训目的】

(1) 利用“菜单设计器”创建下拉菜单。

(2) 利用“菜单设计器”创建快捷菜单。

(3) 设置表单及其属性，调用下拉式菜单和快捷菜单。

【实训步骤】

(1) 选择“文件”|“新建”命令，在弹出的“新建”对话框中选择“菜单”选项，再单击“新建文件”按钮，进入“新建菜单”对话框。

(2) 在“新建菜单”对话框中单击“菜单”图标，进入“菜单设计器”窗口。

(3) 在“菜单设计器”窗口内输入各主菜单项名：“读者信息管理”、“图书信息管理”、“图书借阅管理”、“退出系统”。

(4) 为主菜单项“读者信息管理”创建子菜单项：“添加读者信息”、“\-”、“修改读者信息”。

(5) 为主菜单项“图书信息管理”创建子菜单项：“添加图书信息”、“\-”、“修改图书信息”。

(6) 为主菜单项“图书借阅信息管理”创建子菜单项：“借阅图书管理”、“\-”、“归还图书管理”。

(7) 在主菜单项“退出系统”的“结果”下拉列表框中选择“过程”，并单击“创建”按钮，进入过程代码编辑窗口后，输入代码：

```
result=messagebox("是否退出系统?",4+32+256,"提示")
 IF result=6
    close all
    clear events
    quit
 ENDIF
```

(8) 选择“显示”|“常规选项”命令，在弹出的快捷菜单中选中“顶层表单”复选框，再单击“确定”按钮。

(9) 选择“菜单”|“生成”命令，生成一个名为 m_menu.mpr 的菜单程序文件。

(10) 选择“文件”|“新建”命令，在弹出的“新建”对话框中选择“菜单”选项，再单击“新建文件”按钮进入“新建菜单”对话框，在“新建菜单”对话框中单击“快捷菜单”图标，进入“快捷菜单设计器”窗口。

(11) 在“快捷菜单设计器”窗口输入各菜单项名：“新建”、“编辑”、“复制”、“粘贴”。

(12) 选择“菜单”|“生成”命令，生成一个文件名为 q_menu.mpr 的菜单程序文件。

(13) 创建一个新表单，将表单的 ShowWindow 属性值改为 2。

(14) 打开表单的代码编辑窗口，在表单的 init 或 load 事件中输入代码：do m_menu.mpr with this，.t.，在表单的 RightClick 事件中输入代码：do q_menu.mpr。

(15) 运行表单，菜单运行的效果如图 10-25 和图 10-26 所示。

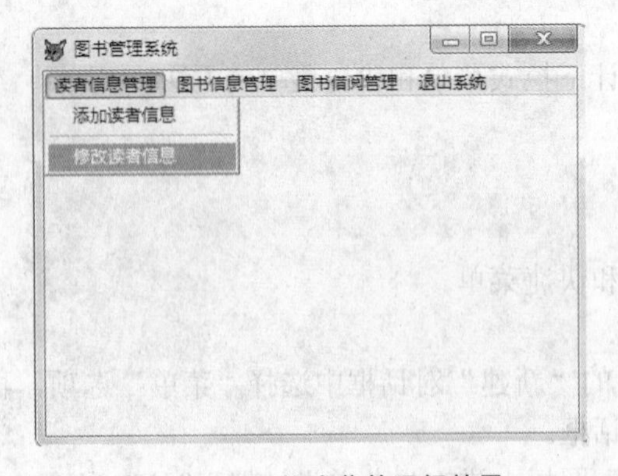

图 10-25 下拉式菜单运行效果

图 10-26 快捷菜单运行效果

本章小结

本章主要介绍了下拉式菜单和快捷菜单的设计方法。下拉式菜单由一个条目菜单和相应的子菜单组成，其中的条目菜单为主菜单；快捷菜单一般由一个或一组上下级的子菜单组成。应当熟练掌握菜单的设计方法。

习　题

一、选择题

1. 在VFP系统中，菜单文件的扩展名为(　　)。

A. qpr　　B. mpr
C. mnx　　D. prg

2. 在使用菜单设计器时，若要为某个菜单项创建子菜单，应在“结果”下拉列表框中选择(　　)。

A. 命令　　B. 子菜单
C. 过程　　D. 填充命令

3. 菜单设计器中的“结果”下拉列表框中不包含(　　)。

A. 命令　　B. 子菜单
C. 表单　　D. 填充命令

4. 在菜单设计器中，若要在菜单项中添加分隔线，应使用(　　)。

A. \<　　B. \>
C. \-　　D. /-

5. 在VFP中，最后生成的菜单程序文件的扩展名为(　　)。

A. .qpr　　B. .mnx
C. .mpr　　D. .prg

二、填空题

1. 要为表单设计下拉式菜单，需要将表单的ShowWindow属性设置为________，使其成为顶层表单；还需要在表单的________事件代码中添加调用菜单程序的命令。

2. 快捷菜单实质上是一个弹出式菜单，要将某个弹出式菜单作为一个对象的快捷菜单，通常是在对象的________事件代码中添加调用该快捷菜单的命令。

3. 使用菜单设计器创建的菜单文件的扩展名为________。

4. 运行菜单是指运行扩展名为________的文件。

5. 在利用“菜单设计器”设计菜单时，当某个菜单项对应的任务需要用多条命令才能完成时，应利用________选项添加多条命令。

三、操作题

1. 利用菜单设计器，创建一个下拉式菜单，主菜单项有“文件”、“编辑”、“工具”和“帮助”，其中主菜单项“编辑”包含子菜单项“查找”、“剪切”、“清除”和“选定”，菜单运行效果如图 10-27 所示。

2. 利用菜单设计器，创建一个快捷菜单，菜单项包含“查找”、“替换”、“删除”和“剪切”；再创建一个表单，在表单上添加一个文本框(Text1)。表单运行后，当用鼠标右键单击文本框时，弹出快捷菜单，运行效果如图 10-28 所示。

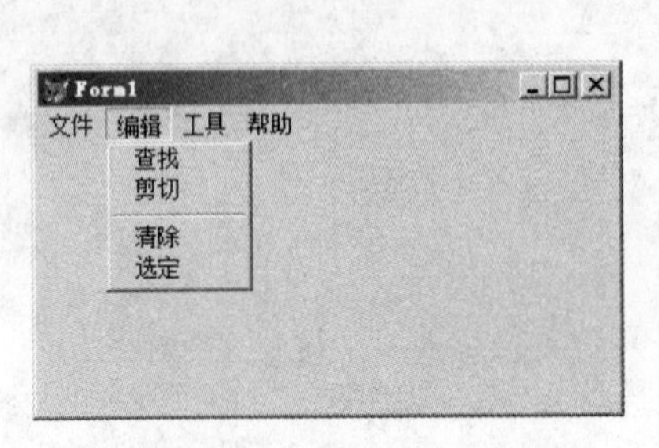

图 10-27　下拉式菜单运行效果

图 10-28　快捷菜单运行效果

第 11 章

项目设计实例——图书管理系统

随着图书数量的急剧增加，图书馆的规模也越来越大，用传统手工的管理方式对图书进行管理已力不从心。因此，急需借助于图书管理系统为图书建立信息档案，使读者方便快捷地借阅图书，同时也可以大大提高工作效率。

本章重点

"图书管理系统"包括"图书信息管理"、"读者信息管理"和"图书借阅/归还管理"三个主要模块，本章将介绍实现各功能模块的代码。

学习目标

通过学习项目"图书管理系统"的设计过程，掌握 Visual FoxPro 的应用方法。

11.1　可行性和需求分析

11.1.1　可行性分析

1. 引言

1)　编写目的

随着信息技术的广泛应用，数字化管理的优势日趋显著，针对中小型图书馆或图书室管理落后的情况，设计实现一个图书信息管理系统，通过与计算机的结合使用，对各种图书信息进行管理可以给管理员和读者带来很多便捷：查找方便、可靠性高、存储量大、寿命长、成本低等，这些优点能够极大地提高工作效率，也是图书管理科学化、正规化的重要标志之一。

2)　背景

开发软件名称：图书管理系统。

用户：中小型图书馆或图书室。

2. 可行性研究的前提

1)　要求

- 功能：负责图书、读者信息的编辑及查询，借阅/归还图书的管理。
- 性能：借阅、归还的记录正确，流通图书速度快、效率高，操作方便、快捷。

2)　目标

方便图书信息、读者信息以及图书借阅的高效管理。

3)　条件、环境

硬件条件：PC。

运行环境：Windows 操作系统。

开发软件：Visual FoxPro 6.0。

4)　效益成本

技术可行，现有技术完全胜任开发任务；操作可行，软件能被操作人员快速接受。

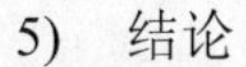

5)　结论

综上分析，开发图书管理系统不仅有着很大的经济效益，而且有着更大的社会效益。该系统的开发，不仅可以节省大量的资源，而且可以大大地提高工作效率，因此该项目的开发前景可观。

11.1.2　需求分析

1. 引言

开发图书管理系统的宗旨是提高图书管理工作的效率，减少相关人员的工作量，使学校的图书管理工作真正做到科学、合理的规划，系统、高效的实施。本系统的通用性、可实用性较强，可用以提高图书信息的现代化管理水平，实现信息资源的共享。

2. 系统功能

管理：图书管理、读者管理、借阅/归还管理。

查询：图书查询、读者查询、借阅查询。

11.2　系 统 设 计

11.2.1　设计思想

1. 采用模块化设计

本系统采用模块化的程序设计，将各个功能分解为相互独立的模块，这样既便于系统各功能的组合和修改，又便于后期的维护和各功能的完善和补充。

2. 系统操作简单、方便、实用

本系统各模块的操作简单方便，操作员可以快速地完成各种操作，从而提高工作效率。

3. 系统能够进行数据维护

用户可以根据需要进行数据的添加、修改等操作。

11.2.2　系统功能分析

本系统提供了三大功能，即图书信息管理、读者信息管理、图书借阅/归还管理。

1. 图书信息管理

本模块可以实现对图书信息的维护功能。对于新图书，可编制图书编号，将图书的相关信息加入数据表中；还可以修改图书的相关信息。

2. 读者信息管理

本模块可实现对读者信息的维护功能。对于新读者，可编制其图书证编号，并将读者

的相关信息录入数据表中，还可以修改读者的相关信息。

3. 图书借阅/归还管理

本模块可实现对图书的借阅/归还信息的维护功能。对于借阅图书，只需确定图书证号和图书编号即可完成借阅的信息管理；归还图书时，根据图书证号、图书编号自动确认归还日期是否超期。

11.2.3 系统功能模块设计

根据图书管理系统的功能分析，功能模块设计如图 11-1 所示。

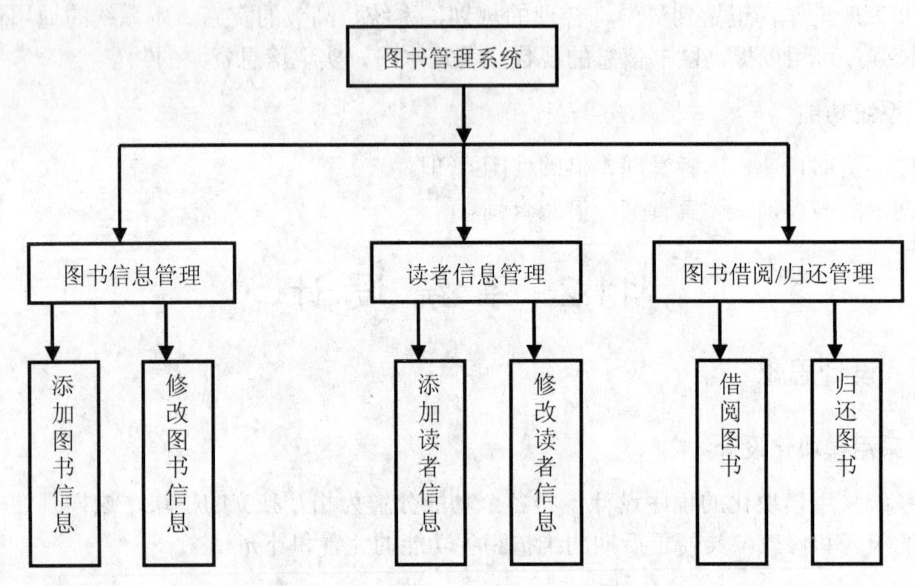

图 11-1 图书管理系统功能结构

11.2.4 数据库设计

本系统的数据库名为“图书管理系统.dbc”。

1. 数据表结构

1) 图书信息表

将所有图书的信息保存在本表中，表文件名称为 book.dbf，表结构如表 11-1 所示。

表 11-1 book.dbf 表的结构

字段名称	类　型	字段长度	用　途
Bookid	字符型	20	图书编号
Bookname	字符型	60	图书名称
Editor	字符型	8	作者
Price	数值型	5.0	价格

续表

字段名称	类　型	字段长度	用　途
Publish	字符型	30	出版社
Pubdate	日期型	8	出版日期
Qty	数值型	10	库存量

2)　读者信息表

所有读者的信息均存放在本表中，表文件名称为 reader.dbf，表结构如表 11-2 所示。

表 11-2　reader.dbf 表的结构

表 字 段	类　型	长　度	用　途
Cardid	字符型	10	图书证编号
Name	数值型	8	读者姓名
Class	字符型	8	读者类别
Dept	字符型	20	所属部门
Sex	字符型	2	性别

3)　图书借阅/归还记录表

图书借阅/归还记录信息均存放在本表中，表文件名称为 borrow.dbf，表结构如表 11-3 所示。

表 11-3　borrow.dbf 表结构

表字段	类型	长度	用途
Cardid	字符型	10	图书证编号
Bookid	字符型	10	图书编号
Bdate	日期型	8	借书日期
Sdate	日期型	8	还书日期

2. 数据库的创建

打开项目文件“图书管理.pjx”，“新建”数据库，数据库名称为“图书管理系统”，将表 book.dbf、reader.dbf 和 borrow.dbf 加入数据库中，成为数据库表，如图 11-2 所示。

3. 创建与编辑主文件 main.prg

在“代码”\“程序”下右击新建程序文件 main.prg，将 main.prg 设置为“主文件”，即系统启动后执行的第一个文件，主文件以黑体显示，如图 11-3 所示。

4. 连编项目

单击项目管理器右侧的“连编”按钮，如图 11-4 所示。

在“连编选项”对话框中的“操作”选项组中，选中“连编可执行文件”单选按钮；

在“选项”选项组中，选中“重新编译全部文件”和“显示错误”复选框，然后单击“确定”按钮，如图 11-5 所示。

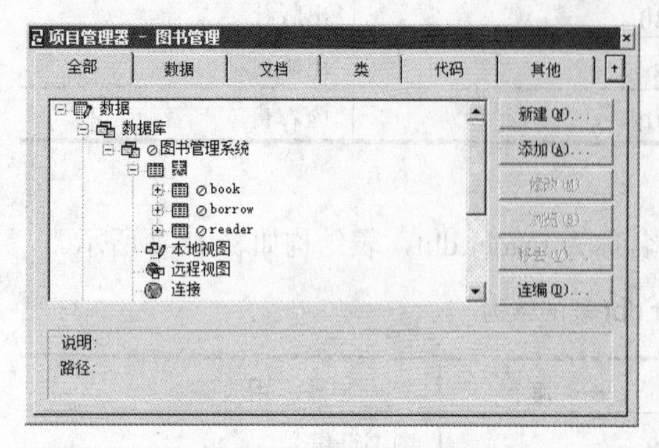

图 11-2　数据库结构

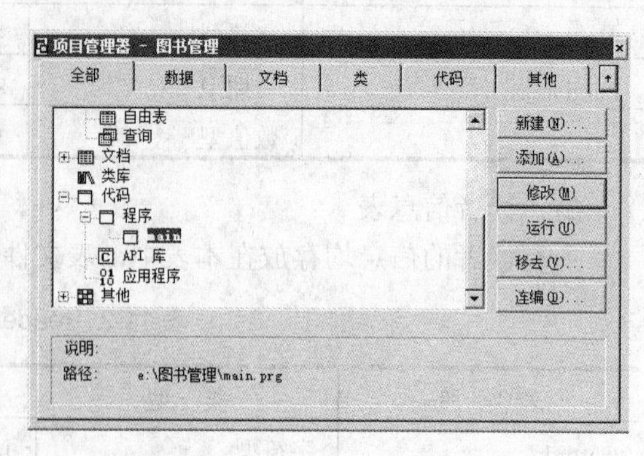

图 11-3　主文件 main.prg 的设置

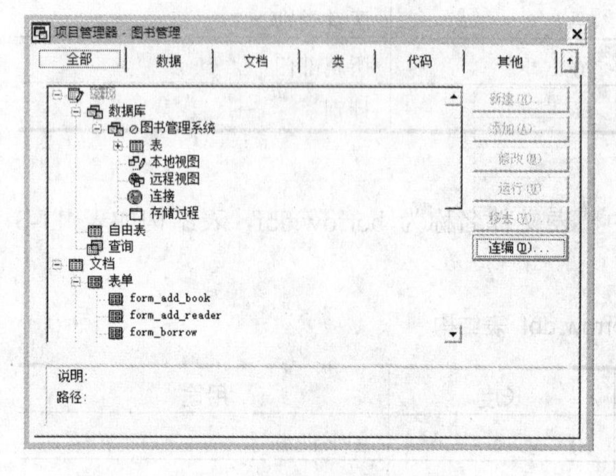

图 11-4　选择“连编”按钮

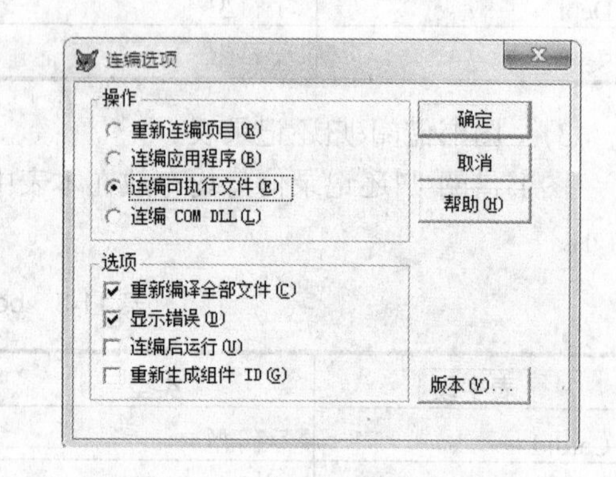

图 11-5　“连编选项”对话框

当连编顺利完成后，可以生成一个可执行文件(扩展名为 exe)，该文件可以脱离 Visual FoxPro 系统环境而独立运行。

11.3　程 序 代 码

11.3.1　主文件代码

主文件的名称为 main.prg，代码如下：

```
**************************************************************************
Clear                        &&清屏
clear all                    &&从内存中释放所有的内存变量
close all                    &&关闭各种类型的文件
set escape off               &&禁止运行的程序和命令在按 Esc 键后被中断
set safety off               &&指定在改写已有文件时不显示对话框
```

```
set delete on            &&使用范围子句处理记录的命令忽略标有删除标记的记录
set sysmenu  off         &&在程序执行期间废止 Visual  FoxPro 主菜单栏
release window "常用"    &&关闭常用工具栏
set century on           &&年份以四位显示
set date to ansi         &&日期格式为年、月、日
set hours to 24          &&指定为 24 小时时间格式
_Screen.visible=.f.      &&屏蔽 Visual  FoxPro 的主窗口
do form form_menu        &&调用主表单 form_menu.scx
read events              &&建立事件循环
************************************************************************
```

11.3.2　主窗口模块代码

1．下拉式菜单的创建及设置

在项目管理器中，选择“其他”|“菜单”项目，单击“新建”按钮，在菜单设计器中输入以下菜单项，如图 11-6 所示。

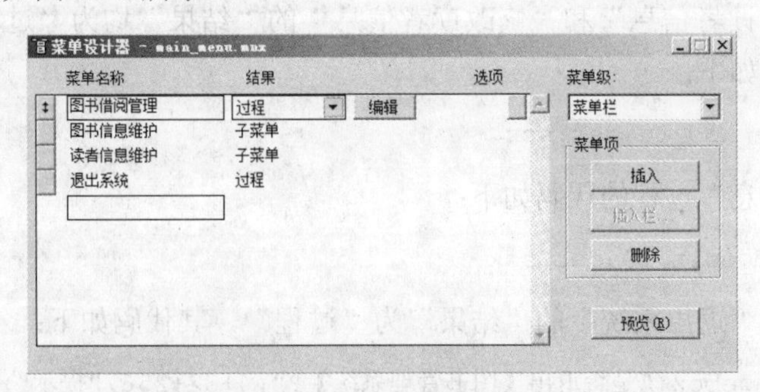

图 11-6　下拉式菜单结构

(1)　主菜单项“图书借阅管理”的“结果”选择“过程”，其中的代码如下：

```
do form form_borrow.scx
```

(2)　主菜单项“图书信息管理”的“结果”选择“子菜单”，再单击“编辑”按钮，其子菜单的结构如图 11-7 所示。

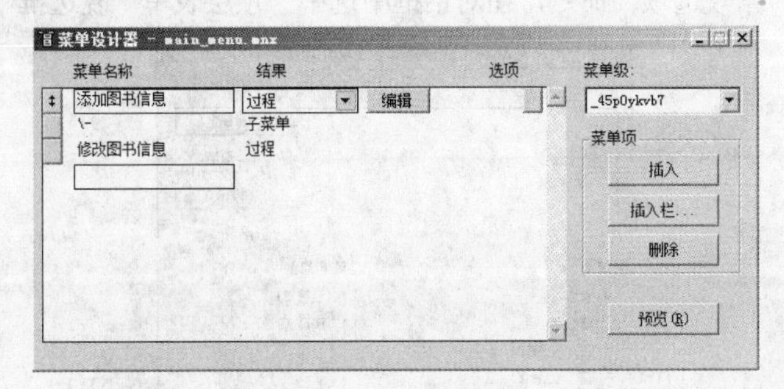

图 11-7　“图书信息管理”的子菜单结构

其中，“添加图书信息”和“修改图书信息”的结果均为“过程”。“添加图书信

息”过程的代码如下：

```
do form form_add_book.scx
```

“修改图书信息”过程的代码如下：

```
do form form_edit_book.scx
```

(3) 主菜单“读者信息维护”的子菜单结构如图 11-8 所示。

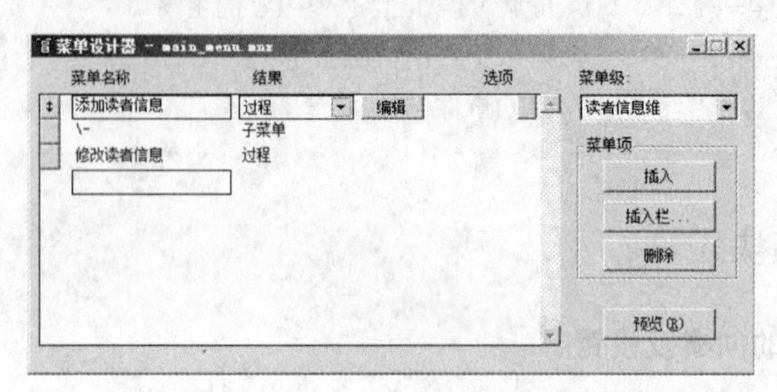

图 11-8 “读者信息管理”的子菜单结构

其中，“添加读者信息”和“修改读者信息”的“结果”均为“过程”。“添加读者信息”过程的代码如下：

```
do form form_add_reader.scx
```

“修改读者信息”过程的代码如下：

```
do form form_edit_reader.scx
```

(4) 主菜单项“退出系统”的“结果”为“过程”，其代码如下：

```
result=messagebox("是否退出【图书管理系统】?",4+32+256,"提示")
  IF result=6
    close all
    clear events       &&退出事件循环
    quit               &&结束当前 Visual FoxPro 工作期
 ENDIF
```

(5) 设置下拉式菜单的常规选项属性。

选择“显示”|“常规选项”命令，在对话框中选中“顶层表单”复选框，如图 11-9 所示。

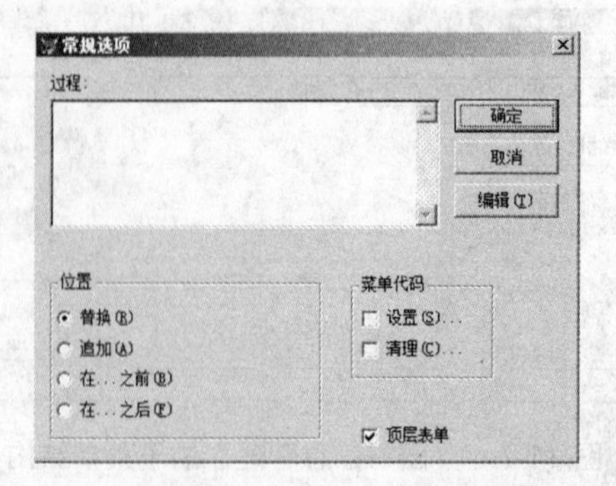

图 11-9 下拉式菜单的“常规选项”设置

(6) 生成菜单程序文件。选择“菜单”|“生成”命令，生成菜单的程序文件“main_menu.mpr”，如图 11-10 所示。.

图 11-10　生成菜单程序文件

2. 表单的设置及属性

主窗口的表单文件名称为 form_menu.scx，主要用途是为操作提供一个便捷的操作界面。表单的主要属性如表 11- 4 所示。

表 11-4　表单 form_menu 的主要属性

属　性	属 性 值	用　途
Autocenter	.t.	表单启动后自动位于屏幕中央
Caption	图书管理系统	表单的标题栏
Controlbox	.f.	取消表单右上角的控制按钮
Showwindow	2	作为顶层表单

在本表单上需要调用下拉式菜单，实现方法是在表单的 init 事件中输入代码：

```
do main_menu.mpr with this, .t.
```

其运行效果如图 11-11 所示。

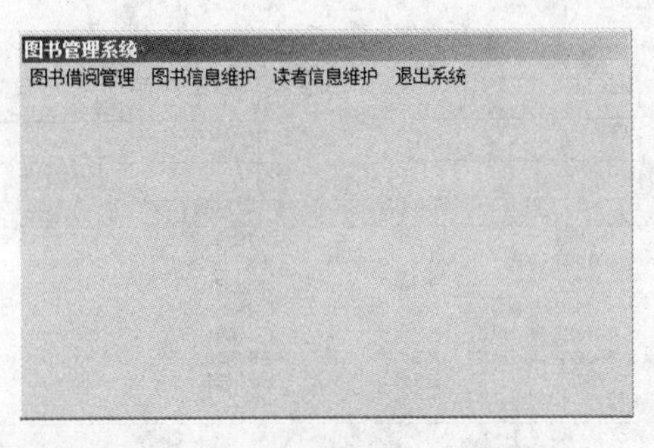

图 11-11　主表单的运行效果

11.3.3　图书信息管理模块代码

图书信息管理模块包含两个功能：“添加图书信息”和“修改图书信息”。“添加图书信息”的表单文件名为 form_add_book.scx，“修改图书信息”的表单文件名为 form_edit_book.scx。

(1) 表单的属性设置。

在“添加图书信息”和“修改图书信息”表单的数据环境中分别加入表 book.dbf。“添加图书信息”及“修改图书信息”表单的主要属性如表 11-5 所示：

表 11-5　表单 form_add_book.scx 的主要属性

属　性	属 性 值	用　途
Autocenter	.t.	表单启动后位于屏幕中央
Controlbox	.f.	取消表单右上角的控制按钮
Showwindow	1	位于顶层表单中

(2)　“添加图书信息”表单的控件信息如表 11-6 所示。

表 11-6　“添加图书信息”所使用的控件

控　件	用　途
Text1	输入图书编号
Text2	输入图书名称
Text3	输入作者
Text4	输入出版社
Text5	输入出版日期
Text6	输入价格
Text7	输入库存量
Grid1	显示已有的图书信息
Command1	保存录入的图书信息
Command2	退出表单

(3)　“添加图书信息管理”表单的运行效果如图 11-12 所示。

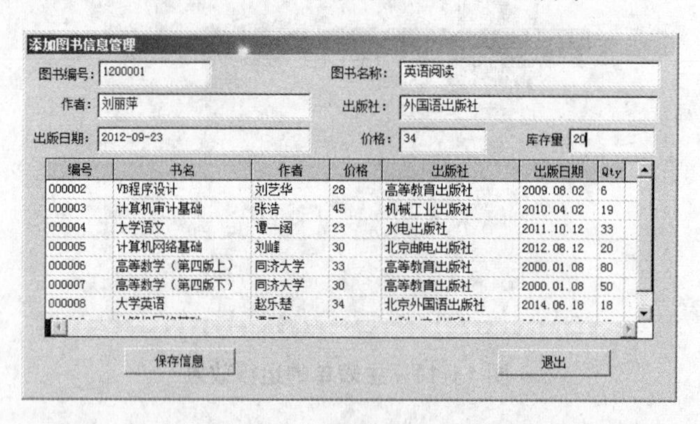

图 11-12　“添加图书信息管理”表单的运行效果

(4)　相应代码。

填写完图书信息后，单击“保存信息”按钮即可保存信息，对应的则是命令按钮 Command1 的 Click 事件，执行的代码如下：

```
&&将控件的信息存储到变量中
book_id=alltrim(thisform.text1.value)
book_name=alltrim(thisform.text2.value)
book_editor=alltrim(thisform.text3.value)
```

```
book_publish=alltrim(thisform.text4.value)
book_pubdate=ctod(alltrim(thisform.text5.value))
book_price=val(alltrim(thisform.text6.value))
book_kcl=val(alltrim(thisform.text7.value))
&&执行插入记录的 SQL 语句
insert into book(bookid,bookname,editor,price,pubdate,publish,qty)
values(book_id,book_name,book_editor,book_price,book_pubdate,book_publis
h,book_kcl)
thisform.refresh
&&信息提示
r=messagebox("信息添加成功！",0+64,"信息提示")
```

要退出“添加图书信息”表单，可以单击“退出”按钮，对应的是命令按钮 Command2 的 Click 事件，执行的代码如下：

```
thisform.release
```

(5)　“修改图书信息”的控件信息如表 11-7 所示。

表 11-7　“修改图书信息”所使用的控件

控　件	用　途
Grid1	显示当前已有的图书信息
Text1	显示图书编号
Text2	显示图书名称
Text3	显示作者
Text4	显示出版社
Text5	显示出版日期
Text6	显示价格
Text7	显示库存量
Command1	保存修改的图书信息
Command2	退出表单

(6)　“修改图书信息管理”表单的运行效果如图 11-13 所示。

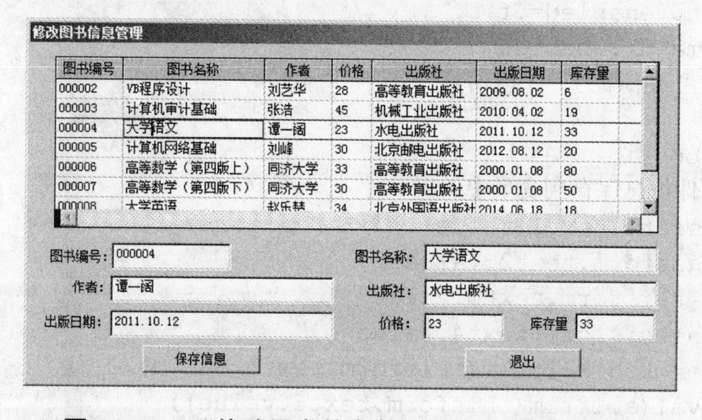

图 11-13　“修改图书信息管理”表单的运行效果

(7) 代码实现。

首先在表格控件中选择要修改的某条记录，选中后，下方会出现相应的图书信息等待修改，修改完成后，单击“保存信息”按钮更新信息。单击“退出”按钮即可退出“修改图书信息”表单。

此事件为 Grid1 的 AfterRowColChange 事件，代码如下：

```
LPARAMETERS nColIndex
&&设定控件的可操作属性：
thisform.text1.enabled=.t.
thisform.text2.enabled=.t.
thisform.text3.enabled=.t.
thisform.text4.enabled=.t.
thisform.text5.enabled=.t.
thisform.text6.enabled=.t.
thisform.text7.enabled=.t.
thisform.command1.enabled=.t.
&& 在 book 表中，定位鼠标选中记录的位置
go recno( )
&&将 book 表中该记录的信息显示在控件中
thisform.text1.value=alltrim(bookid)
thisform.text2.value=alltrim(bookname)
thisform.text3.value=alltrim(editor)
thisform.text4.value=alltrim(publish)
thisform.text5.value=dtoc(pubdate)
thisform.text6.value=alltrim(str(price))
thisform.text7.value=alltrim(str(qty))
```

“保存信息”(Command1)按钮的 Click 事件的代码如下：

```
&&设定控件不可操作属性
thisform.text1.enabled=.f.
thisform.text2.enabled=.f.
thisform.text3.enabled=.f.
thisform.text4.enabled=.f.
thisform.text5.enabled=.f.
thisform.text6.enabled=.f.
thisform.text6.enabled=.f.
thisform.command1.enabled=.f.
&&保存该记录的“图书编号”字段信息
go recno()
old_id=book.bookid
&&将修改后的控件信息保存到变量中
 book_id=thisform.text1.value
 book_name=thisform.text2.value
 book_editor=thisform.text3.value
 book_publish=thisform.text4.value
 book_pubdate=ctod(alltrim(thisform.text5.value))
 book_price=val(alltrim(thisform.text6.value))
 book_kcl=val(alltrim(thisform.text7.value))
&&执行更新记录信息的 SQL 语句
```

```
update book set bookid=book_id,bookname=book_name,
editor=book_editor,publish=book_publish,pubdate=book_pubdate,price=book_
price,qty=bkk_kcl where bookid=old_id
thisform.refresh
&&清除各控件的信息
thisform.text1.value=""
thisform.text2.value=""
thisform.text3.value=""
thisform.text4.value=""
thisform.text5.value=""
thisform.text6.value=""
thisform.text7.value=""
&&信息提示
r=messagebox("信息修改成功！",64,"信息提示")
```

“退出”(Command2)按钮的 Click 事件的代码如下：

```
thisform.release
```

11.3.4 读者信息管理模块代码

读者信息管理模块包含两个功能：“添加读者信息”和“修改读者信息”。“添加读者信息”的表单文件名为 form_add_reader.scx，“修改读者信息”的表单文件名为 form_edit_reader.scx。

(1) 表单的属性设置。

在“添加读者信息”和“修改读者信息”表单的数据环境中分别加入表 reader.dbf。“添加读者信息”及“修改读者信息”表单的主要属性如表 11-8 所示。

表 11-8　表单的主要属性

属　性	属 性 值	用　途
Autocenter	.t.	表单启动后位于屏幕中央
Controlbox	.f.	取消表单右上角的控制按钮
Showwindow	1	位于顶层表单中

(2) “添加读者信息”表单的控件信息，如表 11-9 所示。

表 11-9　“添加读者信息”所使用的控件

控　件	用　途
Text1	输入图书证编号
Text2	输入读者名称
Text3	输入所属部门
Optiongroup1.option1	男-性别
Optiongroup1.option2	女-性别
Optiongroup2.option1	教师-类别

续表

控 件	用 途
Optiongroup2.option2	学生-类别
Grid1	显示已有的读者信息
Command1	保存录入的读者信息
Command2	退出表单

(3) 表单运行效果，如图 11-14 所示。

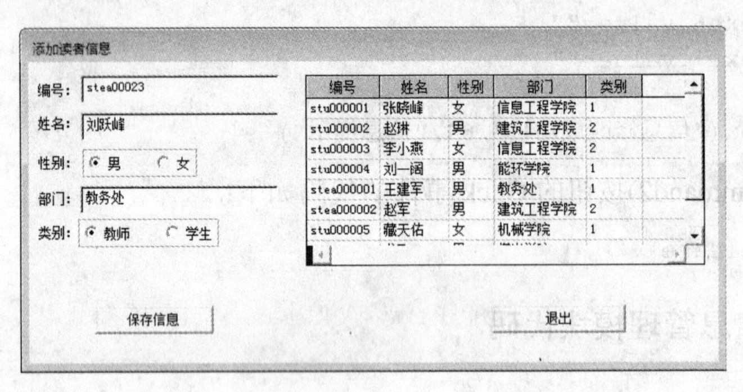

图 11-14 “添加读者信息”表单运行效果

(4) 相应代码。

在输入“图书证编号”、“姓名”及选择“性别”和“类别”后，单击“保存信息”按钮即可保存信息。对应的是命令按钮 Command1 的 Click 事件，执行的代码如下：

```
&&将填入控件的值保存到变量中
r_cardid=alltrim(thisform.text1.value)
r_name=alltrim(thisform.text2.value)
r_dept=alltrim(thisform.text3.value)
&&判断选择的性别
if thisform.optiongroup1.option1.value=1
   r_sex="男"
else
   r_sex="女"
endif
&&判断选择的类别
if thisform.optiongroup2.option1.value=1
   r_class=1
else
   r_class=2
endif
&&执行 SQL 插入语句
insert into reader(cardid,name,dept,sex,class)
values(r_cardid,r_name,r_dept,r_sex,r_class)
thisform.refresh
&&控件的信息清空
thisform.text1.value=""
thisform.text2.value=""
```

```
thisform.text3.value=""
**************************
r=messagebox("信息添加成功！",0+64,"信息提示")
```

退出表单，需要单击“退出”按钮，对应命令按钮 Command2 的 Click 事件，执行的代码如下：

```
thisform.release
```

(5) “修改读者信息”的控件信息如表 11-10 所示。

表 11-10 “修改读者信息”所使用的控件

控 件	用 途
Grid1	显示当前已有的读者信息
Text1	显示图书证编号
Text2	显示读者姓名
Text3	显示所属部门
Optiongroup1.option1	男-性别
Optiongroup1.option2	女-性别
Optiongroup2.option1	教师-类别
Optiongroup2.option2	学生-类别
Command1	保存修改的读者信息
Command2	退出表单

(6) “修改读者信息”表单的运行效果如图 11-15 所示。

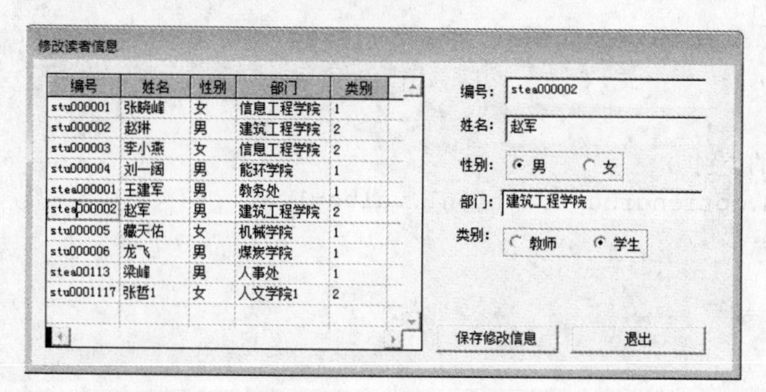

图 11-15 “修改读者信息”表单的运行效果

(7) 相应代码。

Grid1 显示已有的读者信息，对应的 afterRowColChange 事件的代码如下：

```
LPARAMETERS nColIndex
&&控件可操作
thisform.text1.enabled=.t.
thisform.text2.enabled=.t.
thisform.text3.enabled=.t.
thisform.command1.enabled=.t.
```

```
&&记录定位到鼠标选中的记录上
go recno()
&&将该记录的值显示到控件中
thisform.text1.value=cardid
thisform.text2.value=name
thisform.text3.value=dept
if(sex="男")
   thisform.optiongroup1.option1.value=1
   thisform.optiongroup1.option2.value=0
else
   thisform.optiongroup1.option2.value=1
   thisform.optiongroup1.option1.value=0
endif
if(class=1)
   thisform.optiongroup2.option1.value=1
   thisform.optiongroup2.option2.value=0
else
   thisform.optiongroup2.option2.value=1
   thisform.optiongroup2.option1.value=0
endif
```

“保存信息”的事件为 Command1 的 Click 事件，代码如下。

```
&&将控件中的值保存到变量中
r_cardid=alltrim(thisform.text1.value)
r_name=alltrim(thisform.text2.value)
r_dept=alltrim(thisform.text3.value)
 &&判断选择的性别
if thisform.optiongroup1.option1.value=1
    r_sex="男"
else
    r_sex="女"
endif
 && 判断选择的类别
if thisform.optiongroup2.option1.value=1
    r_class=1
else
    r_class=2
endif

&&保存该记录最初的图书证编号
old_cardid=reader.cardid
&&执行 SQL 语句
update reader set cardid=r_cardid,class=r_class,dept=r_dept,
name=r_name,sex=r_sex where cardid=old_cardid
thisform.refresh
&&清空控件中的值
thisform.text1.value=""
thisform.text2.value=""
thisform.text3.value=""
&&"保存信息"按钮不可操作
```

```
thisform.command1.enabled=.f.
&&信息提示
r=messagebox("信息修改成功！",0+64,"信息提示")
```

“退出表单”的事件为 Command2 的 Click 事件，代码如下：

```
Thisform.release
```

11.3.5　图书借阅/归还模块代码

图书借阅/归还信息管理模块包含两个功能：“借阅图书”和“归还图书”。表单文件名为 form_borrow.scx。

(1)　表单的属性设置。

在表单的数据环境中加入表 borrow.dbf、reader.dbf 和 book.dbf。表单的主要属性如表 11-11 所示。

表 11-11　表单 form_borrow.scx 的主要属性

属　性	属 性 值	用　途
Autocenter	.t.	表单启动后位于屏幕中央
Controlbox	.f.	取消表单右上角的控制按钮
Showwindow	1	位于顶层表单中

(2)　form_borrow 表单的控件及用途如表 11-12 所示。

表 11-12　form_borrow 表单的控件及用途

控　件	用　途
Text1	借书证编号
Text2	读者姓名
Text3	读者类别
Command1	退出表单
Pageframe1-page1 上的控件及属性	
Page1.text1	图书编号
Page1.text2	图书名称
Page1.text3	出版社
Page1.text4	作者
Page1.text5	出版日期
Page1.text6	库存量
Page1.text7	借阅日期
Page1.text8	应还日期
Page1.command1	确定借阅

续表

控　件	用　途
Pageframe1.page2 上的控件及属性	
Page2.text1	图书编号
Page2.text2	图书名称
Page2.text3	出版社
Page2.text4	作者
Page2.text5	借阅日期
Page2.text6	还书日期
Page2.label7	超期信息提示
Page2.command1	确定还书

(3) form_borrow 表单的运行效果如图 11-16 和图 11-17 所示。

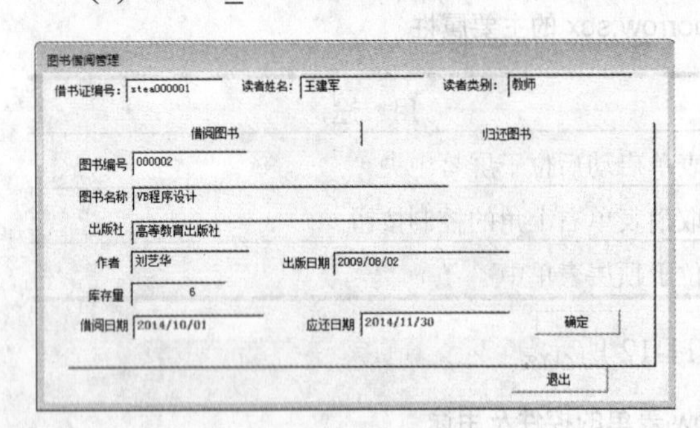

图 11-16　“借阅图书”选项卡

图 11-17　“归还图书”选项卡

(4) 相应代码。

在借阅图书时，首先在“借书证编号”中输入借书证编号，再按 Enter 键，则会显示相应的读者姓名和类别。事件为 Text1 的 Keypress 事件，代码如下：

```
LPARAMETERS nKeyCode, nShiftAltCtrl
&&判断按下的键是否为回车键
if nkeycode=13
  &&在 reader 表中查询输入的图书证编号是否正确，若正确，则显示读者的项目和类别，否则提示错误信息
   select reader
   loca for cardid=alltrim(thisform.text1.value)
   if .not.eof()
      thisform.text2.value=name
      if class=1
          thisform.text3.value="教师"
      else
         thisform.text3.value="学生"
      endif
   else
      r=messagebox("该图书证编号不存在!",0+64," 信息提示")
      thisform.text1.setfocus
```

```
  endif
 endif
```

在“借阅图书”选项卡中的“图书编号”中输入欲借阅的图书编号，再按回车键，则会显示图书的相应信息。事件为 pageframe1.page1.text1 的 Keypress 事件，代码如下：

```
LPARAMETERS nKeyCode, nShiftAltCtrl
&&打开 book 表，查找输入的图书编号是否正确，若正确，则显示相应的图书信息，否则提示错误
&&信息
book_id=thisform.pageframe1.page1.text1.value
if nkeycode=13
  select book
  loca for book.bookid=book_id
  if.not.eof()
    thisform.pageframe1.page1.text2.value= book.bookname
    thisform.pageframe1.page1.text3.value= book.publish
    thisform.pageframe1.page1.text4.value= book.editor
    thisform.pageframe1.page1.text5.value=dtoc( book.pubdate)
    thisform.pageframe1.page1.text6.value=str( book.qty)
    thisform.pageframe1.page1.text7.value=dtoc(date())
    &&若读者类别为教师，借书期限为 60 天，否则为 30 天
    if thisform.text3.value="教师"
      thisform.pageframe1.page1.text8.value=dtoc(date()+60)
     else
      thisform.pageframe1.page1.text8.value=dtoc(date()+30)
     endif
     &&该书无库存
    if book.qty=0
      r=messagebox("该书已无库存！",0+64,"信息提示")
      thisform.pageframe1.page1.command1.enabled=.f.
    else
      thisform.pageframe1.page1.command1.enabled=.t.
    endif
  else
     r=messagebox("该图书编号不存在!",0+64," 信息提示")
     thisform.pageframe1.page1.text1.setfocus
  endif
endif
```

“保存借阅信息”对应的是 pageframe1.page1.command1 的 Click 事件，代码如下：

```
&&将控件的信息保存到变量中
 r_cardid=alltrim(thisform.text1.value)
 r_name=alltrim(thisform.text2.value)
 r_class=alltrim(thisform.text3.value)
 book_id=alltrim(thisform.pageframe1.page1.text1.value)
 borrow_date=ctod(alltrim(thisform.pageframe1.page1.text7.value))
 return_date=ctod(alltrim(thisform.pageframe1.page1.text8.value))
 &&执行插入 SQL 语句，插入借阅图书记录到 borrow 表中
  insert into borrow(cardid,bookid,bdate,sdate) values(r_cardid,book_id,
borrow_date,return_date)
```

```
  && 执行修改 SQL 语句，修改图书的库存量
   update book set qty=qty-1 where bookid=book_id
  &&控件的信息清空
thisform.pageframe1.page1.text1.value=""
thisform.pageframe1.page1.text2.value=""
thisform.pageframe1.page1.text3.value=""
thisform.pageframe1.page1.text4.value=""
thisform.pageframe1.page1.text5.value=""
thisform.pageframe1.page1.text6.value=""
thisform.pageframe1.page1.text7.value=""
thisform.pageframe1.page1.text8.value=""
&&信息提示
r=messagebox("借书成功！",0+64,"信息提示")
thisform.refresh
```

在“归还图书”选项卡中的“图书编号”中输入欲归还的图书编号，再按回车键，则会显示欲归还的图书信息。事件为 pageframe1.page2.text1 的 Keypress 事件，代码如下：

```
LPARAMETERS nKeyCode, nShiftAltCtrl
&&打开 borrow 表，确定输入的图书编号是否为欲归还的图书
r_cardid=alltrim(thisform.text1.value)
book_id=alltrim(thisform.pageframe1.page2.text1.value)
if nkeycode=13
  &&打开 borrow 表，查找输入的图书证编号和图书编号是否存在
   select borrow
   loca for bookid=book_id .and.  cardid=r_cardid
   if .not.eof()
        &&图书证编号和图书编号均正确，显示该图书的信息
        select book
        loca for  bookid=book_id
        if .not.eof()
            thisform.pageframe1.page2.text2.value=book.bookname
            thisform.pageframe1.page2.text3.value=book.publish
            thisform.pageframe1.page2.text3.value=book.editor
        endif
        thisform.pageframe1.page2.text5.value=dtoc(borrow.bdate)
        thisform.pageframe1.page2.text6.value=dtoc(borrow.sdate)
        &&计算是否超期
        if borrow.sdate<date()
          thisform.pageframe1.page2.label7.caption="该图书已超
"+alltrim(str(date()-borrow.sdate))+"天"
        else
          thisform.pageframe1.page2.text6.value=dtoc(date())
       endif
   else
       r=messagebox("该图书编号错误！",0+64,"信息提示")
       thisform.pageframe1.page2.text1.setfocus
   endif
 endif
```

“确定”归还图书，事件为：pageframe1.page2.command1 的 Click 事件，代码如下：

```
&&保存图书证编号
r_cardid=thisform.text1.value
&&打开 borrow 表，记录定位
select borrow
go recno()
&&将控件的信息保存到变量中
book_id=alltrim(thisform.pageframe1.page2.text1.value)
return_date=ctod(thisform.pageframe1.page2.text6.value)
&&执行修改 SQL 语句，修改 borrow 表中的还书日期
update borrow set sdate=return_date where cradid=r_cardid and
bookid=book_id
&&修改 book 表中的库存量
update book set qty=qty+1 where  bookid=book_id
thisform.refresh
```

退出“借阅/归还图书”表单的事件为命令按钮“退出”的 Click 事件，代码如下：

```
thisform.release
```

11.4　软件测试

1. 目标

制定完整且具体的测试路线和流程，为快速、高效和高质量的软件测试提供基础流程框架。目标是实现软件测试的规范化和标准化。

2. 测试需求分析

测试需求分析是软件测试过程的基础，用来确定测试对象以及测试工作的范围和作用，而且确定的测试需求必须是可核实的，即它们必须有一个可观察、可评测的结果。

测试需求能够为测试计划提供客观依据。测试需求是设计测试用例的指导，确定了要测什么，测哪些方面后才能有针对性地设计测试用例。

3. 测试方法

(1) α测试：可以是由用户在开发环境下进行的测试，也可以是开发公司内部的用户在模拟实际操作环境下进行的受控测试，α测试不能由该系统的程序员或专业测试员完成。

(2) β测试：是指“用户验收测试”。β测试是软件的多个用户在一个或多个用户的实际使用环境下进行的测试。开发者通常不在测试现场，β测试不能由程序员或专业测试员完成。

(3) 黑盒测试：又称“功能测试或者数据驱动测试”，是根据软件的规格进行的测试，这类测试不考虑软件内部的运作原理，软件测试人员以用户的角度，通过输入和观察软件的各种输出结果来发现软件存在的缺陷，而不关心程序是具体如何实现的一种软件测试方法。

本 章 小 结

本章详细介绍了“图书管理系统”的创建过程。系统主要包括三大模块：“图书信息管理”、“读者信息管理”以及“图书借阅/归还管理”。

创建项目的过程分为项目设计、创建数据库界面设计和功能代码实现几个阶段。

附录一　Visual FoxPro 6.0 常用命令一览表

命　令	功　能
#DEFINE…#UNDEFINE	创建和释放编译的常量
#IF…#ENDIF	编译时有条件地包含源代码
#IFDEF\#IFNDEF…#ENDIF	如果定义有编译时的常量，则编译时有条件地包含命令集
#INCLUDE	让预处理器将指定的头文件内容合并到程序中
&	用于执行宏代换
&&	表示程序文件中不可执行的嵌入式注释的开始
*	注释语句，表示程序文件中用星号开始的行是注释行
=	对一个或者多个表达式进行计算
?，??	用于计算并输出一个或者一组表达式的值
???	将字符表达式直接输出到打印机
@…BOX	绘制指定边角的方框
@…CLEAR	清除 Visual FoxPro 主窗口或者用户自定义窗口
@…CLASS	创建用 READ 激活的控件或对象
@…EDIT	建立编辑框
@…FILL	改变屏幕中某一区域内已存在文本的颜色
@…GET 复选框	创建复选框
@…GET 组合框	创建组合框
@…GET 命令按钮	建立命令按钮
@…GET 列表框	创建列表框
@…GET 选项组	创建选项组
@…GET 微调控件	建立微调控件
@…GET 文本框	创建文本框
@…GET 透明按钮	建立透明按钮
@…SAY	在指定的行和列位置显示或打印
@…TO	绘制方框、圆或者椭圆
\，\\	打印或显示文本行
ACTIVATE POPUP	显示并激活一个菜单
ACTIVATE SCREEN	激活 Visual FoxPro 主窗口
ACTIVATE WINDOW	显示并激活一个或多个用户自定义窗口或系统窗口
ADD CLASS	添加类定义到.vcx 可视类库中
ADD TABLE	添加自由表到当前打开的数据库中
APPEND	添加一个或多个新记录到当前表的末尾

续表

命　令	功　能
APPEND FROM	从另一文件添加记录到当前表的末尾
APPEND MEMO	将文本文件中的内容复制到备注型字段中
APPEND PROCEDURES	将文本文件中的存储过程添加到当前数据库的存储过程中
ALTER TABLE SQL	SQL 命令，可以通过编程修改表的结构
AVERAGE	计算数值表达式或数值型字段的算术平均值
BEGIN TRANSACTION	开始一次事务处理
BLANK	清除当前记录中字段的数据
BUILD APP	从项目文件中创建.app 应用程序文件
BUILD DLL	使用项目文件中的类信息创建动态链接库
BUILD EXE	从项目文件中创建一个可执行文件
BUILD PROJECT	创建项目文件
BROWSE	打开“浏览”窗口并显示当前表或指定表的记录
CALL	执行指定的二进制文件、外部命令或者外部函数
CANCEL	中断当前 Visual FoxPro 程序文件的运行
CD/CHDIR	将默认的 Visual FoxPro 目录改变为指定的目录
CHANGE	显示要编辑的字段
CLEAR	从内存中释放指定的项
CLOSE	关闭各种类型的文件
CLOSE TABLES	关闭打开的表
COMPILE	编译一个或多个源文件，然后为每个源文件建立目标文件
COMPILE DATABASE	编译数据库中的存储过程
CONTINUE	继续执行以前的 LOCATE 命令
COPY FILE	用于复制任何类型的文件
COPY INDEX	从单入口索引文件(.idx)中建立复合索引标记
COPY MEMO	将当前记录本中指定备注字段的内容复制到文本文件中
COPY PROCEDURES	将当前数据库中的存储过程复制到文本文件中
COPY STRUCTURE	建立与当前表结构完全相同的新的空表，用于表结构的复制
COPY　STRUCTURE　EXTENDED	将当前表的每个字段的信息作为记录复制到新表中
COPY TAG	从复合索引文件的标记中创建单索引文件
COPY TO	从当前表的内容中建立一个新文件
COPY TO ARRAY	从当前表中复制数据到数组
COUNT	统计表中的记录数
CREATE	建立新的 Visual FoxPro 表
CREATE CLASS	打开类设计器，建立新的类定义
CREATE CLASSLIB	建立新的、空的可视类库文件

续表

命 令	功 能
CREATE COLOR SET	在当前颜色设置中建立一个颜色集
CREATE CONNECTION	建立一个连接，并将其存入当前数据库
CREATE DATABASE	建立并打开一个数据库
CREATE FORM	打开表单设计器
CREATE LABEL	打开标签设计器
CREATE MENU	打开菜单设计器
CREATE PROJECT	打开项目管理器
CREATE REPORT	打开报表设计器
CREATE SCREEN	打开表单设计器
CREATE SQL VIEW	显示视图设计器
CREATE TRIGGER	为一个表建立 Delete、Insert 和 Update 触发器
CREATE TABLE SQL	建立一个具有指定字段的表
CREATE VIEW	在 Visual FoxPro 环境中建立一个视图文件
DEACTIVATE MENU	撤销用户自定义菜单栏并从屏幕上删除，但不从内存中释放
DEACTIVATE POPUP	撤销用 DEFINE POPUP 命令建立的弹出式菜单
DEACTIVATE WINDOW	撤销用户自定义窗口或系统窗口，并从屏幕上消除，但不从内存中释放
DEBUG	打开 Visual FoxPro 调试器
DEBUGOUT	在 Debug Output 窗口显示表达式的结果
DECLEAR	建立一维或二维数组
DEFINE BAR	为 DEFINE POPUP 命令建立的菜单定义菜单项
DEFINE BOX	在正文内容周围绘制一个方框
DEFINE CLASS	创建用户自定义的类或者子类，并指定其属性、事件和方法
DEFINE MENU	建立一个菜单栏
DEFINE PAD	为用户自定义菜单栏或者系统菜单栏定义菜单标题
DEFINE POPUP	建立一个菜单
DEFINE WINDOW	建立一个窗口，并确定其属性
DELETE	为记录加删除标记
DELETE CONNECTION	从当前数据库中删除一个命名连接
DELETE DATABASE	从磁盘中删除一个数据库
DELETE FILE	从磁盘中删除一个文件
DELETE TAG	从复合索引文件中删除一个或一组标记
DELETE TRIGGER	从当前数据库中删除表的 Delete、Insert 和 Update 触发器
DELETE VIEW	从当前数据库中删除一个 SQL 视图
DIMENSION	建立一维或者二维的数组内存变量

续表

命　令	功　能
DISPLAY	在系统主窗口或者用户自定义窗口中，显示当前表的信息
DISPLAY CONNECTIONS	显示当前数据库中命名连接的有关信息
DISPLAY DATABASE	显示当前数据库、字段、表或者视图的有关信息
DISPLAY DLLS	显示与共享库函数有关的信息
DISPLAY FILES	显示文件的有关信息
DISPLAY MEMORY	显示当前内存变量和数组元素的内容
DISPLAY OBJECTS	显示一个对象或者一组对象的有关信息
DISPLAY PROCEDURES	显示当前数据库中存储过程的名称
DISPLAY STATUS	显示 Visual FoxPro 的环境状态
DISPLAY STRUCTURE	显示指定表文件的结构
DISPLAY TABLES	显示当前数据库中所有表的信息
DISPLAY VIEWS	显示当前数据库中视图的信息
DIR 或 DIRECTORY	显示一个目录或者文件夹中的文件信息
DO CASE …ENDCASE	将执行第 1 个逻辑表达式为真的那个分支后面的一个命令
DO WHILE …ENDDO	根据指定的条件循环执行一组指定的命令
EDIT	显示要编辑的字段
EJECT	发送一个换页符给打印机
EJECT PAGE	发送一个进页符给打印机
END TRANSACTION	结束当前的事务处理并保存
ERASE	从磁盘中删除一个条件
ERROR	产生一个 Visual FoxPro 错误
EXPORT	将 Visual FoxPro 表中的数据复制到不同格式的文件中
EXTERNAL	向项目管理器通报未定义的引用
EXIT	退出 DO WHILE、FOR 或 SCAN 循环
FOR … ENDFOR	将一组命令反复执行指定的次数
FREE TABLE	从表中删除数据库引用
FUNCTION	标识用户自定义函数定义的开始
GATHER	用数组、内存变量或者对象中的数据置换活动表中的数据
GETEXPR	建立表达式并将其存入内存变量或者数组元素中
GO/GOTO	移动记录指针到指定记录号的记录
HELP	打开“帮助”窗口
HIDE MENU	隐藏一个或者多个 DEFINE MENU 命令建立的菜单栏
HIDE POPUP	隐藏一个或者多个 DEFINE POPUP 命令建立的活动菜单
HIDE WINDOW	隐藏活动的用户自定义窗口或者 Visual FoxPro 系统窗口
IF … ENDIF	根据逻辑表达式的值有条件地执行一组命令

续表

命 令	功 能
IMPORT	从外部文件格式中导入数据，然后建立新数据库
INDEX	建立一个索引文件，按某个逻辑顺序显示和访问表中的记录
INSERT	在当前表中插入新记录，然后显示该记录并进行编辑
INSERT INTO—SQL	SQL 的追加记录命令
JOIN	连接已有的两个表，并创建新表
KEYBOARD	将制定的字符表达式存入键盘缓冲区
LABEL	根据表文件定义或打印标签
LIST CONNECTION	连续显示当前数据库中命名连接的信息
LIST DATABASE	连续显示当前数据库的有关信息
LIST DLLS	连续显示动态数据库的相关信息
LIST FILES	连续显示文件信息
LIST MEMORY	连续显示内存变量信息
LIST OBJECTS	连续显示一个或一组对象的信息
LIST PROCEDURES	连续显示当前数据库的存储过程
LIST STATUS	连续显示系统的状态信息
LIST TABLES	连续显示数据库中所有表的信息
LIST VIEWS	连续显示数据库中视图的信息
LOAD	将二进制文件、外部命令或外部函数装入内存
LOCAL	创建本地内存变量或数组
LOCATE	用顺序查找方式将记录指针定位于满足条件的第一条记录
LPARAMETERS	在过程中接收调用程序传递的参数
MD | MKDIR	在磁盘上创建新目录
MEMU	重建菜单系统
MEMU TO	激活菜单栏
MODIFY CLASS	打开类设计器，编辑或设计类
MODIFY COMMAND	打开程序文件编辑窗口，创建或编辑程序文件
MODIFY CONNECTION	打开连接设计器，修改数据库中的命名连接
MODIFY DATABASE	用数据库设计器编辑数据库
MODIFY FILE	用编辑窗口创建或修改文本文件
MODIFY FORM	用表单设计器创建或修改表单
MODIFY GENERAL	编辑表当前记录的通用字符值
MODIFY LABEL	用标签设计器创建或修改标签文件
MODIFY MEMO	编辑表的备注字段
MODIFY MEMU	用菜单及设计器创建或修改菜单文件
MODIFY PRICEDURE	创建或修改当前数据库的存储过程

续表

命　令	功　能
MODIFY PROJECT	用项目管理器创建或修改项目文件
MODIFY QUERY	用查询设计器创建或修改查询
MODIFY REPORT	用报表设计器创建或修改报表
MODIFY SCREEN	用表单设计器创建或修改表单
MODIFY STRUCTURE	用表设计器修改表的结构
MODIFY VIEW	用视图设计器修改数据库中的视图
MODIFY WINDOW	编辑用户定义的窗口
MOUSE	用命令方式模拟鼠标的单击、双击、移动或拖动
MOVE POPUP	移动弹出式菜单
MOVE WINDOW	移动窗口
ON BAR	指定要激活的菜单栏
ON ERROR	指定发生错误时执行的命令
ON ESCAPE	指定程序执行时按下 Esc 键执行的命令
ON EXIT BAR	指定离开一个菜单项时执行的命令
ON EXIT MENU	指定离开一个菜单栏时执行的命令
ON EXIT PAD	指定离开一个菜单条时执行的命令
ON EXIT POPUP	指定离开一个弹出菜单的时执行的命令
ON KEY LABEL	指定在程序执行时按下指定键时执行的命令
ON PAD	指定在选择某菜单条时激活的弹出菜单或菜单栏
ON PAGE	指定打印输出达到报表指定的行或 EJECT PAGE 时多执行的命令
ON PREADERROR	指定响应数据输入错误时执行的命令
ON SELECTION BAR	指定选择菜单项时执行的命令
ON SELECTION MEMU	指定选择菜单栏时执行的命令
ON SELECTION PAD	指定选择菜单条时执行的命令
ON SELECTION POPUP	指定选择弹出式菜单时执行的命令
ON SHUTDOWN	指定准备退出 VFP 时执行的命令
OPEN DATABASE	打开数据库
PACK	删除有删除标记的记录
PACK DATABASE	删除数据库文件中有删除标记的记录
PARAMETERS	在过程中接受调用程序传递的参数
PLAY MACRO	执行一个键盘宏
POP KEY	恢复 PUSH KEY 放在栈中的 ON KEY LABEL 指定的键值
POP POPPUP	恢复用 PUSH POPUP 放在栈中的指定的菜单定义
PRINTJOB…ENDPRIN JOB	激活打印作业系统中内存变量的设置
PRIVATE	在当前程序中隐藏调用程序中定义的内存变量或数组

续表

命　令	功　能
PROCEDURE	在过程文件中标识一个过程的开始
PUBLIC	定义全局内存变量
PUSH KEY	把 ON KEY LABEL 命令的设置放入栈中
PUSH MEMU	把菜单栏的定义放入栈中
PUSH POPUP	把弹出菜单的定义放入栈中
QUIT	退出 VFP 系统
RD | RMDIR	删除磁盘目录
READ	激活控制
READ EVENTS	开始处理事件
READ MEMU	激活菜单
RECALL	去掉记录的逻辑删除标记
REGIONAL	创建区域内存变量
REINDEX	创建索引文件
RELEASE	删除内存变量
RELEASE BAR	删除菜单项
RELEASE CLASSLIB	关闭类库文件
RELEASE MEMUS	关闭用户定义的菜单栏
RELEASE MODULE	关闭二进制文件、外部命令或外部函数
RELEASE PAD	删除菜单条
RELEASE POPUP	删除弹出菜单
RELEASE PROCEDURE	关闭过程文件
RELEASE WINDOWS	删除窗口
RELEASE CLASS	从可视类库中删除一个类的定义
RELEASE TABLE	从当前数据库中移去表
PENAME CLASS	将类库中的类更名
PENAME CONNECTION	将数据库中的命令连接更名
PENAME TABLE	将数据库中的表更名
PENAME VIEW	将数据库中的视图更名
REPLACE	替换表的字段值
REPLACE FROM ARRAY	用数组更新表的字段值
REPORT FORM	打印报表
RESTORE FORM	从内存变量文件或备注字段中恢复保存的内存变量或数组
RESTORE MACROS	从文件或备注字段中恢复键盘宏
RESTORE SCREEN	恢复用 SAVE 命令保存的屏幕
RESTORE WINDOW	从文件或备注字段中恢复窗口

续表

命　令	功　能
RESUME	继续执行挂起的程序
RETRY	重新执行前一个程序
RETURU	返回调用程序
ROLLBACK	放弃当前事务期间所作的改变
RUN|!	运行外部命令或程序
SAVE MACROS	将键盘宏保存到宏文件或备注字段中
SAVE SCREEN	保存当前屏幕
SAVE TO	把当前内存变量保存到文件或备注字段
SAVE WINDOW	把当前窗口保存到文件或备注字段
SCAN…ENDSCAN	SCAN 表示的循环结构
SCATTER	把当前记录值复制到数组和内存变量中
SCROLL	滚动主窗口或用户定义的窗口
SEEK	索引查询命令，记录指针向与表达式相匹配的第一条记录
SELECT	选择指定的工作区
SELECT—SQL	SQL 的查询命令
SET	打开数据工作区窗口
SET ALTERNATE	把？、？？、DISPLAY、LIST 的结果输出到指定的文本文件中
SET AUTOSAVE	确定退出 READ 或返回命令窗口时，是否存在磁盘保存缓冲区数据
SET ANSI	确定 SQL 的"="操作是否对字符串进行精确比较
SET BELL	控制机器的响铃
SET BLINK	确定是否设置闪烁属性或高密度属性
SET BLOCKSIZE	指定 VFP 如何为备注字段分配磁盘空间
SET BORDER	定义方框、菜单、窗口等对象的边界
SET CARRY	确定是否将当前记录的数据送到新记录中
SET CENTURY	确定是否显示当前日期的世纪部分
SET CLASSLIB	打开一个包括类定义的可视类库
SET CLEAR	确定是否清楚 VFP 主窗口
SET CLOCK ON|OFF	确定是否显示系统时钟
SET COLLATE	指定索引或排序操作中字符字段的排列顺序
SET COLOR OF	指定自定义菜单或窗口的颜色
SET COLOR OF SCHEME	指定调色板的颜色
SET COLOR SET	加载已定义的颜色集
SET COLOR TO	指定颜色
SET COMPATIBLE	控制与 FoxBase 或其他 XBase 语言的兼容性

续表

命　令	功　能
SET CONFIRM ON|OFF	确定在输入文本框最后一个字符时是否退出文本框
SET CONSOLE ON|OFF	确定是否将输出送到 VFP 的主窗口或活动窗口
SET CPCOMPILE	指定被编译程序的代码页
SET CPDIALOG ON|OFF	确定当表打开时，是否显示代码页对话框
SET CURRENCY TO	定义货币符号
SET CURSOR　ON | OFF	当 Visual FoxPro 等待输入时，确定是否显示插入点
SET DATABASE	指定当前的数据库
SET DATE	指定日期型和日期时间型表达式显示时的格式
SET DEBUG　ON | OFF	控制能否在菜单系统中使用 Debug 和 Trace 窗口
SET DECIMALS	指定数值表达式中显示的小数位数
SET DEFAULT	指定默认的驱动器、目标或者文件夹
SET DELETED　ON | OFF	指示是否处理带有删除标记的记录
SET DELIMITERS	表示用@…GET 命令建立的文本框输入是否有定界符
SET DEVELOPMENT	当程序运行时，用于控制 Visual FoxPro 是否将该程序的日期和时间与编译后目标文件的日期和时间进行比较
SET DEVICE	将@…SAY 命令的输出直接送往屏幕、打印机或者文件
SET DISPLAY	改变监视器的当前显示方式
SET ECHO	打开 Trace 窗口，进行程序的调试
SET ESCAPE　ON | OFF	确定按 Esc 键时是否中断程序和命令的运行
SET EXACT　ON | OFF	确定进行两个不同长度的字符串比较规则
SET EXCLUSIVE	将按独立或者共享方式打开网络上的表文件
SET FDOW	指定一个星期中的第 1 天
SET FIELDS	指定表中可以进行存取的字段
SET FILTER	指定当前表中可以被存取访问的记录必须满足的条件
SET FIXED　ON | OFF	确定数值型数据显示的小数位数是否固定
SET FORMAT	打开 APPEND、CHANGE、EDIT 和 INSERT 等命令的格式文件
SET FULLPATH	确定 CDX()、DBF()、MDX()和 NDX()函数是否返回文件的路径名和文件名
SET FUNCTION	将表达式(键盘宏)赋予某一功能键或组合键
SET FWEEK	指定一年中的第 1 个星期要满足的要求
SET HEADINGS　ON | OFF	执行 TYPE 命令时，确定是否显示字段的列标头和文件信息
SET HELP　ON | OFF	确定 Visual FoxPro 的联机帮助是否可用
SET HELPFILTER	在帮助窗口中显示 DBF 风格的帮助主题
SET HOURS	设置系统时钟为 12 或者 24 小时格式
SET INTENSITY ON/OFF	确定是否用增强的屏幕颜色属性来显示字段

续表

命　令	功　能
SET INDEX	为当前表打开一个或者多个索引文件
SET KEY	确定基于索引关键字的记录访问范围
SET KEYCOMP　ON | OFF	控制 Visual FoxPro 击键导航
SET LIBRARY	打开外部 API(应用程序编程接口)库文件
SET LOCK	关闭或打开文件的自动加锁功能
SET LOGERRORS　ON | OFF	确定是否将编译错误提示信息存入文本文件中
SET MACKEY	显示 Macro Key Definition 对话框的键或者组合键
SET MARGIN	设置打印机的左边界，并且影响直接送往打印机的所有输出
SET MARK OF	为菜单标题或菜单项，显示或清除或指定一个标记字符
SET MARK TO	指定显示日期表达式时所使用的分界符
SET MEMO WIDTH	指定备注型字段和字符表达式的显示宽度
SET MULTILOCKS　ON | OFF	确定是否可以用 LOCK()和 RLOCK()函数为多个记录加锁
SET NEAR　ON | OFF	当 FIND 和 SEEK 命令搜索记录不成功时，确定记录指针的停留位置
SET NOTIFY　ON | OFF	确定某些系统提示信息是否可以显示
SET NOCPTRANS	防止打开表中的某些指定字段转换到不同的代码页中
SET NULL	确定 ALTER TABLE 和 CREATE TABLE INSERT-SQL 如何支持空值
SET ODOMETER	确定处理记录的命令汇报及其工作进展的间隔
SET OLEOBJECT	对象没有找到时，用于确定是否搜索 OLE Registry
SET ORDER	指定表的控制索引文件或者标记
SET PATH	设置文件的搜索路径
SET PDSETUP	装载打印机驱动程序或者清除当前的打印机驱动程序
SET POINT	确定用于显示数值型或者货币型表达式中小数点的字符
SET PRINTER	是否将输出结果送往打印机、文件、端口或者网络打印机
SET REFRESH	确定在 BROWSE 窗口中，由网络上的其他用户进行记录更新
SET RELATION	在两个打开表之间建立关联
SET RELATION OFF	清除当前工作区和指定工作区内两个表之间的关联
SET REPROCESS	确定为一个文件或者记录加锁失败后，对文件或记录再次尝试加锁的次数和时间间隔
SET RESOURCE	更新或者指定一个资源文件
SET SAFETY　ON | OFF	确定覆盖已经存在的文件时，是否显示对话框；或者在报表设计器中，或用 ALTERTABTE 命令更改表结构时，是否计算表或字段规则、默认值和错误信息
SET SECONDS ON | OFF	表示秒是否显示在日期时间型数据中

续表

命　令	功　能
SET SEPARATOR	指定小数点左边每位数字之间的分隔符
SET SKIP	在表之间建立一对多的关联
SET SKIP OFF	使用户自定义菜单或系统菜单中的某一菜单、菜单、菜单标题、菜单项目可用或者不可用
SET SPACE　ON | OFF	确定使用“?”或者“??”命令时，在字段或者表达式之间是否显示空格字符
SET STATUS BAR	显示或者消除图形状态栏
SET SYSFORMATS	是否用当前的 Windows 系统更新 Visual FoxPro 的系统设置
SET SYSMENU	确定在程序执行期间，Visual FoxPro 系统菜单栏是否可用
SET TALK	确定 Visual FoxPro 是否显示命令的结果
SET TEXTMERGE DELIMITERS	指定文本合并分界符
SET TEXTMERGE	确定文本合并分界符“<<”和“>>”之间的字段、内存变量、数组元素、函数或者表达式等是否进行计算
SET TEXTMERGE DELIMITERS	指定文本合并分界符
SET TOPIC	指定调用 Visual FoxPro 的帮助系统时显示的帮助主题
SET TRBETWEEN	在 Trace 窗口中，确定两个断点之间是否可以进行跟踪
SET TYPEAHEAD	表示键盘前置缓冲区中可以存储的最大字符数
SET UDFPARMS	确定 Visual FoxPro 传递给用户自定义函数的参数是按值还是按引用方式传递
SET UNIQUE　ON | OFF	确定索引文件中是否可以有重复索引关键字值的记录存在
SET VIEW　ON | OFF	打开或者关闭 VIEW 窗口，或从视图文件中恢复系统环境
SET WINDOWS OF MEMO	指定备注型字段的编辑窗口
SHOW GETS	重新显示所有的控件
SHOW MENU	显示一个或者多个用户自定义菜单栏，但是不激活
SHOW OBJECT	重新显示指定的控件。支持向下兼容，可用 Refresh 方法取代
SHOW POPUP	显示一个或者多个用户自定义菜单，但是不激活
SHOW WINDOW	显示一个或者多个用户自定义窗口及 Visual FoxPro 系统窗口，但是不激活
SIZE POPUP	改变用 DEFINE POPUP 创建的用户自定义菜单的大小
SIZE WINDOW	改变用 DEFINE WINDOW 创建的用户自定义窗口或者 Visual FoxPro 系统窗口(Command、ebug 和 Trace)的大小
SKIP	向前或者向后移动表中的记录指针
SORT	对当前表中的记录进行排序，将排序后的记录输出到新表中
STORE	将数据存入内存变量、数组或者数组元素中
SUM	对当前表中的所有或者指定的数值型字段求和

续表

命　令	功　能
SUSPEND	暂停程序的运行，回到交互式 Visual FoxPro 环境
TEXT … ENDTEXT	输出若干行的文本、表达式及函数的结果和内存变量的内容
TOTAL	计算当前表中的数值型字段的总和
TYPE	显示文件的内容
UNLOCK	对表中的一个或多个记录解除锁定，或者解除文件的锁定
UPDATE	利用表中的数值更新当前指定工作区中打开的表
UPDATE-SQL	用新的值更新表中的记录
USE	打开一个表和相关的索引文件，或关闭一个表
VALIDATE DATABASE	确保当前数据库中的表和索引的正确位置
WAIT	显示一条信息并暂停 Visual FoxPro 的运行
WITH … ENDWITH	指定对象的多个属性
ZAP	将表中的所有记录删除，只保留表的结构
ZOOM WINDOW	改变用户自定义窗口或系统窗口的大小和位置

附录二　Visual FoxPro 6.0 常用函数一览表

函　数	功　能
ABS()	计算并返回指定数值表达式的绝对值
ACLASS()	将一个对象的父类名放置于一个内存数组中
ACOPY()	把一个数组的元素拷贝到另一个数组中
ACOS()	计算并返回一个指定数值表达式的余弦值
ADATABASES()	将所有打开的数据库名和它的路径存入一个内在变量数组中
ADBOBJECTS()	把当前数据库中的连接、表或 SQL 视图的名存入内存变量数组中
ADEL()	从一维数据中删除一个元素，或从二维数组中删除一行或者一列元素
ADIR()	将文件的有关信息存入指定的数组中，然后返回文件数
AELEMENT()	通过元素的下标，返回元素号
AERROR()	用于创建包含 VFP 或 ODBC 错误信息的内存变量
AFIELDS()	将当前的结构信息存入数组中，然后返回表中的字段数
AFONT()	将可用字体的信息存入数组中
AINS()	在一维数组中插入一个元素或在二维数组中插入一行或一列元素
AINSTANCE()	用于将类的所有实例存入内存变量数组中，然后返回数组中存放的实例数
ALEN()	返回数组中的元素、行或者列数
ALIAS()	返回当前工作区或指定工作区内表的别名
ALLTRIM()	从指定字符表达式的首尾两端删除前导和尾随的空格字符，然后返回截去空格后的字符串
AMEMBERS()	用于将对象的属性、过程和成员对象存入内存变量数组中
ANSITOOEM()	将指定字符表达式中的每个字符转换为 MS-DOS(OEM)字符集中对应字符
APRINTERS()	将 Print Manager 中安装的当前打印机名存入内存变量数组中
ASC()	用于返回指定字符表达式中最左字符的 ASCII 码值
ASCAN()	搜索一个指定的数组，寻找一个与表达式中数据和数据类型相同的数组元素
ASELOBJ()	将活动的 Form 设计器当前控件的对象引用存储到内存变量数组中
ASIN()	计算并返回指定数值表达式反正弦值
ASORT()	按升序或降序排列数组中的元素
ASUBSCRIPT()	计算并返回指定元素号的行或者列坐标
AT()	寻找字符串或备注字段在另一字符串或备注字段中第一次出现的位置并返回，区分大小写
ATAN()	计算并返回指定数值表达式的反正切值
ATC()	寻找字符串或备注字段在另一字符串或备注字段中第一次出现的位置并返回，不区分大小写

续表

函 数	功 能
ATCLINE()	寻找并返回一个字符串表达式或备注字段在另一字符表达式或备注字段中第一次出现的行号。不区分字符大小写
ATLINE()	寻找并返回一个字符表达式或备注字段在另一字符表达式或备注字段中第一次出现的行号 。区分字符大小写
ATN2()	根据指定的值返回所有 4 个象限内的反正切值
AUSED()	将一次会话期间的所有表别名和工作区存入变量数组中
RCOUNT()	返回 DEFINE POPUP 命令所定义的菜单中的菜单项数，或返回 VFP 系统菜单上的菜单项数
BARPROMPT()	返回一个菜单项的有关正文
BETWEEN()	确定指定的表达式是否介于两个相同类型的表达式之间
BITAND()	返回两个数值表达式之间执行逐位与(AND)运算的结果
BITCLEAR()	清除数值表达式中的指定位，然后再返回结果值
BITLSHIFT()	返回将数值表达式左移若干位后的结果值
BITNOT()	返回数值表达式逐位进行非(NOT)运算后的结果值
BITOR()	计算并返回两个数值进行逐位或(OR)运算的结果
BITRSHIFT()	返回将一个数值表达式右移若干位后的结果值
BITSET()	将一个数值的某位设置为 1，然后返回结果值
BITTEST()	用于测试数值中指定的位，如果该位的值是 1，则返回真，否则返回假
BITXOR()	计算并返回两个数值表达式进行逐位异或(XOR)运算后的结果
BOF()	用于确定记录指针是否位于表的开始处
CANDIDATE()	如果索引标记是候选索引标记则返回真，否则返回假
CAPSLOCK()	设置并返回 CapsLock 键的当前状态
CDOW()	用于从给定 Date 或 Datetime 类型表达式中，返回该日期所对应的星期数
CDX()	用于返回打开的、具有指定索引号的复合索引文件名(.CDX)
CEILING()	计算并返回大于或等于指定数值表达式的下一个整数
CHR()	返回指定 ASCII 码值所对应的字符
CHRSAW()	用于确定键盘缓冲区中是否有字符存在
CHRTRAN()	对字符表达式中的指定字符串进行转换
CMONTH()	从指定的 Date 或 Datetime 表达式返回该日期的月名称
CNTBAR()	返回用户自定义菜单或 VFP 系统菜单中的菜单项目数
CNTPAD()	返回用户自定义菜单条或 VFP 系统菜单条上的菜单标题数
COL()	用于返回光标的当前位置
COMPOBJ()	比较两个对象的属性，然后返回表示这两个对象的属性及其值是否等价
COS()	计算指定表达式的余弦值

续表

函　数	功　能
CPCONVERT()	将备注字段或字符表达式转换到另一代码页中
CPCURRENT()	返回 VFP 配置文件中的代码页设置，或当前操作系统的代码页设置
CPDBF()	返回已经标记的打开表的代码页
CREATEOBJECT()	从类定义或 OLE 对象中建立一个对象
CTOD()	将字符表达式转换成日期表达式
CTOT()	从字符表达式中返回 DateTime 值
CURDIR()	用于返回当前的目录或文件夹名
CURSORGETPROP()	返回 VFP 表或 Cursor 的前属性设置
CURSORSETPROP()	给 VFP 的属性赋予一个设置值
CURVAL()	直接从磁盘或远程数据源程序中返回一个字段的值
DATE()	返回当前的系统日期，是由操作系统控制的
DATETME()	以 DateTime 类型值的形式返回当前的日期和时间
DAY()	返回指定日期所对应的日子
DBC()	返回当前数据库的名和路径
DBF()	返回指定工作区打开表的名称或返回别名指定的表名称
DBGETPROP()	返回当前 DB 的属性或返回当前数据库中字段、有名连接、表或视图的属性
DBSETPROP()	设置当前 DB 的属性或设置当前数据库中字段、有名连接、表或视图的属性
DBUSED()	用于测试数据库是否打开。如果指定的数据库是打开的则返回真
DDEAbortTrans()	结束异步的动态数据交换 DDE 事务处理
DDEAdvise()	建立用于动态数据交换的通报连接或自动连接
DDEEnabled()	用于使动态数据交换处理可用或不可用，或返回 DDE 处理的状态
DDEExecute()	使用动态数据交换发送命令给另一应用程序
DDEInitiate()	在 VFP 与其他 Windows 应用程序间建立动态数据交换通道
DDELastError()	返回最后一个动态数据交换函数的错误号
DDEPoke()	用动态数据交换方式在客户机服务器之间进行数据传送
DDERequest()	用动态数据交换方式向服务器应用程序请求数据
DDESetopic()	用动态数据交换方式从一个服务器中建立或释放主题名
DDESetOption()	改变或返回动态数据交换的设置值
DDESetService()	建立、释放或修改 DDE 服务器名和设置值
DDETerminate()	关闭用 DDETerminate()函数建立的数据交换通道
DELETED()	用于测试并返回一个指示当前记录是否加删除标志的逻辑值
DESCENDING()	用于对索引标记中的 DESCENDING 关键字进行测试。如果使用 DESCENDING 关键字建立索引标记，或在 USE、SETINDEX、SETORDER 命令中使用 DESCENDING 关键字，则返回真
DIFFERENCE()	返回介于 0 到 4 之间的值，以表示两个字符表达式之间的语音差异

续表

函　数	功　能
DISKSPACE()	返回默认磁盘驱动器上的可用字节数
DMY()	从 Date 或 DateTime 类型表达式中返回日/月/年形式的字符串类型的日期
DOW()	从 Date 或 DateTime 类型表达式中返回表示星期几的数值
DTOC()	从 Date 或 DateTime 类型表达式中返回字符的日期
DTOR()	把以度表示的数据表达式转换为弧度值
DTOS()	从指定的 Date 或 DateTime 类型表达式中返回字符串形式的日期，它的具体格式是 yyyymmdd(年月日)
DTOT()	从日期表达式中返回 DateTime 类型的值
EDADKEY()	返回对应于退出某个编辑窗口时所按键的值，或返回表示如何结束最后一个 READ 的值。使用表单设计器可以完全代替 READ
EMPTY()	用于确定指定表达式是否为空
EOF()	确定当前表或指定表的记录指针是否已经指向最后一个记录
ERROR()	返回 ON ERROR 例程捕获错误的编号
EVALUATE()	计算字符表达式，然后返回其结果值
EXP()	返回以自然对数为底的函数值，即返回 ex 的值，其中 x 表示指数
FCHSIZE()	改变用低级文件函数打开的文件的大小
FCLOSE()	刷新并关闭由低级文件函数打开的文件或通信端口
FCOUNT()	返回表中的字段数
FCREATE()	建立并打开低级文件
FDATE()	返回文件的最后修改日期
FEOF()	用于确定低级文件的指针是否位于该文件的末尾
FERROR()	测试并返回最近的低级文件函数操作的错误号
FFLUSH()	将一个用低级文件函数打开的文件刷新到磁盘中
FGETS()	从指定的文件或用低级文件函数打开的通信端口中读取若干字节，直至读到回车字符才停止
FIELD()	返回表中某个字段的名称
FILE()	用于在磁盘中寻找指定的文件，如果被测试的文件存在，函数返回真
FILTER()	返回由 SET FILTER 命令设置的表过滤器表达式
FKLABEL()	从对应的功能键号中返回功能键的名称(如 F1、F2 等)
FKMAX()	返回键盘中可编程的功能键和组合键数
FLDLIST()	返回 SET FIELDS 命令中指定的字段或可计算字段表达式
FLOCK()	试图锁定当前或指定的表
FLOOR()	计算并返回小于或等于指定数值的最大整数
FONTMETRIC()	返回当前安装的操作系统字体的字体属性
FOPEN()	打开用于低级文件函数中的文件或通信端口

续表

函　数	功　能
FOR()	返回指定工作区中打开的 IDX 索引文件或索引标记的索引过滤表达式
FOUND()	用于测试并返回 CONTINUE、FIND、LOCATE 或 SEEK 命令的执行情况
FPUTS()	将字符串、回车、换行符写入文件或用低级文件函数打开的通信端口中
FREAD()	从文件或用低级文件函数打开的通信端口中读入指定字节的数据
FSEEK()	在用低级文件函数打开的文件中移动文件指针
FSIZE()	返回指定字段的字节数(长度)
FTIME()	返回文件的最后修改时间
FULLPATH()	返回指定文件的路径，或相对另一个文件的路径
FV()	计算并返回一系列等额复利投资的未来值
FWRITE()	将字符串写入文件或用低级文件函数打开的通信端口中
GETBAR()	返回 DEFINE POPUP 命令定义的菜单或 VFP 系统菜单中某一选项的序号
GETCOLOR()	显示 Windows 的 Color 对话框，然后返回所选的颜色号
GETCP()	显示 Code Page 对话框，然后返回所选择的代码页号
GETDIR()	显示“选择目录”对话框，从中选择目录或文件夹
GETENV()	返回指定 MS-DOS 环境变量的内容
GETFILE()	显示“打开”对话框，然后返回所选择的文件名
GETFLDSTATE()	返回指示表或游标中字段是否被修改、增加或当前记录的删除状态被改变等情况的数值
GETFONT()	显示“字体”对话框，返回所选择的字体名
GETNEXTMODIFIELD()	返回缓冲游标中的一个编辑记录的记录号
GETOBJECT()	激活 OLE 自动对象，然后建立该对象的引用
GETPAD()	返回菜单条中指定位置的菜单标题
GETPRINTER()	显示“打印设置”对话框，然后返回所选择的打印机的名称
GOMONTH()	返回某个指定日期之前或之后若干月的那个日期
GRB()	根据给定的红色、绿色和蓝色，计算并返回单一的颜色值
HEADER()	返回当前或指定表文件头的字节数
HOUR()	从 DateTime 类型表达式中返回它的小时数
IDXCOLLATE()	返回索引文件或索引标记的整理顺序
IIF()	根据逻辑表达式的值，返回两个指定值之一
INDBC()	用于测试指定的数据库对象是否在指定的数据库中
INKEY()	返回与单击鼠标按钮或键盘缓冲区中按键相对应的数值
INLIST()	用于测试指定的表达式是否与一组表达式中的某一个表达式匹配
INSMODE()	返回当前插入状态，或设置插入状态为 On 或 Off
INT()	计算表达式的值，然后返回整数部分

续表

函　数	功　能
ISALPHA()	用于测试字符表达式中的最左边字符是否是一个字母字符
ISBLANK()	用于确定表达式是否是空表达式
ISCOLOR()	用于测试当前的计算机是否显示彩色
ISDIGIT()	用于测试字符表达式的最左边字符是否是数字字符
ISEXCLUSIVE()	用于测试表达式是否按独占方式打开
ISLOWER()	用于确定指定字符表达式的最左边字符是否是一个小写字母字符
ISMOUSE()	测试并返回系统中是否安装有鼠标器械
ISNULL()	用于测试表达式的值是否为空值
ISREADONLY()	用于测试表达式是否按只读方式打开
ISUPPER()	用于确定指定字符表达式的最左边字符是否是一个大写的字母字符
KEY()	用于返回索引标记或索引文件的索引关键字表达式
KEYMATCH()	寻找在索引标记或索引文件中指定的索引键值
LASTKEY()	返回最后一次击键的键值
LEFT()	从指定字符串的最左边字符开始，返回规定数量的字符
LEN()	返回指定字符表达式中的字符个数(字符串长度)
LIKE()	用于确定字符表达式是否与另一字符表达式匹配
LINENO()	返回当前正在执行的程序命令行的行号
LOCK()	用于锁定表中的一个或多个记录
LOG()	返回指定数值表达式的常用对数值(基底为 e)
LOG10()	返回指定数值表达式的常用对数值(基底为 10)
LOOKUP()	搜索表，寻找字段与指定表达式相匹配的第一个记录
LOWER()	把指定的字符表达式中的字母转变为小写字母，然后返回该字符串
LTRIM()	删除指定字符表达式中的前导空格，然后返回该字符串
LUPDATE()	返回表最后一次的更改日期
MAX()	计算一组表达式，然后返回其中值最大的表达式
MCOL()	返回鼠标指针在 VFP 主窗口或用户自定义窗口中的列位置
MDOWN()	用于确定是否有鼠标按钮按下
MDX()	返回已经打开的、指定序号的.CDX 复合索引文件名
MDY()	将指定的日期表达式或日期时间表达式转换成月日年的形式，并且其中的月份采用全拼的名称
MEMLINES()	用于返回备注字段的行数
MEMORY()	返回为了运行一个外部程序而可以使用的内存总量
MENU()	以大写字符串的形式返回活动菜单的名称
MESSAGE()	返回当前的错误提示信息，或返回产生的程序内容
MESSAGEBOX()	显示用户自定义的对话框

续表

函 数	功 能
MIN()	计算一组表达式的值，然后返回其中的最小值
MINUTE()	返回 DATETIME 类型表达式的分钟部分的值
MLINE()	以字符串型从备注字段中返回指定的行
MOD()	将两个数值表达式进行相除然后返回它们的余数
MONTH()	返回由 DATE 或 DATETIME 类型表达式所确定日期中的月份数
MRKBAR()	用于确定用户自定义菜单上或 VFP 系统菜单上的菜单选项是否加有选择标志
MRKPAD()	用于确定用户自定义菜单条上或 VFP 系统菜单条上的菜单标题是否加有选择标志
MROW()	返回 VFP 主窗口或用户自定义窗口中鼠标指针的行位置
MTON()	从 Currency(货币)表达式中返回 Numeric 类型的值
MWINDOW()	返回鼠标指针所指窗口的名称
NDX()	返回当前表或指定表中打开.IDX 索引文件的名称
NORMALIZE()	将字符表达式转换成可以用 VFP 函数进行比较，返回其值的形式
NTOM()	由一个数值表达式返回含有四位小数的货币值
NUMLOCK()	返回当前 NumLock 键的状态，或者设置其状态
NVL()	从两个表达式中返回一个非空的值
OBJNUM()	返回控件的对象号，可以使用控制的 TabIndex 属性代替它
OBJVAR()	返回与@...GET 控件相关的内在变量、数组元素或字段名
OCCURS()	返回一个字符表达式在另一字符表达式中出现的次数
OEMTOANSI()	将指定字符表达式中的每个字符转换成 ANSI 字符集中的相应字符
OLDVAL()	返回被编辑的但没有更改的字段的原始值
ON()	用于测试并返回如下事件的处理命令：ON APLABOUT、ON ERROR、ON ESCAPE、ON KEY、ON KEYLABEL、ON MACHELP、ON PAGE 或者 ON READERROR
ORDER()	返回当前表或指定表中控件索引文件或控件索引标记的名称
OS()	返回 VFP 正在运行的操作系统的名称和版本号
PAD()	以大写字母的形式返回最近从菜单条中所选择菜单标题的名称
PADC()、PADL()、PADR()	在表达式的左边、右边或左右两边用空格或指定的字符进行填充，达到规定的长度后，返回填充后的字符串。PADL() 函数从左边插入填充值；PADR() 函数从右边插入填充值；PADC() 函数从两边插入填充值
PAND()	返回介于 0 到 1 之间的随机数
PARAMETERS()	返回最近传递给被调用程序、过程或用户自定义函数的参数个数
PAT()	返回一个字符串在另一字符串中从后向前进行匹配时，首次出现的开始位置，其中这两个字符串可以是备注型字段
PATLINE()	返回字符串在另一字符串或备注字段中最后一次出现时的行号

续表

函　数	功　能
PAYMENT()	计算并返回在固定利率条件下，为期初的一笔“贷款”每期支付的等额本息额
PCOL()	返回打印机头的当前列位置
PI()	计算并返回圆周率的值
POPUP()	以字符串的形式返回当前活动菜单的名称或逻辑值表示菜单是否已经定义
PRIMARY()	用于测试并返回索引标记是否是主索引标记
PRINTSTATUS()	测试并返回打印机或打印设备是否处于联机就绪状态，然后返回一个逻辑值
PRMBAR()	返回菜单选项的正文
PRMPAD()	返回菜单标题的正文
PROGRAM()	返回当前执行的程序名或返回错误发生时正在执行的程序名
PROMPT()	返回选择的菜单正文
PROPER()	将字符表达式中分离的字符串的起始字符转换成大写，而串中的其他字符转换成小写，然后返回转换后的字符串
PROW()	返回打印机打印头的当前位置
PRTINFO()	返回当前指定的打印机设置
PUTFILE()	引入 Save As 对话框，然后返回指定的文件名
PV()	返回一笔投资的现值
RDLEVEL()	返回当前 READ 的层次，用表单设计器可以代替 READ
RECCOUNT()	返回当前或指定表中的记录数
RECNO()	返回当前表或指定表中当前记录的记录号
RECSIZE()	返回表中记录的长度(记录宽度)
REFRESH()	刷新当前表或指定表中的记录
RELATION()	返回在指定工作区中打开表的指定关联表达式
REPLICATE()	将指定的字符表达式重复规定的次数，返回所形成的字符串
REQUERY()	重新检索 SQL 视图的数据
RGBSCHEME()	从指定调色板中返回 RGB 颜色对或返回 RGB 颜色对列表
RIGHT()	从字符串中返回最右边的指定字符
RLOCK()	试图锁定表中的记录
ROUND()	返回对数值表达式中的小数部分进行舍入处理后的数值
ROW()	返回光标的当前行位置
RTOD()	将弧度值转换成度
RTRIM()	删除字符表达式中尾随的空格，然后返回此字符串
SCHEME()	从指定的调色板中返回颜色对列表或颜色对
SCOLS()	返回 VFP 主窗口中可用的列数
SEC()	返回 DateTime 类型表达式中的秒部分的值

续表

函 数	功 能
SECONDS()	返回自从午夜开始以来所经历的秒数
SEEK()	寻找被索引的表中，索引关键字值与指定的表达式相匹配的第一个记录，然后再返回一个值表示是否成功找到匹配记录
SELECT()	返回当前工作区号，或返回最大未用工作区的号
SET()	返回各个 SET 命令的状态
SETFLDSTATE()	将字段或删除状态值赋给从远程表中建立的一个本地游标中的字段或记录
SIGN()	根据指定表达式的值，返回它的正负号
SIN()	返回角的正弦值
SKPBAR()	用于确定一个菜单选项是否用 SET SKIP OFF 命令变成可用或不可用
SKPPAD()	用于确定一个菜单标题是否用 SET SKIP OFF 命令变成可用或不可用
SOUNDEX()	返回指定字符表达式的语音表达式
SPACE()	返回由指定个数的空格字符组成的字符串
SQLCANCEL()	请示中断一个已经存在的 SQL 语句
SQLCOLUMNS()	将指定数据源表中一系列的列名称和每列的信息存储到 VFP 游标中
SQLCOMMIT()	提交一个事务处理
SQLCONNECT()	建立到一个数据源的连接
SQLDISCONNECT()	中断到一个数据源的连接
SQLEXEC()	发送 SQL 语句给一个数据源，然后让其处理这个语句
SQLGETPROP	返回活动连接、数据源程序或附属表的当前和默认设置
SQLMORERESULTS()	如果有多组结果可用，则将另一组结果拷贝到 VFP 游标中
SQLROLIBACK()	放弃当前事务处理期间所发生的任何变化，回滚当前的事务处理
SQLSETPROP()	指定活动连接、数据源或附属表的设置值
SQLSTRINGCONNECT()	通过连接串建立到一个数据源的连接
SQLTABLES()	将数据源中的表名存储到 VFP 游标中
SQRT()	计算并返回数值表达式的平方根
SROWS()	返回主 VFP 窗口中可用的行数
STR()	将指定的数值表达式转换相应的数字字符串，然后返回此串
STRTRAN()	在字符表达式或备注字段中搜索另一字符表达式或备注字段，找到后再用指定字符表达式或备注字段替代
STUFF()	用字符表达式置换另一字符表达式中指定数量的字符，然后返回新的字符串
SUBSTR()	从字符表达式或备注字段中截取一个子串，然后返回此字符串
SYS(0)	在网络环境下使用 VFP 时，用于返回网络服务器的有关信息
SYS(1)	以阳历的天数形式返回的当前系统日期
SYS(2)	返回午夜到当前时间所经历的秒数

续表

函　数	功　能
SYS(3)	返回可用于创建临时文件的、特殊的、合法的文件名
SYS(5)	返回当前 VFP 的默认驱动器
SYS(6)	返回当前的打印设备
SYS(7)	返回当前格式文件的文件名
SYS(9)	返回 VFP 的序列号
SYS(10)	将阳历日期的天数转换成日期格式的字符串
SYS(11)	将指定的日期表达式或日期格式的字符串转换成阳历的日期天数
SYS(12)	返回 640KB 以下的、可用于执行外部程序的内存字节数
SYS(13)	返回打印机状态
SYS(14)	返回打开的.IDX 索引文件的索引表达式，或返回.IDX 复合索引文件的索引标记的索引表达式
SYS(15)	根据字符串 ASCII 码值转换成新的字符串
SYS(16)	返回正在执行的程序文件名
SYS(17)	返回 CPU 的类型
SYS(18)	以大写字母的形式返回用于创建当前控件的内存变量、数组元素或字段名
SYS(20)	将包含有德文字符的表达式转换为字符串
SYS(21)	用于返回当前工作区中控制索引顺序作用的.CDX 复合索引文件的标记或.IDX 索引文件的索引序号
SYS(22)	返回指定工作区中.CDX 复合索引文件的控制标记或.CDX 控制索引文件名
SYS(23)	返回标准版 FoxPro for MS-DOS 所占用的 EMS 内存数(每段 16KB)
SYS(24)	返回在用户的 FoxPro for MS-DOS 配置文件中设置的 EMS 限制
SYS(100)	返回当前 SET CONSOLE 命令的设置
SYS(1001)	返回在 VFP 的内存管理器中可用的内存总数
SYS(101)	返回当前 SET DEVICE 命令的设置
SYS(1016)	返回由用户定义的对象所占用的内存数
SYS(102)	返回当前 SET PRINTER 命令的设置
SYS(103)	返回当前 SET TALK 命令的设置
SYS(1037)	显示设置打印的对话框
SYS(2000)	返回与一个文件名骨架相匹配的第一个文件的文件名
SYS(2001)	返回指定的 SET…ON|OFF 或者 SET…TO 命令的状态或设置值
SYS(2002)	进入和退出插入状态
SYS(2003)	返回默认驱动器或卷中的当前目录或文件夹的名称
SYS(2004)	返回 VFP 启动时所在的目录或文件夹名称
SYS(2005)	返回当前 VFP 的资源文件名
SYS(2006)	用于返回用户所使用的图形卡和监视器的类型

续表

函 数	功 能
SYS(2007)	返回字符表达式的校验和的值
SYS(2008)	指定在插入及改写方式下的插入点形状
SYS(2009)	交换在插入及改写方式下的插入点形状
SYS(2010)	返回 CONFIG.SYS 中的文件(FILES)设置
SYS(2011)	返回当前工作区中记录或表的锁定状态
SYS(2012)	返回表的备注型字段块的大小
SYS(2013)	返回以空格字符作为分界符的字符串，此字符串中包括了 VFP 菜单系统的内部名称
SYS(2014)	返回指定文件与当前或指定目录或文件夹之间相对的最短路径
SYS(2015)	返回由下划线开始，由字母和数字字符组成，长度不超过 10 个字符的唯一过程名
SYS(2016)	返回最后的 SHOW GETS WINDOW 命令所包含的窗口名
SYS(2017)	在以前的 FOXPRO 版本中，清除 FOXPRO 并显示 FOXPRO 的起始屏幕，它提供了向下的兼容性
SYS(2018)	返回最近错误的错误信息参数
SYS(2019)	返回 VFP 配置文件的名称及位置
SYS(2020)	返回默认盘的字节数
SYS(2021)	返回打开的单入口索引文件的过滤表达式或复合索引文件中标记的过滤表达式
SYS(2022)	返回指定盘的簇中字节数
SYS(2023)	返回 VFP 用来存储临时文件的驱动器或目录名
SYS(2027)	利用 Macintosh 路径表示法返回 MS-DOS 中的路径
SYS(2029)	返回与表类型相对应的一个值
SYSMETRIC()	返回操作系统屏幕元素的大小
TABLEREVERT()	放弃对缓冲行、缓冲表或游标的修改，恢复远程游标的 OLDVAL()数据，恢复当前本地表和游标的值
TABLEUPFATE()	提交对缓冲行、缓冲表或游标的修改
TAG()	返回打开的、多入口复合索引文件的标记名或打开的、单入口的文件名
TAGCOUNT()	返回复合索引文件中的标记以及所打开的单入口索引文件的总数
TAGNO()	用于返回复合索引文件中的标记以及打开的单入口.IDX 索引文件的索引位置
TAN()	返回一个角的正切值
TARGET()	返回表的别名，该表是 SET RELATION 命令中 INTO 子名所指定的关联目标表
TIME()	以 24 小时，8 个字符(hh:mm:ss)的形式返回当前的系统时间
TRIM()	用于删除指定字符表达式中的尾空格，然后返回新的字符串

续表

函　数	功　能
TRANSFORM()	用于从字符表达式或数值表达式中返回字符串，其格式是由@...SAY 命令中所使用的 PICTURE 样本符或 FUNCTION 功能符所决定的
TTOC()	从 DateTime 表达式中返回 Character 类型值
TTOD()	从 DateTime 表达式中返回日期的数值
TXLEVEL()	返回批示当前事务处理层次的数值
TXTWIDTH()	根据字体的平均字符宽度返回字符表达式的长度
TYPE()	计算字符表达式并返回其内容的数据类型
UNIQUE()	如果指定的索引标记或索引文件，在建立时位于 SET UNIQUE ON 状态或使用了关键字 UNIQUE，则函数返回真；否则，函数返回假
UPDATE()	如果在当前 READ 期间数据发生变化，则返回逻辑值真
UPPER()	以大写字母形式返回指定的字符表达式
USED()	确定表是否在指定的工作区中打开
VAL()	从包含字符串的字符表达式中返回一数值
VARREAD()	以大写的形式返回内存变量名、数组元素名或者用于创建当前控件的字段名。在 VFP 中，可用 ControlSource 或 Name 属性替代
VERSION()	返回字符串，其中包含正在使用的 VFP 版本号
WBORDER()	用于确定活动的窗口或指定的窗口是否有边界
WCHILD()	根据在父窗口栈中的顺序，返回子窗口数或名称
WCOLS()	返回活动窗口或指定窗口的列数
WEEK()	从 Date 或 DateTime 表达式返回表示一年中第几个星期的数值
WEXIST()	用于确定指定的用户自定义窗口是否存在
WFONT()	返回窗口中当前字体的名称、大小和字型
WLAST()	返回当前窗口之前的活动窗口名称或确定指定的窗口是否是在当前窗口之前被激活的
WLCOL()	返回活动窗口或指定窗口左上角的列坐标
WLROW()	返回活动窗口或指定窗口左上角的行坐标
WMAXIMUM()	用于确定活动窗口或指定窗口是否处于最大化状态
WMINIMUM()	用于确定活动窗口或指定窗口是否处于最小化状态
WONTOP()	用于确定活动窗口或指定窗口是否处于所有其他窗口的前面
WOUTPUT()	用于确定显示内容是否输出到活动窗口或指定窗口
WPARENT()	返回活动窗口或指定窗口的父窗口名
WREAD()	确定活动窗口或指定窗口是否对应于当前的 READ 命令
WROWS()	返回活动窗口或指定窗口中的行数
WTITLE()	返回活动窗口或指定窗口的标题
WVISIBLE()	用于确定指定窗口是否已激活，并处于非隐藏状态
YEAR()	从指定的 Date 或 DateTime 表达式中返回年号

附录三　Visual FoxPro 6.0 常用的表单属性、事件与方法

属性、事件、方法	说　明	默认值
AlwaysOnTop 属性	控制表单是否总是处在其他打开窗口之上	假(.F.)
AutoCenter 属性	控制表单初始化时是否让表单自动地在 Visual FoxPro 主窗口中居中	假(.F.)
BackColor 属性	决定表单窗口的颜色	255,255,255
BorderStyle 属性	决定表单是否有边框，若有边框，是单线边框、双线边框，还是系统边框。如果 BorderStyle 为 3(系统)，用户可重新改变表单大小	3
Caption 属性	决定表单标题栏显示的文本	Forml
Closable 属性	控制用户是否能通过双击“关闭”框来关闭表单	真(.T.)
MaxButton 属性	控制表单是否具有最大化按钮	真(.T.)
MinButton 属性	控制表单是否具有最小化按钮	真(.T.)
Movable 属性	控制表单是否能移动到屏幕的新位置	真(.T.)
WindowState 属性	控制表单是最小化、最大化还是正常状态	0 正常
WindowType 属性	控制表单是非模式表单(默认)还是模式表单。如果表单是模式表单，用户在访问应用程序用户界面中任何其他单元前必须关闭该表单	0 非模式
Activate 事件	当激活表单时发生	
Click 事件	在控制上单击鼠标左键时发生	
DblClick 事件	在控制上双击鼠标左键时发生	
Destroy 事件	当释放一个对象的实例时发生	
Init 事件	在创建表单对象时发生	
Error 事件	当某方法(过程)在运行出错时发生	
KeyPress 事件	当按下并释放某个键时发生	
Load 事件	在创建表单对象前发生	
Unload 事件	当对象释放时发生	
RightClick 事件	在单击鼠标右键时发生	
AddObject 方法	运行时，在容器对象中添加对象	
Move 方法	移动一个对象	
Refresh 方法	重画表单或控制，并刷新所有值	
Release 方法	从内存中释放表单	
Show 方法	显示一张表单	

参 考 文 献

[1] 卢湘鸿. Visual FoxPro 程序设计基础[M]. 北京：清华大学出版社，2002.

[2] 李宏图. Visual FoxPro 程序设计基础教程[M]. 北京：中国水利水电出版社，2012.

[3] 薛磊. Visual FoxPro 程序设计基础教程[M]. 北京：清华大学出版社，2013.

[4] 王正才，张萃. Visual FoxPro 程序设计基础实训教程[M]. 北京：中国水利水电出版社，2013.

[5] 李曼青，赵庆展，胡俊. Visual FoxPro 程序设计基础教程[M]. 北京：北京邮电大学出版社，2011.

[6] 蒋丽影. Visual FoxPro 程序设计基础[M]. 北京：中国矿业大学出版社，2012.

[7] 卢湘鸿. Visual FoxPro 6. 0 数据库与程序设计[M]. 第 3 版. 北京：电子工业出版社，2011.

[8] 段新昱，徐甜. Visual FoxPro 数据库技术与应用[M]. 第 2 版. 北京：科学出版社，2013.

[9] 李向群，乔淑云. Visual FoxPro 程序设计[M]. 北京：中国矿业大学出版社，2011.